生物信息学中 RNA 结构预测算法与复杂性

刘振栋　肖传乐　邹　权　张博锋　著

科学出版社

北　京

内 容 简 介

本书介绍RNA结构特征，特别是RNA三级结构特征、构象采样表示模型、Rosetta框架、细胞反卷积算法、转录因子结合位点预测算法、特异性位点预测算法等内容；研究RNA三级结构预测算法与复杂性，构象采样和打分函数的构建，基于转录组测序技术的细胞反卷积算法，转录因子结合位点预测算法，DNA特异性位点预测算法等；研究Rosetta框架下基于枚举采样和随机抽样方案的RNA三级结构预测算法及其复杂性，基于卷积神经网络的自动预测组织细胞比例算法，基于组合特征编码和带权多粒度扫描策略的转录因子结合位点预测算法，基于特征度量机制和组合优化策略的DNA特异性位点预测算法等内容。

本书可作为生物信息学、计算生物学、计算机、自动化、人工智能等相关专业高等院校本科生及研究生的参考用书，也可作为相关领域学者及兴趣爱好者的参考用书。

图书在版编目（CIP）数据

生物信息学中RNA结构预测算法与复杂性 / 刘振栋等著. — 北京：科学出版社，2024.2

ISBN 978-7-03-078172-7

Ⅰ. ①生…　Ⅱ.①刘…　Ⅲ.①核糖核酸—分子结构—预测—计算机杂性—研究　Ⅳ. ①Q522

中国国家版本馆CIP数据核字(2024)第056992号

责任编辑：余　丁　霍明亮 / 责任校对：任苗苗

责任印制：师艳茹 / 封面设计：蓝正

科学出版社 出版

北京东黄城根北街16号

邮政编码：100717

http://www. sciencep. com

北京九州迅驰传媒文化有限公司印刷

科学出版社发行　各地新华书店经销

*

2024年2月第 一 版　开本：720×1 000　B5

2024年11月第二次印刷　印张：15 1/4

字数：307 000

定价：138.00元

（如有印装质量问题，我社负责调换）

前　言

核糖核酸(ribonucleic acid，RNA)是一种遗传信息的载体，主要存在于生物细胞，以及部分病毒、类病毒中。RNA 在生物体内行使着很多复杂的生物学功能，如自主感知代谢物浓度变化、发挥催化作用及调控基因表达等，而这些功能的表达则依赖其三级结构，因此 RNA 三级结构相关研究成为重要的研究课题。RNA 的构象数量随着核苷酸数量的增加呈指数增长，用核磁共振、冷冻电镜及 X 射线衍射等实验方法测定的 RNA 结构相对较少，并且效率低、代价高，因此基于生物计算的高精度 RNA 三级结构预测算法成为必要选择。当前流行的 RNA 三级结构预测算法包括基于知识的 RNA 三级结构预测算法和基于物理学的 RNA 三级结构预测算法，这两类预测算法各有优劣，但均未实现高精度高完整度的 RNA 三级结构建模。

细胞反卷积即推断组织的细胞组成，更具体的即推测组织中具体的细胞类型及其比例。了解异质组织样本中细胞类型比例对探索疾病发病机理、器官和组织的发育过程、组织基因表达谱的变化原因等十分重要。因此细胞反卷积的相关研究成为重要的研究课题。随着转录组测序数据的发展，近年来开发的单细胞 RNA 测序技术可以对单个细胞进行无偏、可重复、高分辨率和高通量的转录分析，但费用昂贵且容易受到噪声的影响，不便于对大规模样品进行测序，因此可以使用批量 RNA 测序数据和单细胞 RNA 测序数据来设计细胞反卷积预测算法。细胞反卷积预测算法包括基于实验的算法和基于计算的算法，而基于计算的算法又分为不基于参考的算法和基于参考的算法，这几类预测算法各有优劣，因此本书的研究方向是针对细胞反卷积相关预测算法进行进一步的优化和改进。

转录因子是在基因组中被发现的一组蛋白质，能够与特定脱氧核糖核酸(deoxyribonucleic acid，DNA)区域结合从而调控基因的表达。随着基因组技术的发展，越来越多的研究表明，转录因子是一种在细胞信号传导中发挥重要作用的转录因子，是转录调控的关键元件，更是调控基因表达所必需的。转录因子结合位点是转录因子与 DNA 序列相结合的片段，然而由于生物数据丰富，识别隐藏的转录因子结合位点一直是一项重要但困难的任务，使用电泳迁移率变化分析、ChIP-seq 等生化实验技术测定的转录因子结合位点相对较少，并且效率低、代价高。因而利用计算生物学的技术实现转录因子结合位点预测成为必要的选择。当前流行的转录因子结合位点预测算法包括基于序列的转录因子结合位点预测算法和基于机器学习的转录因子结合位点预测算法，这两类预测算法各有优劣，但均未实现高精度高效率的转录因子结合位点预测。

DNA特异性位点是在DNA片段中表达特定功能的区域或可移动元件，通常由单个或多个碱基组成，并具有一定的空间结构。DNA特异性位点在生物体内行使着很多复杂的生物学功能，如基于位点特异性重组的细菌整合子系统可以促进基因的水平转移，进而增强细菌的耐药性等。这些功能的表达则是依赖于相关的特异性位点，因此DNA特异性位点相关研究成为重要的研究课题。随着基因测序技术的快速发展和各类数据量的不断增加，用琼脂糖凝胶电泳法、荧光标记法和结合位点分析法等传统实验方法难以满足对位点高通量实验的需要，并且效率低、代价高，因而基于生物信息学的高精度DNA特异性位点预测算法成为必要的选择。当前流行的DNA特异性位点预测算法包括基于特征的机器学习预测算法和基于特征的深度学习预测算法，这两类预测算法各有优劣，但均未实现高精度的DNA特异性位点预测，因此本书的研究方向是针对相关预测算法进行进一步的优化和改进。

对RNA三级结构预测过程中的构象采样方法和打分函数进行深入研究。本书对传统的采样方法进行改进，提高采样广度和效率的同时降低采样成本。此外，还对传统打分函数进行创新，结构势能评判更加严谨。通过实验验证SMCP算法与Res3DScore算法能够提升RNA三级结构建模的建模精度和完整度，为更深层次的RNA结构预测研究提供依据。

针对RNA三级结构预测算法，本书所做的主要工作如下所示。

(1)针对传统采样方法的采样能力和采样成本难以达到最佳折中的问题，本书提出并设计逐步蒙特卡罗并行化(stepwise Monte Carlo parallelization，SMCP)的RNA三级结构预测算法。SMCP算法采用随机抽样方案对构象空间进行搜索，有效地降低采样成本。同时SMCP算法采用并行机制搜索构象，提升采样广度和采样效率。另外，SMCP算法采用两轮不同的势能评估来提高结构评估水平，降低建模误差。为了解决随机抽样带来的建模不完整问题，SMCP算法还对建模结果进行进一步判断优化处理，最终实现高精度、高完整度的RNA三级结构建模。

(2)针对基于最小自由能的打分函数不适用于大RNA打分的问题，本书提出并设计基于ResNet的RNA三级结构预测(Res3DScore)算法。Res3DScore算法以RNA 3D网格化结构作为输入，利用三维卷积对原生构象和其余候选构象的3D结构信息进行学习，优化后的Res3DScore算法能够对RNA所有候选结构进行评分，并最终输出当前结构与周围核苷酸环境的不适合度。Res3DScore算法利用三维卷积神经网络，进一步提升RNA三级结构评分能力，提高RNA三级结构建模的精度。

(3)预测算法及其计算复杂性分析。算法评价的一个重要指标是算法的时空复杂度，尤其是其时间复杂度。本书对设计的两个算法分别进行时间复杂度分析，其中，SMCP 算法的时间复杂度为 $O(n^4)$，Res3DScore 算法的时间复杂度为 $O(n^2)$。通过对算法复杂度的分析，进一步证明本书设计的算法不仅可以实现高精度的 RNA 三级结构建模，而且算法的时间复杂度也在可以接受的范围内。

(4) RNA 三级结构预测算法综述。对典型的 RNA 三级结构预测算法进行叙述，并且详细分析各算法的优劣，旨在为 RNA 三级结构预测算法的改进与优化提供思路。此外，本书针对基于物理的 RNA 三级结构预测算法提出一个细化分类，其分类依据是 RNA 构象采样方法。

RNA 三级结构是比较稳定的结构，而预测 RNA 三级结构需先预测 RNA 二级结构。预测 RNA 二级结构方法主要有序列对比分析法和最小能量法，用序列对比分析法来预测 RNA 二级结构，是通过在不同生物有机体中对有相同生物功能的一级结构进行比对，从而得到 RNA 碱基序列的二级结构。许多生物有机体 RNA 分子的同源序列不易得到，需要耗费大量人力，因而序列对比分析法的预测效率较低，利用最小能量法来预测 RNA 二级结构是广泛采用的方法之一。

细胞反卷积预测的主要困难在于易受到数据噪声的干扰。对于数据噪声问题，深度学习方法的节点可以有效地挖掘出基因之间的内部联系，学习出对噪声和偏差具有鲁棒性的特征，更不易受到噪声干扰。而对于细胞类型特异性基因表达矩阵而言，深度学习相关方法克服了传统方法过度依赖的规范化的细胞类型特异性基因表达矩阵的弊端，可以直接从批量转录组测序数据中推断组织的细胞比例。

针对细胞反卷积预测算法，本书所做的主要工作如下所示。

(1) 针对传统方法中规范化的细胞类型特异性基因表达矩阵构建难的问题，本书提出并设计基于卷积神经网络的自动预测组织细胞比例(automatically predicts tissue cell ratios，Autoptcr)算法。Autoptcr 算法首先使用模拟的单细胞 RNA 测序数据模拟批量 RNA 测序数据，其次使用模拟数据进行训练，有效地解决因批量 RNA 测序数据较少、深度学习模型容易过拟合的问题。同时 Autoptcr 算法使用卷积神经网络，更加注重提取不同基因的内在联系，模型可以训练出对噪声的鲁棒性。Autoptcr 算法可以直接从转录组测序数据中推断出组织的细胞比例，无须将细胞参考基因表达矩阵的获得作为前置条件，且细胞参考基因表达矩阵针对不同的转录组测序数据并不具有普适性，进而提高细胞反卷积的精度。

(2) 针对传统方法中数据特征信息提取不足且模型解释力弱的问题，本书提出并设计基于卷积自编码器的细胞反卷积(CselfcoderDec)算法。卷积自编码器可以对数据进行高效降维，通过特征提取对细胞进行量化，提升细胞反卷积能力。同时 CselfcoderDec 算法使用组织细胞比例及卷积自编码器，对最终得到的重建数据进行训练，将组织的基因表达数据与细胞组分联系起来，加强模型的可解释性与模型提取特征的能力。CselfcoderDec还具备区分相似的细胞亚型和填充缺失细胞类型的能力。

(3)转录因子结合位点预测的主要困难在于特征选择和融合与预测模型的构建。对于特征选择和融合问题，组合特征编码有效地提高特征提取能力，DNA形状数据的融合捕获原始特征集中更多的差异性信息。而对于预测模型构建而言，机器学习相关方法克服传统预测算法的弊端，带权多粒度扫描策略和注意力机制不仅提升了预测结果的精度，还在一定程度上提高转录因子结合位点预测的效率。

针对转录因子结合位点预测算法，本书所做的主要工作如下所示。

(1)本书分析与归纳转录因子结合位点预测算法的研究现状和问题，介绍传统生物实验算法、基于序列的预测算法和基于特征的机器学习预测算法等相关DNA位点预测算法，明确了本书研究的内容和算法的创新点。

(2)本书提出基于组合特征编码和带权多粒度扫描策略的转录因子结合位点预测算法——WMS_TF。为了更好地提取DNA序列特征，WMS_TF算法摒弃只使用单一碱基特征的思想，结合多碱基特征编码来提取碱基间的信号特征，提高分类预测结果的准确率。同时，为了打破传统深度森林算法在多粒度扫描阶段的局限，本书提出带权多粒度扫描策略，在扫描特征向量的同时也对权重向量进行扫描，并将扫描得到的向量相乘，保障模型训练时的严谨性，以降低分类预测的误差。最后，本书针对较高权重的特征进行分析，进一步证明多碱基特征编码的必要性，并为其他的转录因子结合位点预测提供研究基础。

(3)本书提出基于注意力机制的转录因子结合位点预测算法——LAM_TF。为了更好地表征转录因子结合位点，除了DNA序列数据，本书融合DNA形状数据并将其作为预测转录因子结合位点的初始数据，并且使用LSTM捕获DNA序列之间的长期依赖性。同时，本书引入注意力机制，使预测模型能自动地学习DNA序列中不同结合位点表示的重要性，克服现有算法难以有效地捕捉高价值碱基对基因调控的困难。最后利用预测输出模块输出对应样本的结合亲和力得分。实验结果证明，LAM_TF算法提高了转录因子结合位点的预测能力。

本书对转录因子结合位点预测过程中的特征选择和融合与预测模型构建进行深入的研究。首先，本书对传统的特征提取算法进行改进，在提取单碱基特征的同时捕获了碱基间的信号特征。其次，本书还构建有效的预测模型，使预测结果更加精准。本书通过实验验证WMS_TF算法与LAM_TF算法能够提升转录因子结合位点预测的精准度和效率，为更深层次的转录因子结合位点预测研究提供依据。

DNA特异性位点预测的主要困难在于其特征筛选和预测模型的构建。由于位点的特征提取的复杂性，所以特征学习比较困难，这不利于实现部分DNA特异性位点的高精度鉴定和预测。对于特征筛选的问题，特征重要性度量的出现为特征筛选提供新的思路，基于特征评分机制的 DNA 特异性位点预测算法更加强调重要特征，在减少学习任务的基础上有效地提高预测精度。而对于预测模型的构建，机器学习相关方法克服基于传统预测算法和特征矩阵的 DNA 特异性位点预测算法不准确的弊端，基于组合优化策略的 DNA 特异性位点预测算法不仅实现对决策的优化，还在一定程度上提高预测的广度。

针对 DNA 特异性位点预测算法，本书所做的主要工作如下所示。

(1) 本书分析 DNA 特异性位点的研究现状，对常见的与机器学习相结合的位点预测技术进行概括，综合表达不同模型的特点。明确当前 DNA 特异性位点预测的关键组成部分和技术难点，面向开发生物信息学工具，为 DNA 特异性位点预测算法与机器学习等技术的结合提供改进与优化的思路，进而实现更准确、高效的预测。

(2) 本书提出基于特征度量机制和组合优化策略的 DNA 特异性位点预测算法。为了使特征筛选和模型预测达到良好的平衡状态，本书设计的 XRLattCPred 算法采用三种算法分别对特征序列进行评分，从而强调对重要特征的关注，减少无关特征的干扰。同时，选用十轮特征打分机制保证结果的稳定性和可靠性。此外，XRLattCPred 算法采用组合优化策略进行建模预测，交叉结合随机森林算法、XGBoost 算法和 LightGBM 算法，充分地考虑不同的数据集对算法的喜爱偏好，避免单一模型的缺陷。本书构建的组合算法是对训练策略的改进，相较于传统的机器学习算法，XRLattCPred 算法具有更佳的预测性能。

(3) 本书提出基于特征融合策略和卷积神经网络的 DNA 特异性位点预测算法。随着位点预测任务的增加，大规模的数据处理对技术的要求逐渐增多，基于传统实验的小数据集预测无法满足高通量的预测需求。本书设计的 FCP4mC 算法可以实现基于多个融合特征的预测，算法输入为位点的序列特征和理化性质，输出为位点预测的分类。FCP4mC 算法采用卷积神经网络来解决小样本问题，并在六个测试物种的数据集上进行大量的基准实验。基于对综合特征的学习，FCP4mC 算法能够准确地预测识别位点，最终输出的结果可以为实验验证提供理论依据，为寻找抗病基因提供更多可能性。本书设计的 FCP4mC 算法可以实现对识别位点算法的决策优化，进一步提高预测模型的精度。

本书对 DNA 特异性位点预测过程中的特征筛选和预测算法进行深入的研究，对传统的特征矩阵进行改进，在提高特征的重要性的基础上降低数据量，提升算法的性能。本书还对传统的训练策略进行创新，综合考量不同算法，结果预测更加精准。本书通过实验验证 XRLattCPred 算法与 FCP4mC 算法能够提升 DNA 特异性位点预测的精度和广度，为更深层次的 DNA 特异性位点预测研究提供依据。

本书是上海第二工业大学刘振栋教授及所在课题组多年来研究成果的总结，主要内容来自刘振栋教授多年的研究成果及所主持的国家自然科学基金面上项目(含假结的 RNA 折叠结构预测算法与复杂性研究，基金编号：61672328)等项目的研究成果和课题组与刘振栋教授研究生近年来的研究成果。

本书得到了国际著名生物信息学专家、美国哈佛大学刘军教授，加利福尼亚大学洛杉矶分校李刚教授，山东大学朱大铭教授的指导。本书也得到了国家自然科学基金面上项目(基金编号：61672328)的资助，中山大学肖传乐教授、电子科技大学邹权教授、上海第二工业大学张博锋教授也为本书的撰写提供了很多素材和修改意见。刘振栋教授的研究生杨玉荣、李冬雁、陈曦、吕欣荣等也做了大量辛勤工作，在此一并表示感谢。

由于作者水平有限，不足之处在所难免，恳请读者批评指正。

刘振栋

2024 年 2 月于上海

目　录

第 1 章　概　　述

1.1　背　　景

生命在于各种蛋白质，没有 RNA 就没有蛋白质。RNA 结构预测是非常困难的事情，RNA 的研究被科学家称为永无止境的前沿。本书的研究主要是针对相关预测算法进行进一步的优化和改进。RNA 三级结构预测的主要困难在于其构象采样和打分函数的构建。对于构象采样的问题，Rosetta 框架的出现为 RNA 构象采样提供了新的思路，在 Rosetta 框架下基于枚举采样和随机抽样方案的 RNA 三级结构预测算法有效地提高了构象采样能力。而对于打分函数而言，机器学习相关方法克服了传统打分函数打分不准确的弊端，基于三维卷积神经网络的 RNA 结构打分函数不仅提高了结构打分的质量，还在一定程度上提高了 RNA 三级结构预测的精度。

人类基因组计划的实施使得大量生物分子序列、结构及功能的相关数据呈几何倍数增长的趋势出现。生物信息学是一个跨多学科的研究领域，该领域主要基于生物计算方法来对大量的生物大分子数据进行分析，旨在发现其中隐藏的生物模式及相关信息，此外，通过对相关信息的进一步分析可以促进对生物运行机制的研究。生物信息学和高通量测序技术的快速发展显著地提高了我们探索人类微生物组的能力，并为各种疾病的研究提供了理论基础和解决方案。在近期的研究报告中，专家和学者利用生物信息学方法研究了肿瘤突变、乳腺癌、宫颈癌、鼻咽癌、Ig A 肾病等疾病，并从基因水平对这些疾病进行了更深入的研究。生物信息学的本质就是处理大量的生物数据，并从中获得想要的信息。

蛋白质、多糖及核糖是生命系统中必不可少的生物大分子，生物大分子的结构预测仍然是生物信息学领域的一项重大挑战，特别是 RNA 三级结构的预测。RNA 是一种由核糖核苷酸组成的多功能生物大分子。RNA 在疾病分析领域发挥着重要作用，如研究口腔鳞状细胞癌需要了解 microRNAs，而研究食管癌需要先研究 lncRNAs，这表明对 RNA 的研究将为疾病研究提供坚实的理论基础。此外，对 RNA 结构的探索是研究活细胞中低丰度 pre-mRNA 与 RNA-蛋白质相互作用的基础，此项研究能够帮助研究人员进一步理解细胞生命活动中 RNA 的功能，这使得 RNA 的相关研究成为一大热点。

RNA 在生物体内有多种功能，其主要功能是将存储在 DNA 里面的遗传信息转化为蛋白质，并引导蛋白质分子的合成。RNA 的功能逐渐受到关注，在最近的研究中，研究人员发现了 RNA 的一些新功能，有些部分 DNA 分子片段转录成 mRNA，进一步翻译成蛋白质，而另一部分 DNA 分子片段只转录成 RNA，不能进一步翻译，无法翻译成蛋白质大分子的 RNA 是非编码 RNA(non-coding RNA)。非编码 RNA 能够控制蛋白质合成、调节转录过程并进行翻译，除此之外非编码 RNA 还具有一些更加复杂的生物学功能，如剂量补偿、染色质调控、基因组印记、核组织及基于代谢物浓度变化来进行基因表达调控等。

总部位于美国马萨诸塞州剑桥市的克雷数学研究所(Clay Mathematics Institute，CMI)，在 2000 年提出了世界 7 大数学难题，而 NP 完全问题①(non-deterministic polynomial complete problem)是世界 7 大数学难题之一，近似算法是处理 NP 完全问题(NP 难问题)的一种本质方法。新型冠状病毒是 RNA 病毒，冠状病毒(coronavirus，CoV)的 RNA 结构通常包含 H 型假结(pseudoknot)，包含假结的 RNA 结构预测问题是 NP 完全问题[1]。有关 RNA 的研究已经多年被 *Science* 列入世界主要科技进展，1986 年，*Science* 上刊发了诺贝尔奖获得者 Dulbecco[2] 关于人类基因组测序的有关论文，相关论文的发表极大地推动了 20 世纪人类基因组计划(Human Genome Project，HGP)的实施，也催生了生物信息学/计算生物学学科的发展。

从 2019 年底开始在全球肆虐的新型冠状病毒(COVID-19)给人类带来了巨大灾难，截止到 2023 年 4 月 15 日，全球已超过 8 亿人感染新型冠状病毒，死亡人数超过 600 万。新型冠状病毒属于 RNA 病毒，RNA 多为单链结构，该结构不稳定、易变异，这为疫苗的研制增加了难度。冠状病毒是有包膜的正股单链 RNA 病毒，直径为 80～120nm，约由 3 万个碱基组成，其遗传物质是已知 RNA 病毒中最大的。目前已经发现至少 7 种致病性冠状病毒，其中，严重急性呼吸综合征冠状病毒(severe acute respiratory syndrome coronavirus，SARS-CoV)、中东呼吸综合征冠状病毒(Middle East respiratory syndrome coronavirus，MERS-CoV)曾在人群中大范围传播流行，证明了冠状病毒在动物间、人与人之间传播的可能性。研究表明，蝙蝠身上能携带超过 100 多种病毒，是许多高致病性病毒的天然宿主，对人类社会造成巨大威胁的 SARS-CoV 正是来自中华菊头蝠。2019 年发现的 SARS-CoV-2 就属于蝙蝠 SARS 冠状病毒和中东呼吸综合征冠状病毒的病毒群。

遗传物质决定生命体的性状，结构决定功能，冠状病毒拥有目前几乎已知所有 RNA 病毒中最长的 RNA 碱基序列，RNA 结构预测问题来源于 RNA 编码的秘

---

① 也称为 NPC 问题。

密，也来源于病毒疫苗药物研制的困难性。用实验来测定指数级的数量庞大的RNA 结构代价太大，不现实也不可能。除 RNA 的一级结构能用实验的方法来测定测序外，RNA 二级结构、三级结构甚至四级结构，用实验的方法测定十分困难，因而用计算方法与复杂性理论来分析预测 RNA 结构成为不可缺少的选择。

结构决定功能，想要探究 RNA 的功能，特别是 RNA 有些复杂的生物学功能，就必须要先了解 RNA 的结构。目前国内外的 RNA 三级结构测定方法主要有两种。第一种方法是利用 X 射线、核磁共振及冷冻电镜等实验测定方法，采用实验的方法测得的结果比较精确且可靠，但是构象数量随着 RNA 长度的增加呈指数增长，导致成本太高，也不可能穷举。第二种算法是基于生物计算的结构预测方法，当前的 RNA 三级结构预测算法主要有基于知识挖掘的预测方法和基于物理的预测方法。基于知识挖掘的三级结构预测方法依赖已知的 RNA 模板数据库，基于物理的预测方法减少了对数据库的依赖，但是仍存在结构建模精度不够高的问题，无法满足当前的结构预测需要。因此针对这个现状，需要对现有方法进行改进创新。

由于 RNA 分子和蛋白质具有不同的折叠方式，所以将蛋白质的研究方法应用到 RNA 的研究中得到的结果不佳。在蛋白质领域，存在一个假设，假设大分子的原生构象具有最低自由能，并且自由能函数近似为氢键、范德瓦耳斯力、静电力和溶剂化项之和。本书针对现有技术的缺陷，假设大分子原生构象具有最低自由能，但不同的 RNA 分子的三级结构中，根据碱基相互作用的不同类型，分配不同的权值，通过线性加和后得到相应自由能。此外，针对单线程构象能力受限制问题，可以采用并行机制，同时对建模结果进行了多重判断，得到一个专门用于 RNA 三级结构预测的算法——逐步蒙特卡罗(Monte Carlo，MC)并行化算法[3]。

2005 年，随着由中国和美国、英国、法国、德国、日本科学家共同参与的人类基因组计划的全部完成，人类进入后基因时代——人类细胞图谱计划时代。根据基因表达的分子信息，对所有人类细胞种类进行定义，而 RNA 在细胞中的转录和表达起着非常重要的作用。近年来，全球有关 RNA 的研究，特别是冠状病毒 RNA 的研究，引起了全球众多学者的极大关注。RNA 是单链折叠结构，RNA 在遗传信息从 DNA 表达为蛋白质的过程中起转录作用。RNA 结构预测，特别是 RNA 三级结构预测甚至四级结构预测是当今学术界研究的热点，但普遍存在预测准确度不高、特异性和敏感性不理想、预测算法时空复杂度高等问题。冠状病毒的 RNA 结构往往包含 H 型假结，包含假结的 RNA 结构预测问题被证明是 NP 完全问题，而作为世界 7 大数学难题之一的 NP 完全问题的研究给我们带来了极大的困难。为了获取 RNA 结构功能信息，获知生物分子的生物学功能，寻找非编码 RNA 基因，利用机器学习、深度学习、层次聚类、蒙特卡罗方法等人工智能的典型技术，结合RNA病毒结构特性，特别是现在全球大流行的新型冠状病毒结构，结合最大k-补割、稠密k-子图问题等典型的NP难的问题，以及困难性未知的最小结构熵问题，有望解决RNA结构预测算法与复杂性中存在的世界前沿问题，探索生命起源和进化，揭开RNA编码秘密，为研究冠状RNA病毒机理和靶向核酸药物研制提供理论和技术指导。

不同于DNA的双螺旋结构，RNA是单链结构，RNA碱基序列中包含A、C、G、U四种碱基。由于碱基是平面结构，其边缘的氢原子供/受体可近似地划分为三个配对边：Watson-Crick(W)边，Hoogsteen(H)边，以及Sugar(S)边。配对边影响RNA折叠结构的稳定性，稳定性也可以用碱基配对所需要的自由能量来衡量，并且自由能量越小，RNA结构越稳定。

RNA能量模型包括结构单元间的近邻相互作用模型、独立结构单元模型等。最邻近邻居模型可以看作一种独立结构单元模型的特殊情况，其结构单元中堆叠结构与环结构是由最邻近碱基对决定的，RNA分子的自由能量主要是堆叠结构和环结构的贡献。环结构对RNA折叠结构的稳定性有非常重要的作用，但对环结构的热动力学研究相对较少，其结构的稳定性可以由自由能量参数来衡量[4]。AU、CG基对是RNA碱基序列中常见的茎环结构，RNA茎环结构的邻位基对可能有十余种的组合数，预测RNA结构的本质是找出RNA碱基序列的各位点之间的配对关系。然而GU错配现象在RNA碱基序列中也经常发现，包含GU错配的情况大约有十几种邻位关系的组合。利用寡核苷酸合成技术，我们可以合成大量用于实验的寡核苷酸链，进一步提高了自由能量参数的正确率，Mathews和Turner[5]改进的自由能量参数成为目前普遍采用的参数。

许多RNA病毒中含有假结结构，如冠状病毒中通常含有H型假结。假结是RNA分子中最广泛的三级结构单元，假结的存在使RNA结构更加复杂化，假结在不同的RNA分子中有催化、调节、构造等非常重要的功能，在探索生命科学的现象、规律中具有十分重要的意义[6,7]。假结是非常复杂和稳定的RNA结构，包含假结的RNA结构预测是目前RNA结构预测研究的难点和关键点。1985年，Pleij等成功地预测了几种毒菌RNA的假结结构[6]，Kolk等在1998年予以证实了假结结构的存在性[7]。有关含假结的RNA结构预测算法近似理论与技术的研究是近似算法领域研究中的热点之一。在多项式时间可解的问题得到研究之后，包含假结RNA折叠结构预测的NP难问题的近似算法研究成为算法理论设计与分析经典领域中的活跃分支。

通过RNA结构分析，本书抽象设计出有效的精确确定性算法来预测三级结构甚至四级结构，利用近似算法来求解包含假结的RNA结构预测这一理论上是被证明的NP完全问题，利用近似算法分析设计中提出的新思想、新观点来预测RNA

结构，提高预测的精度、特异性、敏感性。本书的研究有助于 RNA 结构预测近似算法与复杂性，以及算法不可近似性的发展；也有助于 RNA 结构预测理论在生物医药产业实践中的指导，特别是在加快生物制药、冠状病毒药物研制和疫苗研制进度角度，具有极其重要的意义。

生物信息学/计算生物学从 20 世纪 80 年代开始逐渐形成一门学科，南加利福尼亚大学 Waterman 开创了生物信息学和计算生物学的先河，1981 年，Smith 与 Waterman 提出了著名的序列比对的 Smith-Waterman 算法，该算法改进了 Needleman-Wunsch 算法的不足。美国的 Pipas 和 McMahon 最先提出如何运用计算机技术预测 RNA 二级结构。1994 年，Walter 和 Turner 对同轴堆叠在 RNA 折叠中的作用进行了研究，研究主要包括嵌套结构，但许多 RNA 结构中还包含非嵌套结构——假结，假结破坏了动态规划算法依赖的 RNA 折叠结构的嵌套子结构的性质，假结还使RNA结构预测问题变为NP难问题，增加了问题的困难性[8,9]。Zuker 等[10]提出了 Mfold 算法，将动态规划算法引入最邻近邻居热力学模型。Rivas 和 Eddy[11]提出了关于 RNA 二级结构预测的 Pknots 算法，可以预测任意的平面假结和部分非平面假结，但其时间复杂度为 $O(n^6)$，空间复杂度为 $O(n^4)$，时空复杂度太高，该算法通过限制假结的类型来预测含假结的 RNA 的二级结构，太高的时间复杂度和空间复杂度严重制约了该算法所能计算的问题规模，使带假结的 RNA 结构预测变得异常困难。含假结的 RNA 结构预测在国际上受到高度重视，是 RNA 结构预测领域中的典型问题和热点。关于假结参数可以用非假结参数乘以系数 $g(0.83)$ 作为补偿[12]，这些参数值一部分为理论估计值，另外一部分参数由实验结果计算得到。Nixon 等[13]对 mRNA 假结结构加以研究，提出移码突变的 mRNA 解决方案。Ieong 等[14]于 2003 年提出了最大堆叠基对数问题，并成功地设计了该类问题近似性能比为 3 的近似算法。Lyngsø[15]设计了时间复杂度高达 $O(n^{81})$ 的最大堆叠基对数问题的精确算法，该算法难以理解更不实用，同时，Lyngsø 提出了最大堆叠数问题，证明该最大堆叠数问题属于 NP 难问题，并设计了多项式时间近似方案。Ruan 等[16]和 Ren 等[17]也对 RNA 假结进行了研究，分别提出了包含假结的启发式算法和环匹配算法，Huang 和 Ali[18]对 RNA 假结结构的预测敏感性进行了研究，Han 等[19]提出了包含假结的 RNA 结构比对算法。

20 世纪末，清华大学自动化系李衍达和张学工在国内率先致力于生物信息学/计算生物学的研究，清华大学自动化系汪小我、李梢也在基因调控分析与建模、复杂疾病计算分析等方面取得了若干研究成果。吉林大学徐鹰长期致力于癌症生物信息学、微生物信息学和结构生物信息学等相关领域的研究，在生物通路与网络的计算方法和模型研究、比较基因组分析、蛋白质结构预测与建模等方面做出了重要的和公认的贡献。中南大学王建新、李敏利用参数化算法等理论与技术在生物信息计算领域进行了深入系统的研究，在长非编码疾病关联竞争性内源预测等方面取得了具有领先水平的一批理论成果。近年来，国内许多学者开展了 RNA 结构预测的研究，特别是 RNA 二级结构预测。中国科学院计算技术研究所徐琳等[20]提出一种对动态规划矩阵采用分块技术的细粒度并行算法，对面向现场可编程门阵列(field programmable gate array，FPGA)的 RNA 二级结构进行预测，提高了算法效率。陈翔等[21]根据 RNA 折叠的特点，提出了一种启发式搜索算法来预测带假结的 RNA 二级结构，该算法以 RNA 的茎区为基本单元，采用启发式搜索策略在茎区的组合空间中搜索自由能最小并且出现频率最高的 RNA 二级结构，该算法能降低搜索 RNA 二级结构的时间复杂度。吉林大学刘元宁等[22]提出 14 种类型的 RNA 假结结构，并使用一种改进的 RNA 平面结构表示法——弧图，利用相容矩阵与迭代矩阵来求出具有全局最大最优能的 RNA 茎区组合。近年来在癌症基因驱动检测、识别 RNA 内源性模块等方面，西安电子科技大学 Li 等[23]和 Wen 等[24]取得了丰硕的成果。北京建筑大学 Yue 等[25]利用贝叶斯网络结合不同算法来预测小 RNA，提高了预测的敏感性和特异性。2011 年美国罗切斯特大学的 Ellaousov 提出了包含假结的 RNA 二级结构快速预测算法，该算法的时间复杂度为 $O(n^2)$，预测准确度为 69.3%，但长度超过 700 的核苷酸的预测精度不理想。2015 年，山东大学李国君联合吉林大学、美国阿肯色州立大学、佐治亚大学等的研究人员共同提出了一种新的 RNA 转录组组装工具 Bridger，其研究成果发表在国际著名学术杂志 *Genome Biology* 上。Gupta 等[26,27]在求解 Rent-or-Buy 问题时，把博弈论的费用分摊方法应用到近似算法的设计与分析中，成果分别发表在理论计算机科学国际顶会 IEEE Annual Symposium on Foundations of Computer Science 和国际著名期刊 *Journal of the ACM*[27]上。近似算法的不可近似性成为近年来近似算法领域中的一个新的热点[28]，近似算法及随机算法的去随机化技术为包含假结和冠状病毒的 RNA 结构预测提供了新思路、新方法[29,30]。若把 RNA 序列碱基(核苷酸)看作图的顶点，两碱基(核苷酸)若配对，则在它们之间画一条线段，若途中线段之间存在交叉，则说明 RNA 结构中存在假结，可以把 RNA 结构优化问题转化为图问题，利用深度学习、近似算法和随机算法理论与技术，设计 NP 难包含假结的 RNA 结构预测近似算法，证明问题的可近似性或近似难度。如果一个茎区的形成能使 RNA 结构更稳定，那么表明该结构更有可能先形成，用自由能来衡量 RNA 结构的稳定性，因而本书提出的预测算法可以采用自由能作为评估和衡量候选茎区的标准，设计相关 RNA 假结结构预测近似算法，相关研究论文可以参考文献[31]和[32]。香港大学的 Wong 等[33,34]对含复杂假结的 RNA 折叠结构加以研究，设计了效果不错的 RNA 结构比对方法，主要来判断 ncRNAs (non-coding RNAs)，并且在超过 350 个 ncRNAs 家族中进行了实验。2012 年，

Wong 等[35]设计了包含简单假结的 RNA 结构比对算法，其时间复杂度为 $O(mn^3)$，并设计了 RNA 结构比对算法，该算法能处理假结，时间复杂度为 $O(mn^4)$。刘振栋等[36,37]提出了含假结的 RNA 结构近似算法及启发式算法。2013 年，麦吉尔大学的 Reinharz 等[38]利用加权样本和抽样方法设计了加权样本算法，对 RNA 二级结构加以预测，取得了良好的效果。刘振栋等[39]深入分析了含假结的 RNA 折叠结构内部特性，基于堆叠数最大化和能量最小化原理，提出了含假结的 RNA 结构预测算法。华盛顿大学的Andronescu等[40,41]对具有最邻近邻居的参数的 RNA 折叠结构进行研究，提出了利用 RNA 序列数据库来确定参数值的方法。芝加哥大学的 Babai[42]针对图同构问题找到了一个拟多项式时间的算法，该算法可以同时对两个网络系统计算加以优化，使生物计算网络更加简单。2015 年，Keane 等[43]研究了含包装信号的 HIV①-1 的 RNA 折叠结构，对 HIV-1 的研究有独到的见解。2016 年 Kucharík 等[44]详细阐述了假结在 RNA 折叠结构中的特性，对假结的理解更为深刻。近年来对单细胞的研究如火如荼，2017 年，Gomez-Schiavon 等[45]对单细胞 RNA 分子中的 BayFish 机理进行详细研究，加深了对单细胞的理解。

在对各类疾病进行分析时，与 RNA 的关联性研究必不可少，如研究乳腺癌需要了解 microRNAs 的结构与功能[46]，研究 Autophagy-related lncRNAs 的结构与功能对研究食管癌至关重要[47]，这表明对 RNA 的研究可以为疾病研究提供坚实的理论基础。RNA 通常会形成复杂的空间结构，其线性核苷酸序列经过碱基配对组成二级结构，二级结构通过折叠决定其三维空间中的结构[48]。RNA 的功能取决于其三级结构及与其他分子在细胞中的相互作用，RNA 二级结构已经提供了 RNA 分子的碱基序列蓝图，我们仍然需要进一步探索 RNA 的三级结构[49]。

目前用于 RNA 三级结构采集的生物学实验方法有冷冻电镜法[50]、核磁共振法[51]等，但是由于 RNA 三级结构极不稳定，容易受到环境的影响而发生突变，同时由于基因的进化，很难获取 RNA 的第三级接触信息，所以获取一段连续的、完整的 RNA 片段是非常困难的。因此，需要利用生物信息学的方法和技术，结合已知的生物分子结构及其功能特点，利用计算机技术来预测 RNA 的三级结构[52]。

目前在生物大分子的三级结构预测领域，蛋白质的结构预测方法已经取得显著进展，但是该方法却难以用于预测 RNA 的三级结构，其原因是目前预测蛋白质结构的方法主要利用了相关已知蛋白质的结构，通过机器学习的手段进行训练，提取相关蛋白质的特征，建立数学模型[53]。但是通过实验测得的 RNA 结构数目远远少于蛋白质，不足以提供大量有效的训练集数据，因此预测蛋白质结

① 人类免疫缺陷病毒(human immunodeficiency virus，HIV)。

构的方法并不适用于 RNA，需要发展更有效的生物计算方法来进行 RNA 三级结构的预测。

1.2 研究现状

近年来，研究人员发现 RNA 具有剂量补偿等复杂的生物学功能，RNA 结构研究引起了广泛重视。然而，RNA 三级结构预测相关研究仍处在起步阶段，与蛋白质结构预测相关研究成效相差甚远。RNA 三级结构预测相关研究一直落后于蛋白质结构预测的相关研究，主要有三个原因。第一，与蛋白质结构相比，RNA 分子结构上有更多的自由度，因此 RNA 结构数量更多，结构预测计算量大。第二，非沃森-克里克碱基对是 RNA 分子折叠结构的核心，虽然其数量有限但是却难以识别，这为 RNA 的三级结构预测增加了难度。第三，RNA 构象空间比蛋白质构象空间要大得多。综合 RNA 与蛋白质的自由度和分子量分析，100nt(核苷酸，nucleotide)的 RNA 三级结构预测与 200～300aa(amino acids，氨基酸)蛋白质结构预测的建模难度相当[19,20]，这足以证明 RNA 三级结构预测的困难性。正是由于 RNA 三级结构预测比蛋白质结构预测更困难，所以 RNA 三级结构预测的相关研究发展缓慢。

RNA 分子一般是线状单链结构，然而 RNA 分子的某些区域可自身回折，进行碱基互补配对并形成局部双螺旋结构。RNA 双螺旋中，一般是 A 与 U 配对、G 与 C 配对，但存在非标准配对，如 G 与 U 错配对。RNA 分子中的双螺旋与 A 型 DNA 双螺旋相似，而非互补区则膨胀形成前面介绍的凸出(bulge)或者环(loop)，短的双螺旋区域和环可以形成发夹结构，发夹结构是 RNA 中最普通的二级结构形式，二级结构进一步折叠形成三级结构，RNA 分子只有在具有三级结构时才有活性。RNA 能与蛋白质形成核蛋白复合物，RNA 的四级结构是 RNA 与蛋白质的相互作用形成的，RNA 结构预测是计算生物学与生物信息学的典型问题。

专家学者都致力于发展一种新的 RNA 三级结构预测工具来预测出更多的 RNA 三级结构。生物计算领域出现了很多 RNA 三级结构预测算法，典型的 RNA 三级结构预测算法主要包括两类：一类是基于知识的 RNA 三级结构预测算法，另一类是基于物理的 RNA 三级结构预测算法。

基于知识的 RNA 三级结构预测算法主要包括 MANIP 算法、ModeRNA 算法、RNABuilder 算法、3dRNA 算法等。ModeRNA 算法和 RNABuilder 算法是基于同源建模的 RNA 三级结构预测算法，通过基于片段的插入方法对没有模板的区域进行建模，并利用力场进行集合优化，获得物理上合理的构象。

基于物理的RNA三级结构预测算法是根据生物物理的原则，通过搜索RNA三级结构的构象空间，寻找自由能最低的构象，采样方法都是动态的，且基于蒙特卡罗算法或者分子动力学方法进行构象空间搜索采样，典型算法有FARNA算法、FARFAR算法、SWA算法、SWM算法等。

截至2022年12月，PDB数据库中拥有超过189000个生物大分子结构可用，含有RNA的结构仅占总结构数的0.86%，其中，包括与其他分子复合的RNA结构。PDB每年新发布的RNA结构数量及数据库中累计的RNA结构数量，RNA结构数量增长缓慢。这表明RNA三级结构测定的效率极其低下，RNA结构数量还远不能满足研究人员对结构和功能探索的需求。图1.1为DNA、RNA与蛋白质关系的中心法则。

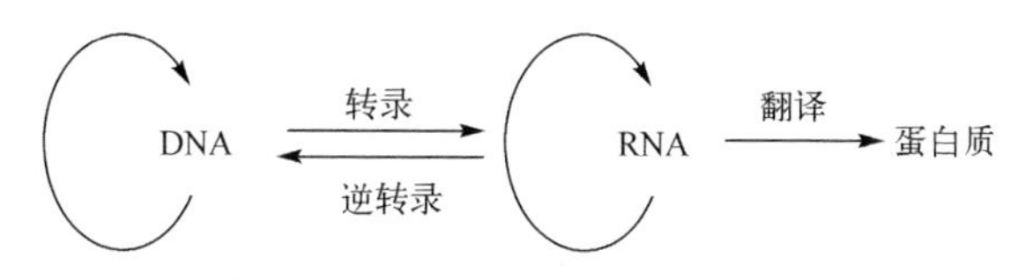

图1.1 DNA、RNA与蛋白质关系的中心法则

A-U碱基的W/W顺式配对，G-C碱基的W/W顺式配对，以及G-U碱基的W/W顺式配对是RNA标准碱基配对(canonical base pairs)。然而研究发现，目前观察到的RNA分子中，标准碱基配对占据了约80%。虽然非标准碱基配对(noncanonical base pairs)仅占20%，但是对于提高RNA三级结构预测精度至关重要，非标准碱基配对的精准预测是RNA三级结构预测的重点和难点。

RNA三级结构预测关键有两个方面：一方面，利用构象采样方法生成候选结构；另一方面，利用合适的打分函数来评估生成的这些候选结构。通常RNA三级结构预测算法中采用的评估标准是基于具有最低能量的结构最稳定、最接近原生构象的原理；打分函数的优劣很大程度上会影响RNA结构预测结果的好坏，当前已经开发出了一些比较好的打分函数，如RASP、RNAKB potentia、3dRNAscore和Rosetta等打分函数。对于RNA结构预测的进一步研究需要从这两个方面进行。此外，RNA三级结构预测的关键组成还包括分子表示方式和自由度。

近年来，研究人员基于生物计算提出了一系列RNA三级结构预测算法，包括ModeRNA[54]、3dRNA[55]、FARFAR[56]、MANIP[57]等，这些算法主要基于RNA的碱基序列及其二级结构，已在RNA的三级结构预测领域取得了一定的进展。此外，Rosetta的出现也为进一步实现RNA三级结构的精确预测创造了可能。Rosetta[58]是一项用于模拟生物大分子结构的综合性框架模型，作为一套用途广泛、灵活性强的框架，它涵盖了大量有关RNA及蛋白质三级结构预测的设计、组装工具与算法，通过对 Rosetta 套件中性能的不断改进，其结构预测效果得到进一步提高，如抗体和抗原建模的对接与设计[59]，研究人员利用 Rosetta 套件可以有效地预测 RNA 三级结构。

RNA 三级结构预测的主要影响因素有自由度、采样方法、能量函数、分子表示方式。在 Rosetta 框架中，生物计算方法通常受两方面影响。一方面，通过各种抽样方法生成大量候选结构。另一方面，使用一个评估这些候选结构的鉴别器。对于 RNA 或者蛋白质结构预测而言，鉴别器通常是指能量函数[60]，例如，最近更新的 Rosetta 能量函数 2015[61]。而低效的采样方法一直是 RNA 高分辨率建模的瓶颈。如果不对构象空间进行有效采样，那么就不可能实现精确的建模和严格的高分辨率能量函数测试。

为了提高构象采样能力，Sripakdeevong 等[62]提出了一种假设，通过每次添加一个残基递归地构建模型，枚举出单个 RNA 数百万种构象，并覆盖所有构建路径。Watkins 等[63]进一步指出，用随机抽样代替确定性枚举抽样将降低计算成本，提高建模精度。为了进一步降低计算成本，提高建模精度和建模完整度，在采样时采用并行机制，并对建模结果进行进一步判断和处理。

2018 年，Liu 等[64]对包含假结的 RNA 折叠结构加以研究，降低了时间复杂度，改进了预测精度、特异性和敏感性。2019 年，Meng 等[65]针对 RNA 结构预测设计了 RAG-Web方法，对 RNA 结构有了更深的认识。2020 年，Rivas 等[66]在研究 RNA 结构时计算了 RNA 碱基序列的变化，阐述了碱基序列的配对规律。2020 年，Menden 等[67]利用深度学习技术对 RNA 结构相关的组织表达加以深入分析，其成果发表在 *Science* 上。2020 年，Liu 等[68]对 RNA 折叠结构的盆跳图(basin hopping graph，BHG)与障碍树进行深入解析，提出了基于扩展结构的 RNA 预测算法。Guo 等[69]采用降维技术来研究蛋白质与蛋白质之间，以及 RNA 与蛋白质的关系。2020 年，山东大学 Zheng 和 Liu[70]进行了最大 *k*-补割问题和稠密 *k*-子图问题的研究。2021 年，斯坦福大学的 Townshend 等[71]采用 18 个已知的RNA结构设计了一个几何深度学习方法来预测RNA结构精确模型，在blind RNA 预测方面取得了非常好的效果。2021 年，Park 等[72]对 RNA 介导的 DNA 转座系统和靶向选择的基础结构加以研究，加深了对RNA介导功能的理解。2021年，Niu 等[73]用深度学习和降维技术来研究RNA与蛋白质之间的相互关系。2022年，Rasmussen 等[74]在 *Nature* 上发表了用RNA结构揭示疾病和健康关系的论文。2021年11月9日在南非首次检测到奥密克戎(英文名：Omicron，编号：B.1.1.529)新型冠状病毒变种，对冠状病毒的 RNA 结构研究迫在眉睫。2022 年，Garcia-Beltran 等[75]在 *Cell* 上提出了基于 mRNA COVID-19 的疫苗增强剂对 SARS-CoV-2 奥密克戎变种的中和免疫方法，给奥密克戎变种的防治提供了有效途径。2022年，Liu等[76]提出了基于蒙特卡罗策略和原子精度的RNA三级结构的预测算法，从原子精度对 RNA 的三级结构进行深入研究。至今为止，RNA结构中特别是RNA冠状病毒的RNA结构分析预测还存在许多需要研究的问题，期待我们来探索其中的秘密。

刘振栋二十多年来一直从事 RNA 结构预测算法及复杂性的研究，特别是对NP完全问题——RNA折叠结构内在性质进行深入研究，近年来，刘振栋分别在2018年、2020年对RNA折叠结构的BHG与障碍树进行深入解析，提出了基于扩展结构的RNA预测算法。2020年、2021年刘振栋用深度学习和降维技术来研究蛋白质之间、蛋白质和RNA之间的相互关系，从而进一步加深了对RNA结构的理解，2022年1～9月，刘振栋等[76-78]发表了有关基于蒙特卡罗策略和原子精度的RNA三级结构的预测算法、细胞组织单细胞RNA预测算法、基于组合优化策略的attC结合位点预测算法。冠状病毒的RNA结构预测NP完全问题近似算法、近似难度的分析证明等工作具有挑战性，这些挑战性的工作会激发我们极大的研究热情。

RNA结构中特别是RNA冠状病毒的RNA结构分析预测还存在众多需要研究解决的问题，其中，有些多项式确定性精确算法、绑定蛋白质问题、NP完全问题近似算法仍有改进的余地[79-82]，如求解含任意假结最大结构数问题是否是NP难的，是否存在该问题的最大 *k*-补割问题近似算法？病毒RNA最大茎区问题如何转换为最小结构熵问题？如何提高 RNA 结构预测近似算法中预测特异性和敏感性？NP难问题的不可近似性的证明也极具挑战性。

研究结果体现在两个层面：一方面将有助于近似算法的研究，为算法与计算复杂性近似理论的发展做出贡献；另一方面，项目的实施将促进近似理论在计算实践中的应用。RNA结构决定RNA功能、RNA结构预测算法和技术的改进，为寻找非编码RNA基因，以及为RNA病毒和靶向核糖体药物研制提供了新思路、新方法。

1.3 算法与计算复杂性

半个世纪以来，算法研究始终是计算机科学的一个研究热点，以图灵奖获得者Cook、Karp、Hopcroft及其学生Hartmanis、Stearns、Blum和Yao(姚期智，第一位华裔图灵奖获得者)等为代表的一批世界级计算机科学家，以创造性的工作推动着算法研究不断深入发展，吸引着一大批算法爱好者。

问题的实例与询问分别对应算法的输入和输出。算法是对问题的准确并且完整的解题过程，这个过程是一系列解决问题的明确指令集合，每条指令都包括明确指定计算机操作及其操作顺序的规则，严格按照指令执行，便可以得到问题的解。

算法分析的中心内容是对算法进行评价。算法的正确性是算法评价时最基本的标准，将问题的实例输入算法，经过一系列有限且清晰的指令，最终产生正确的输出，则问题可以被该算法解决。算法评价的另一个方面为算法复杂性分析，这是评价算法性能的关键指标，算法复杂性分析通常指对算法进行时空复杂度分析。时间复杂度即算法中包含的基本操作在其执行过程中总的执行次数，而空间复杂度则是在算法实施过程中需要占用的存储器数量。

算法的时间与空间复杂度与其具体的实例无关，而与问题实例的输入长度有关，因此无法通过个别实例来评价一个算法的性能。在理想状态下评价算法性能时，需要衡量算法解答问题实例时所需要的基本操作次数的平均值，然而计算平均值的前提是要明确问题实例的概率分布，这对于很多算法都是不太现实的。因此，通常情况下是分析算法在最差情况下的时空复杂度，给出算法的时间和空间复杂度函数的上界，以此来对算法进行评价。常见的时间复杂度函数有$O(1)$、$O(N)$、$O(N^2)$、$O(N^3)$、$O(N^{0.5})$、$O(\log N)$、$O(N\times\log N)$。

对于问题A来说，一般会有多个正确的算法可以解答问题A，然而，解答该问题的不同算法p的时空复杂度函数可能是不同的，将解答该问题的算法记为集合$P=\{p_1, p_2, \cdots, p_i\}$，算法$A$的时间复杂度函数$T(n)$和空间复杂度函数$S(n)$分别为

$$T(n)=\min(T_{p_i}(n)) \tag{1.1}$$

$$S(n)=\min(S_{p_i}(n)) \tag{1.2}$$

式中，n为问题实例的输入长度；最终$T(n)$对应的算法p_i即为解决该问题的最佳算法。

通常情况下，算法的时间复杂度和空间复杂度是对立的，二者很难同时降低。当前在进行算法复杂性分析时通常更重视时间复杂度，算法设计的重要目标之一是高效率，且随着计算机技术的发展，存储器的容量越来越大且成本越来越低，因此算法研究人员往往牺牲一定的空间复杂度来优化时间复杂度，因此本书将重点对算法的时间复杂度进行分析。

1.4 NPC类问题

P类问题：存在多项式时间算法的问题。以冒泡排序为例，在排序问题里，是可以找到一种时间复杂度为多项式$O(n^2)$的算法(如冒泡排序法)来求解排序问

题的，所以排序问题是一个有多项式时间算法的问题。为什么要研究这个 P 类问题呢？因为当计算机处理的输入数据达到 100 万个时，时间复杂度为 $O(n^2)$ 和 $O(\mathrm{e}^n)$ 的算法，所需的运行次数简直是天壤之别，时间复杂度为 $O(\mathrm{e}^n)$ 的算法可能运行好几天都无法完成任务，所以本书才要研究一个问题是否存在多项式时间算法。而本书只关注一个问题是否存在多项式算法，因为一个时间复杂度比多项式算法还要复杂的算法研究起来是没有任何实际意义的。

非确定性多项式(nondeterministic polynominal，NP)类问题：能在多项式时间内验证得出一个正确解的问题。P 类问题是 NP 问题的子集，一般存在多项式时间解答的问题，总能在多项式时间内验证该问题。著名的 NP 类问题有旅行家推销问题(traveling salesman problem，TSP)，即有一个推销员，要到 n 个城市推销商品，他要找出一个包含所有 n 个城市的环路，这个环路路径小于 a，如果单纯地用枚举法来列举会有 $(n-1)!$ 种。这已经不是多项式时间的算法了(注：阶乘算法比多项式复杂)。但是，我们可以用猜的，假设猜几次就猜中了一条长度小于 a 的路径，问题解决了，皆大欢喜。可是，我们不可能每次都猜得那么准，也许我们要猜完所有路径呢？所以这是一个 NP 类问题。即我们能在多项式的时间内验证并得出问题的正确解，可是我们却不知道该问题是否存在一个多项式时间的算法，每次都能解决。

NPC 类问题：说到 NP 完全问题，那么就需要说到可规约这个问题。规约：当问题 A 规约到问题 B 时，问题 B 的有效解就可以用于求解问题 A 了。如果所有的 NP 问题都可以在多项式时间内规约到某一类问题，那么该问题就是 NPC 问题。

一个问题是否可以被多项式时间算法解答，需要形式化描述算法解答问题的时间复杂度和空间复杂度，问题按照复杂度的特点分为常见的类型：P 类、NP 类和 NPC 类。对于一个问题，若存在长度为 n 的多项式函数 $P(n)$，对所有 $n\in\mathbf{Z}^+$，均有确定性图灵机 DTM 的计算步数 $T_{\mathrm{M}}(n)\leqslant P(n)$，则称 DTM 程序 M 为多项式时间的。如果某问题在多项式时间 DTM 程序可解答，那么称该问题属于 P 类。NP 类问题是指如果存在解答该问题的多项式时间验证的图灵机程序，那么称该问题属于 NP 类。P = NP？一直是困扰着计算机科学的世界性难题。在 NPC 类中，若有一个问题有多项式时间算法，则 NP 类中所有问题都有多项式时间算法，即有 P = NP。在 NPC 类中，若有一个问题不存在多项式时间算法，则 NP 类中所有问题都不可能有多项式时间算法，即有 P≠NP。在 NP 类中存在更难的难解的子类问题，即 NPC 问题，若 P≠NP，则在 NPC 类问题中很难设计出多项式时间算法。

1.5 NP 难问题与近似算法

算法及复杂性的研究极大地促进了生物信息学和计算生物学的发展，也为生物医学发展提供了理论指导和技术支持，如 RNA 结构重组问题、RNA 冠状病毒结构变异问题、三级结构甚至四级结构预测问题等。机器学习、深度学习中的算法及计算复杂性理论在生物信息学方面的研究。假设 RNA 片段由 15 个碱基(核苷酸)组成，理论上其结构数为 13 万亿个，这是一个天文数字。冠状病毒约由 3 万个碱基组成，其遗传物质是已知 RNA 病毒中最长的，理论上其结构数更是天文数字，并且病毒在不停地变种，可能的 RNA 三级结构数更是天文数字，不可能逐一用实验来测定，只能用计算的方法，特别是设计近似算法来计算其可能的结构。近似算法致力于在多项式时间内找到问题的具有性能保证的近似最优解，是处理 NP 难问题的一种本质的、有效的方法，近似算法往往包括最小优化问题和最大优化问题。

20 世纪 60 年代，计算复杂性理论的奠基人、图灵奖得主 Hartmanis 提出了计算复杂性相关理论体系。许多复杂性类的提出标志着计算复杂性框架的建立。其中，P = NP?成为计算复杂性理论中的核心问题。近年来，计算复杂性理论不断发展和创新，新模型、新方法不断涌现，极大地丰富了计算机科学并促进了计算机技术的发展。

对于 NP 完全问题及其 NP 难解问题，计算机在多项式时间求不出最优解。我们只能退而求其次，去寻找该类问题可行的次优解、概率意义下的优化解，即尝试设计该类问题的多项式时间近似算法，用近似性能比作为评价近似算法优劣的指标。我们可用近似算法可行解与最优解进行比较，把近似算法划分为一般的近似算法与绝对的近似算法。在 NPC 类问题中，特别是 NP 难问题，绝对近似算法能解答的问题很少，许多 NP 难问题存在近似性能比较好的一般近似算法，如经典的背包问题等。对于优化索问题π，设实例集合是 D_π，任意实例 $I \in D_\pi$，设其可行解集是 $S_\pi(I)$，每个可行解 $S \in S_\pi(I)$，设实例 I 最优解为 OPT(I)，对应可行解值是 $M_\pi(I, S)$。若存在算法 A，针对某问题任意实例 $I \in D_\pi$，可以求出可行解 $S \in S_\pi(I)$，解值是 $M_\pi(I, S)$，令 $A(I) = M_\pi(I, S)$，若存在实例 I 使 $A(I) \neq$ OPT(I)，则称算法 A 为解答问题π的近似算法，近似性能比也是衡量近似算法的重要指标。

参 考 文 献

[1] Lyngsø R B, Christian N S. Pseudoknots in RNA pseudoknotted structure[C]. Proceedings of

Recomb, Tokyo, 2000.

[2] Dulbecco R. A turning point in cancer research: Sequencing the human genome[J]. Science, 1986, 231: 1055-1056.

[3] Yang Y R, Liu Z D. A comprehensive review of predicting method of RNA tertiary structure[J]. Computational Biology and Bioinformatics, 2021, 9(1): 15-20.

[4] Turner D H, Sugimoto N, Freier S M. Improved parameters for prediction of RNA structure[J]. Biophysics Chemistry, 1988, 17(2): 167-192.

[5] Mathews D H, Turner D H. Prediction of RNA secondary structure by free energy minimization[J]. Current Opinion in Structural Biology, 2006, 16(5): 270-278.

[6] Walter A E, Turner D H, Kim J, et al. Coaxial stacking of helixes enhances binding of oligoribonucleotides and improves predictions of RNA folding[J]. Proceedings of the National Academy of Sciences, 1994, 91(2): 9218-9222.

[7] Knudsen B, Hein J. RNA secondary structure prediction using stochastic context-free grammars and evolutionary history[J]. Bioinformatics, 1999, 15(6): 446-454.

[8] Hochbaum D S. Approximation algorithms for NP-hard problems[J]. ACM SIGACT News, 1997, 28(2): 40-52.

[9] Vazirani V. Approximation Algorithms. Berlin: Springer, 2001.

[10] Zuker M, Mathews D H, Turner D H. Algorithms and Thermodynamics for RNA Secondary Structure Prediction: A Practical Guide in RNA Biochemistry and Biotechnology. Den Haag City: Kluwer Academic Publishers, 1999: 11-43.

[11] Rivas E, Eddy S R. A dynamic programming algorithm for RNA structure prediction including pseudoknots. Journal of Molecular Biology, 1999, 285(5): 2053-2068.

[12] van Batenburg F H, Gultyaev A P, Pleij C W, et al. PseudoBase: A database mRNA pseudoknots[J]. Nucleic Acids Research, 2000, 28(1): 201-204.

[13] Nixon P L, Rangan A, Kim Y G, et al. Solution structure of a luteoviral P1-P2 frameshifting mRNA pseudoknot[J]. Journal of Molecular Biology, 2002, 322(3): 621-633.

[14] Ieong S, Kao M Y, Lam T W, et al. Predicting RNA secondary structures with arbitrary pseudoknots by maximizing the number of stacking pairs[J]. Journal of Computational Biology, 2003, 10(6): 981-995.

[15] Lyngsø R B. Complexity of Pseudoknot Prediction in Simple Models[M]. Berlin: Springer, 2004: 919-931.

[16] Ruan J, Stormo G D, Zhang W. An iterated loop matching approach to the prediction of RNA secondary structures with pseudoknots[J]. Bioinformatics, 2004, 20(1): 58-66.

[17] Ren J, Rastegari B, Condon A, et al. HotKnots: Heuristic prediction of RNA secondary

structures including pseudoknots[J]. RNA, 2005, 11(10): 1494-1504.

[18] Huang X, Ali H. High sensitivity RNA pseudoknot prediction[J]. Nucleic Acids Research, 2007, 35(2): 656-663.

[19] Han B, Dost B, Bafna V. Structural alignment of pseudoknotted RNA[J]. Journal of Computational Biology, 2008, 15(7): 489-504.

[20] 徐琳, 李晓民, 谭光明, 等. 面向 FPGA 的 RNA 二级结构预测并行算法研究[J]. 计算机学报, 2006, 2(29): 233-238.

[21] 陈翔, 卜东波, 张法, 等. 基于局部茎搜索的 RNA 二级结构预测算法[J]. 生物化学与生物物理学进展, 2009, 36(1): 115-121.

[22] 刘元宁, 张浩, 李誌, 等. RNA 假结结构分析[J]. 吉林大学学报(工学版), 2009(S1): 265-269.

[23] Li F, Gao L, Wang B B. Detection of driver modules with rarely mutated genes in cancers[J]. IEEE/ACM Transactions on Computational Biology and Bioinformatics, 2020, 17(2): 390-401.

[24] Wen X, Gao L, Hu Y X. LAceModule: Identification of competing endogenous RNA modules by integrating dynamic correlation[J]. Frontiers in Genetics, 2020, 11(3): 235-241.

[25] Yue D, Guo M Z, Chen Y D, et al. A Bayesian decision fusion approach for microRNA target prediction[J]. BMC Genomics, 2012, 13(S8): S13.

[26] Gupta A, Kumar A, Pál M, et al. Approximation via cost-sharing: A simple approximation algorithm for the multicommodity rent-or-buy problem[C]. Proceedings of the 44th IEEE Annual Symposium on Foundations of Computer Science, Washington, 2003: 606-615.

[27] Gupta A, Kumar A, Pál M, et al. Approximation via cost sharing: Simpler and better approximation algorithms for network design[J]. Journal of the ACM, 2007, 54(3): 1-38.

[28] Hassin R, Monnot J, Segev D. Approximation algorithms and hardness results for labeled connectivity problems[J]. Journal of Combinatorial Optimization, 2007, 14(4): 437-453.

[29] Williamson D, van Zuylen A. A simpler and better derandomization for an approximation algorithm for single-source rent-or-buy[J]. Operations Research Letters, 2007, 35(6): 707-712.

[30] Lau L C M. Singh: Additive approximation for bounded degree survivable network design[C]. Proceedings of the 40th ACM Symposium on Theory of Computing, New York, 2008: 759-768.

[31] Liu Z D, Li H W, Zhu D M. A predicting algorithm of RNA secondary structure based on stems[J]. Kybernetes, 2010, 39(6): 1050-1057.

[32] Liu Z D, Xia C L, Zhu D M. Improved algorithm for RNA secondary structure prediction

including pseudoknots[J]. Advances in Systems Science and Applications, 2010, 10(4): 710-716.

[33] Wong T K F, Lam T W, Sung W K, et al. Structural alignment of RNA with complex pseudoknot structure[J]. Lecture Notes in Computer Science, 2009, 5724(6): 403-414.

[34] Wong T K F, Wan K L, Hsu B Y, et al. RNASAlign: RNA structural alignment system[J]. BMC Bioinformatics, 2011, 27(15): 2151-2152.

[35] Wong T K F, Chiu Y S, Lam T W, et al. Memory efficient algorithms for structural alignment of RNAs with pseudoknots[J]. IEEE/ACM Transactions on Computational Biology and Bioinformatics, 2012, 9(1): 161-168.

[36] Liu Z D. Approximation algorithm of RNA folding including pseudoknots[J]. International Review on Computers and Software, 2012, 7(6): 2942-2946.

[37] Liu Z D, Zhu D M. New heuristic algorithm of RNA structure prediction including pseudoknots[J]. Journal of Computers, 2013, 8(2): 279-283.

[38] Reinharz V, Ponty Y, Waldispühl J. A weighted sampling algorithm for the design of RNA sequences with targeted secondary structure and nucleotide distribution[J]. Bioinformatics, 2013, 29(13): 308-315.

[39] Liu Z D, Zhu D M, Ma H W. Predicting scheme of RNA folding structure including pseudoknots[J]. International Journal of Sensor Networks, 2014, 16(4): 229-235.

[40] Andronescu M, Condon A, Hoos H H, et al. Computational approaches for RNA energy parameter estimation[J]. RNA, 2010, 16(12): 2304-2318.

[41] Andronescu M, Condon A, Turner D H, et al. Determination of RNA folding nearest neighbor parameters[J]. Methods Molecular Biology, 2014, 1097: 45-70.

[42] Babai L. Graph isomorphism in quasipolynomial time[J]. Combinatorics and Theoretical Computer Science Seminar, 2015, 13(2): 18-26.

[43] Keane S C, Heng X, Lu K, et al. Structure of the HIV-1 RNA packaging signal[J]. Science, 2015, 348(6237): 917-921.

[44] Kucharík M, Hofacker I L, Stadler P F, et al. Pseudoknots in RNA folding landscapes[J]. Bioinformatics, 2016, 32(2): 187-194.

[45] Gomez-Schiavon M, Chen L F, West A E, et al. BayFish: Bayesian inference of transcription dynamics from population snapshots of single-molecule RNA FISH in single cells[J]. Genome Biology, 2017, 18(2): 164.

[46] Nuoroozi G, Mirmotalebisohi S A, Sameni M, et al. Deregulation of microRNAs in oral squamous cell carcinoma, a bioinformatics analysis[J]. Gene Reports, 2021, 11(3): 101241.

[47] Wu D, Ding Y, Fan J B. Bioinformatics analysis of autophagy-related lncRNAs in esophageal

carcinoma[J]. Combinatorial Chemistry and High Throughput Screening, 2021, 24(4): 101241.

[48] Tang L. A path to predict RNA tertiary structures[J]. Nature Methods, 2018, 15(7): 650.

[49] Weeks K M. Piercing the fog of the RNA structure-ome[J]. Science, 2021, 373(6558): 964-965.

[50] Kappel K, Zhang K, Su Z, et al. Accelerated cryo-EM-guided determination of three-dimensional RNA-only structures[J]. Nature Methods, 2020, 17(10): 699-707.

[51] Fan X, Wang J, Zhang X, et al. Single particle cryo-EM reconstruction of 52 kDa streptavidin at 3.2 Angstrom resolution[J]. Nature Communications, 2019, 10(4): 2386.

[52] Yang Y, Liu Z. A comprehensive review of predicting method of RNA tertiary structure[J]. Computational Biology and Bioinformatics, 2021, 9(3): 9-15.

[53] Perez A, Morrone J A, Brini E, et al. Blind protein structure prediction using accelerated free-energy simulations[J]. Science Advances, 2016, 2(11): e1601274.

[54] Magdalena R, Kristian R, Tomasz P, et al. ModeRNA: A tool for comparative modeling of RNA 3D structure[J]. Nucleic Acids Research, 2011, 39(2): 13-22.

[55] Zhao Y, Huang Y, Gong Z, et al. Automated and fast building of three-dimensional RNA structures[J]. Scientific Reports, 2012, 2(5): 727-734.

[56] Das R, Karanicolas J, Baker D. Atomic accuracy in predicting and designing noncanonical RNA structure[J]. Nature Methods, 2010, 7(6): 291-294.

[57] Massire C, Westhof E. MANIP: An interactive tool for modelling RNA[J]. Journal of Molecular Graphics and Modelling, 1998, 16(2): 197-205.

[58] Das R, Baker D. Macromolecular modeling with rosetta[J]. Annual Review of Biochemistry, 2008, 77(8): 363-382.

[59] Schoeder C T, Schmitz S, Adolf-Bryfogle J, et al. Modeling immunity with rosetta: Methods for antibody and antigen design[J]. Biochemistry, 2021, 60(6): 825-846.

[60] Li J, Zhu W, Wang J, et al. RNA3DCNN: Local and global quality assessments of RNA 3D structures using 3D deep convolutional neural networks[J]. PLoS Computational Biology, 2018, 14(2): 1-18.

[61] Bradley P, Misura K, Baker D. Toward high-resolution de novo structure prediction for small proteins[J]. Science, 2010, 309(11): 1868-1871.

[62] Sripakdeevong P, Kladwang W, Das R. An enumerative stepwise ansatz enables atomic-accuracy RNA loop modeling[C]. Proceedings of the National Academy of Sciences of the United States of America, 2011, 10(9): 20573-20578.

[63] Watkins A M, Geniesse C, Kladwang W, et al. Blind prediction of noncanonical RNA

structure at atomic accuracy[C]. Science Advances, 2018, 4(5): eaar5316.

[64] Liu Z D, Zhu D M, Dai Q H. Predicting model and algorithm in RNA folding structure including pseudoknots[J]. International Journal of Pattern Recognition and Artificial Intelligence, 2018, 32(10): 1-17.

[65] Meng G, Tariq M, Jain S. RAG-Web: RNA structure prediction/design using RNA-As-Graphs[J]. Bioinformatics, 2019, 13(5): 647-648.

[66] Rivas E, Clements J, Eddy R S. Estimating the power of sequence covariation for detecting conserved RNA structure[J]. Bioinformatics, 2020, 11(9): 3072-3076.

[67] Menden K, Marouf M, Oller S. Deep learning-based cell composition analysis from tissue expression profiles[J]. Science, 2020, 6(28): 51-59.

[68] Liu Z D, Li G, Liu J S. New algorithms in RNA structure prediction based on BHG[J]. International Journal of Pattern Recognition and Artificial Intelligence, 2020, 34(13): 1-14.

[69] Guo Z F, Wang P P, Liu Z D, et al. Discrimination of thermophilic proteins and non-thermophilic proteins using feature dimension reduction[J]. Frontiers in Bioengineering and Biotechnology, 2020, 8: 1-10.

[70] Zhang P, Liu Z D. Approximating max *k*-uncut via LP-rounding plus greed, with applications to densest *k*-subgraph[J]. Theoretical Computer Science, 2020, 849(14): 173-183.

[71] Townshend R, Eismann S, Watkins A M, et al. Geometric deep learning of RNA structure[J]. Science, 2021, 373(6531): 1047-1051.

[72] Park J U, Tsai A W L, Mehrotral E, et al. Structural basis for target site selection in RNA-guided DNA transposition systems[J]. Science, 2021, 373(2): 768-774.

[73] Niu M T, Wu J, Zou Q, et al. Predicting RNA-binding proteins using deep learning[J]. IEEE Journal of Biomedical and Health Informatics, 2021, 25(9): 3668-3676.

[74] Rasmussen M, Reddy M, Nolan R, et al. RNA profiles reveal signatures of future health and disease in pregnancy[J]. Nature, 2022, 601(15): 422-427.

[75] Garcia-Beltran W F, Denis K J S, Hoelzemer A, et al. mRNA-based COVID-19 vaccine boosters induce neutralizing immunity against SARS-CoV-2 Omicron variant[J]. Cell, 2022, 185: 457-466.

[76] Liu Z D, Yang Y R, Li D Y, et al. Prediction of RNA tertiary structure based on random sampling strategy and parallel mechanism[J]. Frontiers in Genetics, Section Computational Genomics, 2022, 12(8): 1-10.

[77] Liu Z D, Lv X R, Chen X, et al. Predicting algorithm of tissue cell ratio based on deep learning using single-cell RNA sequencing[J]. Applied Sciences, 2022, 12(5790): 1-14.

[78] Liu Z D, Chen X, Li D Y, et al. Predicting algorithm of attC site based on combination

optimization strategy[J]. Connection Science, 2022, 34(1): 1895-1912.

[79] Ito T M, Ogawa S, Ashida K, et al. Accurate magnetic field imaging using nanodiamond quantum sensors enhanced by machine learning[J]. Scientific Reports, 2022, 12: 13942.

[80] Nguyen L, van Hoeck A, Cuppen E. Machine learning-based tissue of origin classification for cancer of unknown primary diagnostics using genome-wide mutation features[J]. Nature Communications, 2022, 13: 4013.

[81] Kong J H, Ha D, Lee J, et al. Network-based machine learning approach to predict immunotherapy response in cancer patients[J]. Nature Communications, 2022, 13: 3703.

[82] Szczerba M, Johnson B, Acciai F, et al. Canonical cellular stress granules are required for arsenite-induced necroptosis mediated by Z-DNA-binding protein[J]. Science, 2023, 16(12): 776.

第 2 章　RNA 结构与模型

2.1　RNA 简介

RNA 是一种生物高分子化合物，它几乎参与了所有遗传信息转录和翻译的过程。RNA 在生物体内有多种功能，其主要功能是将存储在 DNA 里的遗传信息转化为蛋白质，并进一步引导蛋白质的合成，对于生命系统至关重要。

2.1.1　RNA 基本知识

RNA 是线性聚合分子，其基本构成单元是核糖核苷酸，经过磷酸二酯键的缩合，将多个核糖核苷酸组成一个长链状分子。核糖核苷酸结构通式如图 2.1 所示，核糖核苷酸由磷酸、核糖及含氮元素的碱基三部分构成。

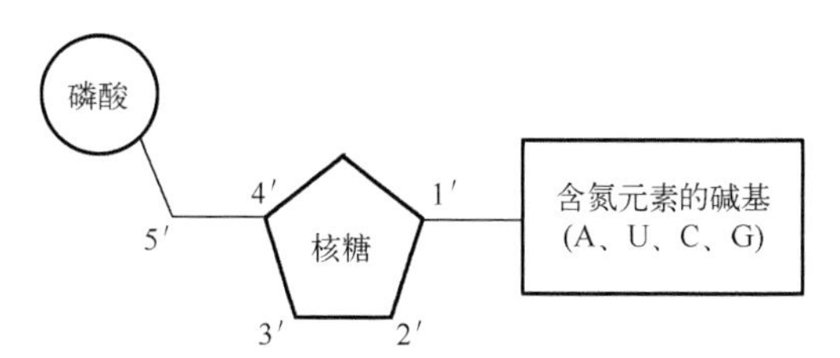

图 2.1　核糖核苷酸结构通式

含氮元素的碱基是 RNA 分子构成的基础，RNA 中的含氮碱基主要有胞嘧啶和尿嘧啶两种嘧啶，以及腺嘌呤和鸟嘌呤两种嘌呤。RNA 中的含氮碱基与 DNA 有所不同，RNA 中包含尿嘧啶而 DNA 中包含胸腺嘧啶。根据含氮碱基的不同，将 RNA 的核糖核苷酸分为胞嘧啶核糖核苷酸(cytosine，C)、尿嘧啶核糖核苷酸(uracil，U)、腺嘌呤核糖核苷酸(adenine，A)、鸟嘌呤核糖核苷酸(guanine，G)。

RNA 分子与 DNA 分子的碱基配对规则相似，但存在两个不同点：一是 RNA 中 U 与 A 配对，而 DNA 中则是 T 与 A 配对；二是除了常规的 A-U、G-C 这两种配对方式，RNA 碱基配对时还存在 G-U 摇摆碱基配对，G-U 碱基配对同 A-U 碱基配对一样，核苷酸间存在两个氢键，而 C-G 配对则存在三个氢键。RNA 碱基配对方式如图 2.2 所示。

RNA 分子的空间折叠结构十分复杂，共有四级结构。RNA 的一级结构是其线性核苷酸序列，即四种核糖核苷酸序列以不同的次序按照 5′端到 3′端的方向排布在一起。RNA 的二级结构是经过碱基配对形成的一个平面构象，RNA 单链会形成 A 型双螺旋，还存在其他二级结构形式，如发卡环、凸起、内环、茎区、多分枝环等结构。此外，二级结构有多种表示方法：曲线表示法、树形表示法、点括号表示法、平面表示法及三维(three dimensional，3D)图形表示法。RNA 的二级结构进一步折叠产生相互作用得到更加复杂的三级结构，RNA 三级结构通过影响与其他生物大分子的相互作用从而影响其功能，RNA 的生物学功能需要由其多维序列信息解释，因此，对 RNA 三级结构的研究很有必要。RNA 的四级结构是指在 RNA 通过与细胞内其他的生物大分子相互作用而产生的复合物结构，如细胞中的核糖核蛋白体，其构成单元为 rRNA 和蛋白质。

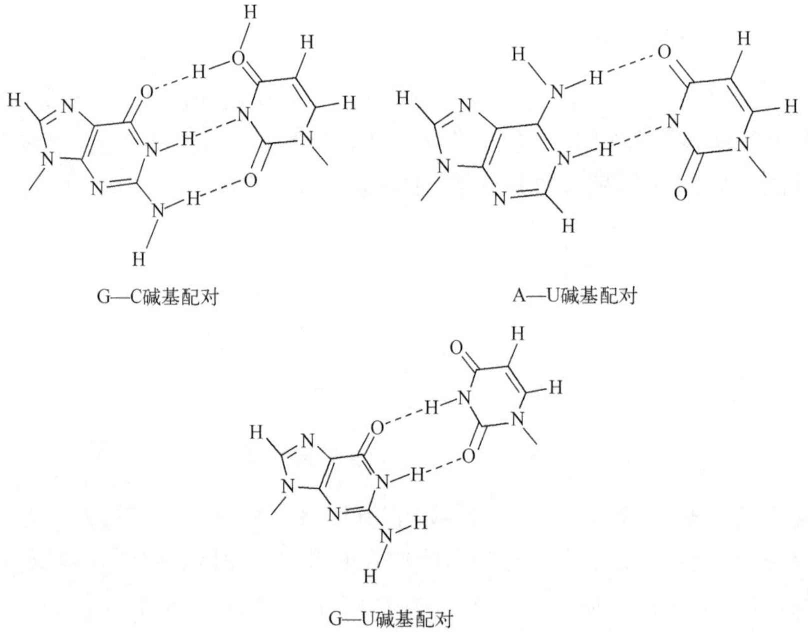

G—C碱基配对　　A—U碱基配对

G—U碱基配对

图 2.2　RNA 碱基配对方式

RNA 的折叠结构如图 2.3 所示，图中采取的 RNA 结构表示方法为一级结构用碱基序列表示，二级结构用平面表示法表示，三级结构用 UCSF Chimera 可视化来表示。

2.1.2　RNA 三级结构

RNA 三级结构是十分复杂的，实际上，RNA 的空间结构中包含一些周期性的、易识别的三级结构模块，如 A 小体、核糖拉链、同轴堆叠等。随着 RNA 和 DNA 分子的结构被测定与预测出来，将会有越来越多的三级结构模块种类被熟知。RNA 的三级结构包括 RNA 模体中所有原子的空间三维坐标(三维结构)，以及原子间的空间相互作用(三级相互作用)。三级相互作用主要包括成键相互作用及非成键相互作用(范德瓦耳斯键、氢键及碱基等相互作用)，其中，氢键相互作用对于 RNA 三级结构预测尤为重要。

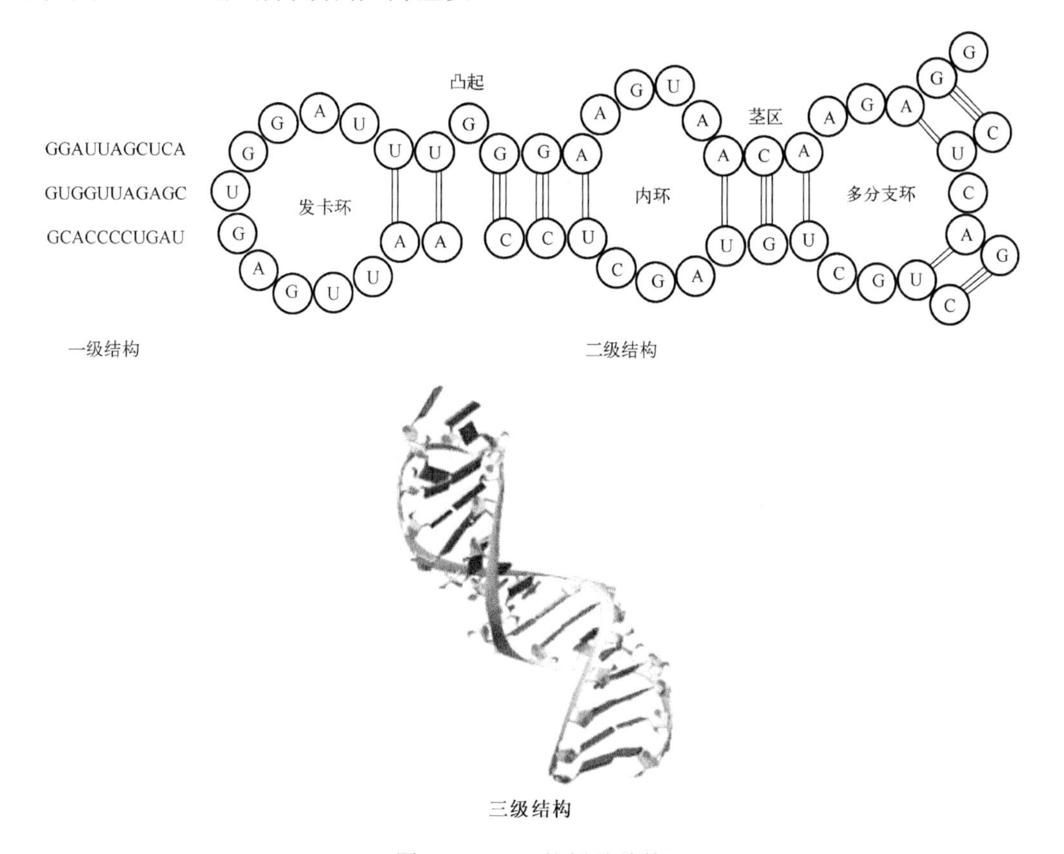

图 2.3　RNA 的折叠结构

由于碱基是平面结构，嘌呤/嘧啶边缘的氢原子供/受体均可以近似地划分为三种配对边：Hoogsteen(H)边/CH 边、Watson-Crick(W)边、Sugar(S)边，三条边都可以作为相互作用边，即一个碱基的某条边可能与另一个碱基的三条边中的任意一条边进行配对从而形成碱基对。

考虑到碱基配对时糖苷键的取向具有顺反方向性，而且两个核糖核苷酸上的碱基中任意两个配对碱基对得到一组氢键，因此，理论上 A、U、C、G 这四种碱基一共可以形成 12 类氢键配对模式，如表 2.1 所示。

表 2.1　RNA 碱基配对模式体系

编号	糖苷键取向	相互作用边(配对边)	符号	默认局部链方向
1	Cis	Watson-Crick/Watson-Crick	—●—	Anti-parallel
2	Trans	Watson-Crick/Watson-Crick	—○—	parallel
3	Cis	Watson-Crick/Hoogsteen	●—■	parallel
4	Trans	Watson-Crick/Hoogsteen	○—□	Anti-parallel
5	Cis	Watson-Crick/Sugar	●—▶	Anti-parallel
6	Trans	Watson-Crick/Sugar	○—▷	parallel
7	Cis	Hoogsteen/Hoogsteen	—■—	Anti-parallel
8	Trans	Hoogsteen/Hoogsteen	—□—	parallel
9	Cis	Hoogsteen/Sugar	■—▶	parallel
10	Trans	Hoogsteen/Sugar	□—▷	Anti-parallel
11	Cis	Sugar Edge/Sugar	—▶—	Anti-parallel
12	Trans	Sugar Edge/Sugar	—▷—	parallel

其中，符号○表示 W 边，符号□表示 H 边，符号▷表示 S 边，黑色填充的符号表示顺式构象，而未填充的符号则表示反式构象。W 边和 W 边顺式配对(Cis W/W)相互作用是 RNA 螺旋区的基本元素(表中编号 1)，而其他 11 种非 Cis W/W 相互作用则构成了 RNA 结构模块和 RNA 三级结构元素。

2.2　Rosetta 框架简介

Rosetta 是一个非常大的框架，框架中包含用于大分子建模的软件套件。软件套件是一大堆计算机代码(主要是 C++，有一些是 Python，还有一些是其他语言)，但它不是一个单一的整体程序。大分子建模是指对生物大分子(通常是蛋白质及核酸大分子)的不同结构的物理合理性进行综合评估并排序的过程。用户通常会在 Rosetta 中选择一些特定的协议，并为该协议提供输入，以实现大分子建模。

2.2.1　Rosetta 框架

1) Rosetta 的输入

Rosetta 的主要输入是大分子的结构，即记录大分子结构的 PDB 文件，PDB 文件结构信息如图 2.4 所示。通常，如果输入的分子具有高分辨率结构(低于 2Å，此时的结构将被视为原生结构)，只需稍作改动即可与 Rosetta 一起使用。但是如果输入结构分辨率较差，或者仅输入一个核磁共振结构、一个同源模型，甚至根本没有结构，那么建模的效率和效果会降低，并且对建模结果的解释更具挑战性。

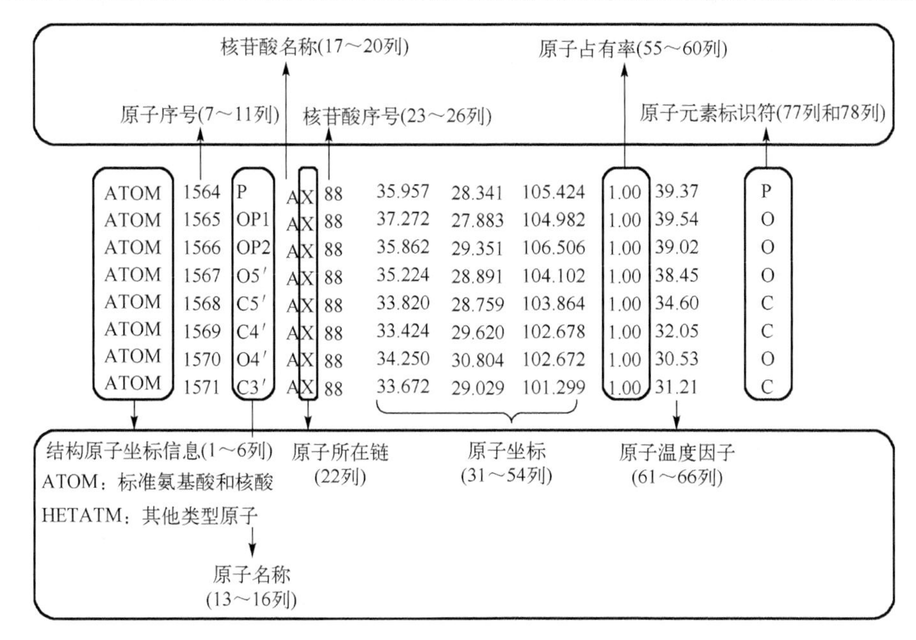

图 2.4　PDB 文件结构信息

2）选择 Rosetta 协议

Rosetta 的其他输入是选择要使用的Rosetta 协议，以及要使用的操作选项。Rosetta 的协议实质上是 Rosetta 框架内的大分子建模方法，涉及的建模问题有蛋白质结构预测、蛋白质-蛋白质对接、蛋白质-配体对接、蛋白质设计、蛋白质环建模、核酸建模、求解晶体结构及 NMR 结构，Rosetta 协议如表 2.2 所示。

表 2.2　Rosetta 协议

建模问题	协议名称	协议描述
结构预测	Ab initio modeling	根据氨基酸序列预测蛋白质的 3D 结构
	Fold-and-dock	预测对称同源低聚物的 3D 结构
RNA 和 RNA/蛋白质	FARFAR2	一步预测整个 RNA 结构
	Stepwise enumeration	使用确定性逐步组装构建 RNA 环
	Stepwise Monte Carlo	生成蛋白质、RNA 和蛋白质/RNA 环的 3D 模型
	Erraser	给定电子密度限制，优化 RNA 结构
抗体/配体/肽对接	Flexible peptide docking	将灵活的肽与蛋白质对接
	Ligand docking	确定蛋白质-小分子复合物的结构
	SnugDock	抗体-抗原对接过程中的互补位结构优化
设计	OOP design	设计具有寡氧代哌嗪残基的蛋白质
	Enzyme Design	围绕小分子设计蛋白质，具有催化约束

3) 计算资源

Rosetta 软件作为一个整体，是为在超级计算机上运行而编写的，但可以在许多不同的规模上运行。大多数应用程序都提供了相应的试运行版本，可以在任何计算机上进行测试，这为本书 Rosetta 框架下的 RNA 结构预测提供了基础。然而有些应用程序必须在实验室规模的高性能计算机上运行。

2.2.2 蒙特卡罗采样

蒙特卡罗是一种随机抽样方案，是一种利用统计学和概率论方法解决问题的计算方法。蒙特卡罗方法是 1946 年由冯·诺依曼等三位美国科学家提出的，其实早在 17 世纪，人们就开始利用蒙特卡罗的思想，即利用频率代替概率。现如今，蒙特卡罗方法已经在金融定价、物理学及生物分子模拟等领域得到了广泛的应用。

蒙特卡罗方法的优势在于：通过随机抽样能够真实地模拟分子运动，程序结构清晰，只要执行的蒙特卡罗操作次数足够多，便可以得到比较高的精度和可靠度。其缺点在于收敛速度慢，且如果需要增加采样个数，那么需要很大的计算量。

蒙特卡罗方法为大分子模拟计算提供了新思路，基于蒙特卡罗进行大分子建模的过程如下所示。

(1) Rosetta 框架随机产生大分子的多种构象形式。

(2) 计算大分子构象的能量，将新构象能量值与原构象能量值进行对比分析。

(3) 若新构象能量值低于原构象能量值，或者新构象能量值高于原构象能量值但是其差值小于玻尔兹曼因子，则接受这个随机产生的构象。

(4) 若新构象能量值高于原构象能量值且其差值大于玻尔兹曼因子，则放弃随机产生的新构象。

(5) 迭代上述过程，直至找到最终符合条件的大分子构象。

Rosetta 框架下的 stepwise ansatz 假设便是基于蒙特卡罗最小化方法对单个核苷酸采样和最小化的移动建模。与 Rosetta 其他模式不同，基于 stepwise ansatz 假设建模时的操作仅包括单个核苷酸的删除、添加及重采样。因为这些移动操作集中在末端，所以它们被频繁地接受并允许对全原子打分函数进行深度优化。

2.2.3 打分函数

打分函数也称为评分函数、能量函数或者势能函数。利用构象采样方法生成候选结构，并利用高分辨率打分函数对生成的大量候选结构进行评估，是 RNA 三级结构预测的关键。对打分函数的探索和研究是当前 RNA 结构预测领域的一个热点。

Rosetta 框架中的打分函数涵盖了 30 多种能量项参数，其中，RNA 相关打分函数包含的能量项有 fa_stack、ch_bond、fa_elec_rna_phos、atom_pair_constraint、angle_constraint 等。Rosetta 打分函数的计算方法为将所有不同权重的能量项线性求和，得到最终的构象能量值。Rosetta 框架中的 RNA 相关的打分函数如表 2.3 所示。

表 2.3 Rosetta 框架中 RNA 相关的打分函数

编号	打分函数	编号	打分函数
1	rna_lores_for_stepwise	10	CD_geom_sol_rna_loop_hires_04092010
2	rna_lores_for_stepwise	11	rna_helix
3	rna_res_level_energy	12	rna_hires_07232011_with_intra_base_phosphate
4	rna_res_level_energy4	13	rna_hires_elec_dens
5	rna_res_level_energy7alpha	14	rna_hires_elec_dens_CG2016
6	rna_res_level_energy7beta	15	rna_hires_elec_dens_CG2012
7	rna_res_level_energy_with_intra	16	rna_hires_fang
8	turner	17	rna_hires_fang_with_unfolded
9	turner_no_zeros	18	rna_loop_hires_04092010

2.3 机器学习简介

专家一直希望机器能够更加智能，人工智能(artificial intelligence，AI)应运而生。最早，机器获得智能是通过赋予其逻辑推理能力和计算能力，当时的人工智能程序可以实现对著名定理的证明，然而由于机器知识的匮乏，无法实现真正的智能。随后，人们开始将先验知识“教”给机器，从而获得智能机器，然而知识是巨大的，这个思路也令人望而却步。

早期的人工智能都是按照人类的设定来使机器更加智能化，这样产生的智能机器无法实现真正的智能，无法超越人类。于是，人类产生了让机器进行自我学习的想法，机器学习(machine learning，ML)方法便是机器可以从数据中自我学习的方法。现如今，机器学习已经被广泛地应用到了图像音视频处理及生物大分子结构预测等领域。

2.3.1 机器学习与深度学习

机器学习的核心是设计和分析一些算法，这些算法旨在让机器自动学习数据信息。机器学习的分类如下所示。

(1)有监督学习：对数据样本进行分类、标记，随后用机器来学习数据样本的特征，训练好的机器用于处理未分类、无标记的样本，典型的该类算法有决策树、支持向量机等。

(2)无监督学习：数据集中所有的数据样本均没有标记且其类别未知，需要模型自己学习数据中的内在结构，并应用于新的数据。该类算法通常用于聚类，如常见的 k 均值聚类算法。

(3)半监督学习：有监督学习和无监督学习之间并没有十分明确的界限，实际上，还有这样一种学习模式：采用两个样本数据集，一个有标记、一个没有标记，模型对两个样本数据集进行学习来生成合适的分类，这种学习可以称为半监督学习。

经典的机器学习方法已经在多个领域取得了巨大的成功，然而语音等数据具有多维度特点，传统的机器学习方法难以对如此高维度的数据进行处理。深度学习(deep learning，DL)的出现为该问题的解决提供了可能。深度神经网络可被视为由多个隐含层组成的神经网络结构模型，属于机器学习的一个分支。调整神经元的连接方式、改变激活函数、增加网络模型深度等方式可以有效地优化深层神经网络。

2.3.2 卷积神经网络

卷积神经网络(convolutional neural network，CNN)是一种基于视觉感受野机制的具有卷积结构的前馈神经网络，神经元感受野是指视觉神经系统中的视网膜上的一块区域，仅刺激这块区域时才可以激活该神经元，很多感受野交错重叠在一起，最终覆盖整个视线域。

卷积神经网络的基本结构单元主要有池化层、卷积层及全连接层，且卷积神经网络具有池化、共享权值及局部感受野等结构特性。与全连接网络相比，卷积神经网络能够进行空间平移、旋转等操作，这样既能保留其数据内部的关联性，还能够有效地减少网络模型中的相关参数，卷积结构可以有效地降低模型出现过拟合现象的概率。

1)卷积层

卷积层是在全连接层的基础上经过两步操作得到的。首先，局部连接到下一层神经元；然后，共享所有权值。图2.5为全连接层与卷积层。

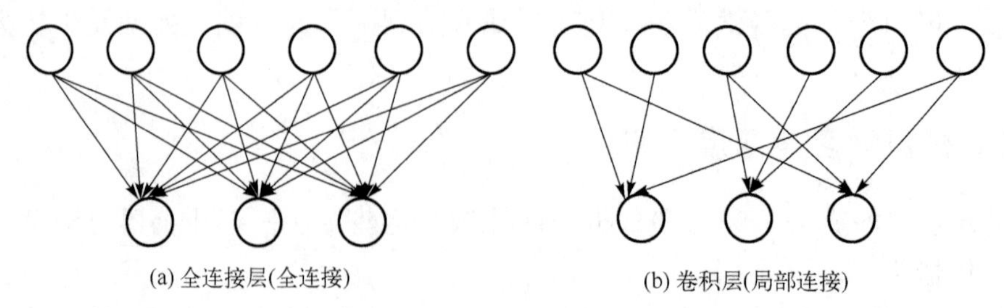

图 2.5　全连接层与卷积层

卷积层的基本组成是特征面，每个特征面包含多个神经元，卷积内的每个神经元都需要利用卷积核与相邻特征面中局部神经元相连，局部区域的大小取决于卷积核的大小，即感受野。卷积层中需要使用饱和非线性函数来作为激活函数，用于表达更加复杂的一些特征，常见的非线性激活函数有 Maxout 函数、ReLU 函数、tan 函数、Logish 函数等。

影响卷积神经网络性能的因素主要有网络模型结构、卷积层数及特征面的数目。在进行卷积神经网络调优时，保持卷积核大小不变，增加网络深度会提升网络模型的性能，然而一味地增加网络深度，网络模型的性能可能会达到饱和状态甚至准确性下降，一个好的卷积神经网络需要找到三者最好的一个平衡状态。

2)池化层

池化层可以进行二次提取特征和信息过滤，基于池化函数对卷积层生成的特征图局部进行池化操作。简单来说，就是将卷积层产生的特征图进行划分，然后对多区域进行合并，这类似于图片的缩放。

卷积神经网络中最常用的池化方法有最大池化、均值池化、混合池化及随机池化等。其中，最常用的为均值池化和最大池化，二者均属于 Lp 池化，Lp 池化的计算公式为

$$y_i = \left[\frac{1}{N}\sum_{j\in R_i} x_j^p\right]^{\frac{1}{p}} \tag{2.1}$$

式中，R_i 为采样区域；x_j 为采样区域内的神经元激活值；p 为预设参数；N 为采样区域神经元输出个数。均值池化和最大池化的区别在于 p 的取值，如式(2.2)所示。

$$y_i = \begin{cases} \frac{1}{N}\sum_{j\in R_i} x_j, & p=1，\text{均值池化，在池化区域内取均值} \\ \max_{j\in R_i}(x_j), & p=\infty，\text{最大池化，在池化区域内取最大值} \end{cases} \tag{2.2}$$

池化层能够有效地降低 RNA 参数矩阵的维度，有效地减少 CNN 参数的数量，提高计算速度的同时还避免了由于参数过多而出现的过拟合现象。此外，池化层还可以扩大感受野，以便后面层的神经元可以进行更大范围的特征提取。池化层还可以实现平移、尺度及旋转且保持特征不变，这一特性使得卷积神经网络能够接受局部的特征位移。

2.3.3　三维卷积神经网络

三维卷积神经网络是由二维神经网络改进而来的。由于二维卷积神经网络不能很好地捕获视频资源中的时空信息，因此产生了三维卷积神经网络。二维卷积

的输出为二维特征图，多用于单通道，用于多通道时图像的多通道信息都被压缩了，而三维卷积神经网络可以很好地解决该问题，因为其输出仍是三维特征图，能够捕获视频中的空间和时间特征信息。

随着机器学习和深度学习方法的发展，卷积神经网络方法开始被广泛地应用。一维卷积神经网络（1DCNN）一般用来学习和处理一维的序列类数据；二维卷积神经网络（2DCNN）通常用于目标监测、自然语言处理及图像处理等领域，典型的 2DCNN 算法有 AlexNet、VGG-Net、GoogLeNet、LeNet-5 等；三维卷积神经网络（3DCNN）用于医学领域及视频处理领域。

近年来，三维卷积神经网络逐渐被应用到了生物大分子结构预测领域。例如，在蛋白质结构预测领域，一种端到端优化的可微模型通过优化全局的几何结构并且不违反局部共价化学的几何三元来耦合局部与全局的蛋白质结构，该模型能够在没有预先获取共同进化数据的条件下预测出新的蛋白质折叠结构。然后，基于神经网络来预测碱基对之间距离的 AlphaFold 算法，通过简单的梯度下降算法实现了无须复杂的采样程序即可生成蛋白质结构。AlphaFold2 仍然是一种基于三维卷积神经网络的蛋白质建模方法，该算法利用多序列比对手段，将有关蛋白质结构的物理和生物学知识整合到深度学习算法的设计与实现中。三维卷积神经网络在蛋白质结构预测领域的应用提高了蛋白质的结构预测准确度，并且能够在无法明确同源蛋白质结构的条件下进一步研究蛋白质的功能。

在 RNA 结构预测领域，三维卷积神经网络也得到了应用，基于三维卷积神经网络对 RNA 三级结构预测进行评估，即 RNA3DCNN，该算法使用结构的三维网格表示作为输入，无须人工提取特征，而是在隐藏层内部直接进行特征处理。Townshend 和 Eismann 提出了一个基于三维卷积神经网络的结构模型 ARES，该模型不需要任何有关结构模型的相关概念及与评估其准确性相关的假设，此外，ARES 模型不仅可以针对 RNA 结构预测，还可以应用到其他类型分子系统的结构预测。因此，本书将用三维卷积神经网络对 RNA 三级结构预测算法进行改进优化。

2.3.4 基于 ResNet 的三维卷积神经网络

残差网络（ResNet）是 He 于 2015 年提出的卷积神经网络，在保持卷积核大小不变的情况下，增加网络的宽度及深度能有效地提升网络模型的性能，然而当网络深度过深时，将会出现梯度爆炸或梯度弥散问题，该问题可以通过正则化初始化来解决。然而，退化问题无法通过上述方法解决，仍然会出现随着网络深度增加，模型训练效果可能接近饱和甚至下降的现象。因此，神经网络不能够简单地通过增加深度来进行优化，ResNet 的出现是为了解决网络深度增加带来的网络退

化和梯度弥散问题。ResNet 内有多个残差学习单元，ResNet 残差单元可以表示为

$$y_l = h(x_l) + F(x_l, W_l) \tag{2.3}$$

$$x_{l+1} = f(y_l) \tag{2.4}$$

$$h(x_l) = x_l \tag{2.5}$$

式中，l 表示第 l 个残差单元；x_l 与 x_{l+1} 分别表示其输入和输出；$F()$ 表示残差函数；$f()$ 表示 ReLU 型激活函数。ReLU 函数有很多种，具体如图 2.6 所示。

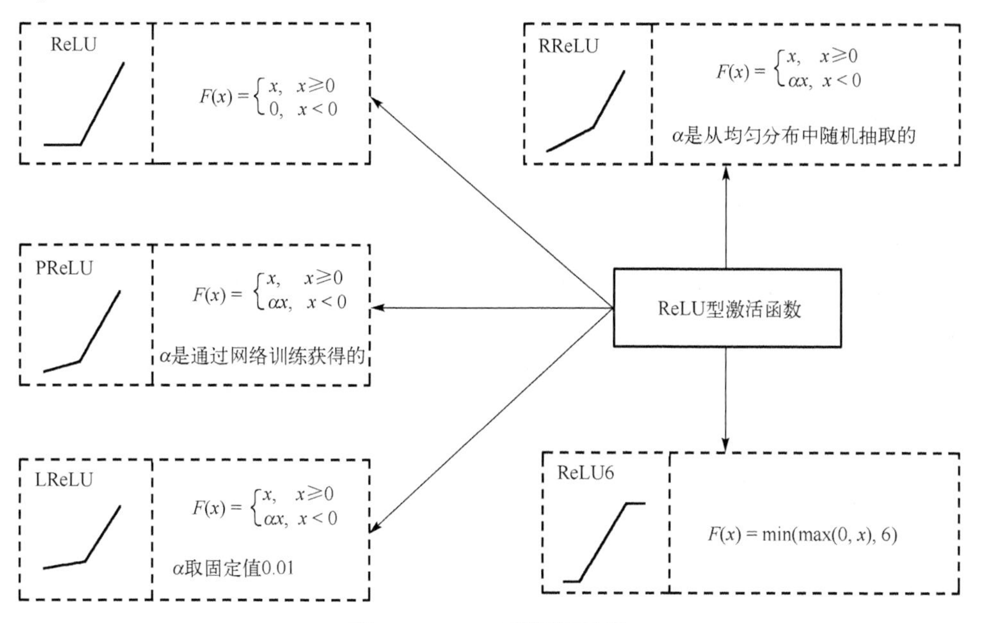

图 2.6　ReLU 型激活函数

ResNet 从其浅层 l 到深层 L 的学习特征为

$$x_L = x_l + \sum_{i=l}^{L-1} F(x_i, W_i) \tag{2.6}$$

ResNet 目前广泛地应用于医学图像分类、超分辨率、重建、合成、疾病检测等医学图像分析领域，并取得了很大进展，因此，本书期望用 ResNet 来对 RNA 三级结构打分函数进行改进和优化。

第 3 章　RNA 三级结构预测算法

3.1　基于知识的 RNA 三级结构预测算法

1) MANIP 算法

MANIP 算法的基本思想是将已知的 RNA 3D 片段拼接成满足条件的三级结构，该算法是一种基于图形的算法。较大的 RNA 结构可以视为一些可以被清楚识别的较小单元或模块的组装(螺旋、发夹环、其他环基序等)，因此，MANIP 算法为构建大尺寸 RNA 的三级结构提供了一种快速且简便的算法。MANIP 算法允许用户根据序列比对得到的二级结构，组装已知的 RNA 3D 片段模体，从而形成完整的 RNA 结构，该算法的这一特性要求用户深入地理解 RNA 结构的相关知识，这在很大程度上限制了 MANIP 算法的应用。

2) ModeRNA 算法

ModeRNA 算法是一种用于 RNA 3D 结构比较建模的软件工具，该算法广泛地利用进化信息，通过多序列比对，更好地揭示了 RNA 保守模式，提高了利用 RNA 3D 模板预测的准确性。ModeRNA 算法的输入是模板 RNA 分子的 3D 结构，以及要建模的目标与模板之间的序列对比。ModeRNA 算法配备了许多功能，如模拟转录后修饰、模拟 DNA 分子的结构，以及将不同核酸结构的片段合并为单个模型并分析该复合物的几何形状。值得注意的是，虽然 ModeRNA 不是一个基于图形的工具，但是该算法仍然需要用户来提供模板 RNA 和目标 RNA 之间的匹配信息，并指定插入片段和其余 RNA 之间的碱基对，这需要用户了解并掌握 RNA 相关的先验知识。此外，MANIP 算法的建模结果十分依赖 RNA 模板结构和对比序列，限制该算法发展的最大问题是难以找到合适的模板 RNA，这使得该算法很难得到大的改进，建模精度很难提升到原子级别。

3) RNABuilder 算法

RNABuilder 算法是一种将 RNA 模体内的原子距离和扭转角度作为建模约束的 RNA 结构比较建模算法，该算法使用内部坐标力来满足用户指定的碱基配对和化学约束下的空间力。RNABuilder 算法是一种基于多分辨率的算法，在不同的分辨率水平上处理 RNA 结构，使某些键、残基或分子内部的部分变硬，同时保持其他部分的弹性。数据库中可用的 RNA 结构数量有限，导致可用于 RNABuilder 建模的 RNA 结构模板有限，尽管可以使用 Rfam 数据库中的 RNA 家族进行比对，但是 RNA 结构模板数量是远远不够的。因此，当缺乏好的 RNA 结构模板时，该算法的 RNA 三级结构建模精度将会降低且计算成本也会升高，该算法的瓶颈问题难以克服，很难进行优化提升。

4) 3dRNA 算法

3dRNA 是一种基于 RNA 二级结构来构建其三级结构的快速自动化算法。3dRNA 使用两步程序将最小的二级元件(碱基对、发卡环、内环、凸起环、假结环和连接)构建成完整的 RNA 三级结构。首先，3dRNA 将最小二级元件按照 5′端到 3′端方向逐个组装到发卡或双链体上，这样可以实现环与其他部件之间的正确组装，能够有效地避免最终构建的构象中的空间冲突。其次，3dRNA 从节点数据库中选择节点组件，并将这些结构组装成完整的三级结构。3dRNA 算法使用 RNA 二级结构的网络表示来描述最小二级元件的位置和连接性，这使得自动组装变得更加简单。此外，3dRNA 是一个 Web 服务器，可以在线自由使用，操作简单，只需要输入待测 RNA 的序列及其二级结构，便能快速预测并得到其三级结构。具有相同序列的 RNA 环，其 3D 构象高度相似，即使是序列不同，其骨架构象也是相似的，这导致了 3dRNA 算法在预测环构象方面误差较大。

3dRNA v2.0 算法是 3dRNA 的最新版本，该算法在原版的基础上添加了几个重要功能，包括结构采样、结构排序和残基-残基约束下的结构优化，这些功能的添加使得该算法得到了极大的改进。值得注意的是，3dRNA v2.0 是一个带有约束的优化算法，该算法能够以一种新的方式处理假结。改进后的 3dRNA Web 服务器允许用户根据自己的需要自由提交任务，用户界面友好，不同任务的运行时间均在可接受的范围内，且 RNA 三级结构预测结果可靠。但是，3dRNA 算法预测 RNA 环构象的能力还需进一步提升。

3.2　基于物理的 RNA 三级结构预测算法

多自由度 RNA 分子的不完全采样，是限制 RNA 三级结构预测精度的主要原因。为了进一步对 RNA 分子的构象采样进行研究和分析，本章根据 RNA 构象采样方法的不同将基于物理的 RNA 三级结构预测算法进行细化分类，将其划分为基于物理片段组装的 RNA 三级结构预测算法和基于随机采样方案的 RNA 三级结构预测算法。

3.2.1 基于物理片段组装的 RNA 三级结构预测算法

1) iFoldRNA 算法

iFoldRNA 算法是一种基于离散分子动力学的 RNA 分子快速折叠自动化预测算法，该算法不仅将碱基配对和碱基堆叠相互作用融入打分函数的设计中，还重点考虑了环构象形成时的熵估计。iFoldRNA 算法的结构预测能力很强，能够对 150 个序列不同的 RNA 三级结构进行正确预测，且 iFoldRNA 预测结构与实验结构(原生结构)之间的偏差小于 4Å。此外，iFoldRNA 算法采用复制交换的方式，实现了对 RNA 构象空间的快速取样。iFoldRNA 算法的局限性是仅允许预测短 RNA 分子(<50nt，nt 为碱基数)的结构，其主要原因是该算法的力场不准确及构象采样能力差。

2) FARNA 算法

Das 和 Baker 受到 Rosetta 框架下低分辨率蛋白质结构预测方法的启发，开发了一种基于能量的 RNA 三级结构预测自动化算法，FARNA (fragment assembly of RNA) 算法可以在未知进化信息的情况下,对给定的 RNA 序列进行三级结构预测。FARNA 算法在进行构象采样时，用蒙特卡罗算法随机替换初始结构中的核苷酸片段，并进行片段组装。此外，在选择 RNA 模板时，几乎所有的碱基对配对模式都包含在实验确定的 rRNA 分子中，这样得到的 RNA 模板可以更加全面，因此 FARNA 算法可以有效地预测 RNA 三级结构中的非规范碱基对。然而，FARNA 算法的 RNA 三级结构建模精度还有待提高。

3) FARFAR 算法

FARFAR (fragment assembly of RNA) 算法[73]是 Rosetta 全原子框架下的一个算法，该算法在 FARNA 的基础上，添加了更加精确的全原子打分函数，实现了复杂 RNA 模体的结构预测。FARFAR 算法在实验中以近原子精度恢复了 50%的实验结构，还能预测到稳定信号识别粒子域的突变。然而，在更加严格的测试中部分 RNA 没有实现高分辨率建模，Das 发现了这种采样方法的瓶颈：构象接近原生构象时无法对其进行采样。

4) NAST 算法

NAST 是一种算法模拟工具，是一种使用粗粒度 RNA 表示的单株模型。NAST 能够将小角度 X 射线散射数据及试验的溶剂数据作为过滤器，对结构相似的诱饵簇进行排序。NAST 的主要优点是根据 RNA 几何分布经验来创建可靠的 RNA 结构，采用单点/碱基模型进行相对快速的 RNA 结构建模，并且能够在模型上合并，将数据作为约束和过滤器。然而，NAST 由于对二级结构信息的需求而受到限制。使用粗粒度模型的 RNA 三级结构预测算法还有很多，如 YUP、VFold 及 five-bead 模型算法。

5) MC-fold/MC-sym 算法

MC-fold 和 MC-sym 算法都是从序列数据中推断出 RNA 二级结构，然后根据二级结构再组装出一系列 RNA 三级结构，该算法统一了打分函数中所有的碱基配对的能量值，从而解决了 RNA 的折叠问题，这进一步表明了考虑碱基配对相互作用对于序列研究及结构研究的重要性。此外，MC-fold 算法还可以预测 RNA 二级结构，包括其中的规范碱基对和非规范碱基对。

3.2.2　基于随机采样方案的 RNA 三级结构预测算法

1) SWA 算法

SWA (stepwise assembly) 算法是 Rosetta 框架中 stepwise ansatz 理论的具体实现。RNA 的环建模问题是一个具有挑战性的 RNA 三级结构预测典型案例，为了验证 SWA 算法对 RNA 三级结构建模的有效性，将 SWA 算法应用到由 15 个单链环组成的基准上进行测试，基准测试的结果表明 SWA 算法在所有 RNA 基准测试中都是有效的，并且在 RNA 三级结构建模精度方面明显地优于 FARFAR 算法。此外，盲测是对 RNA 结构预测算法最严格的检验，Sripakdeevong 和 Kladwangb 对 SWA 算法进行了盲测，并通过化学绘图实验测试该模型，最终得出结论，SWA 是一种从头构建的枚举算法，该算法的总体性能优于现有的基于知识的 RNA 三级结构预测算法。对于 SWA 算法来说，虽然对 RNA 构象的采样能力得到了一定提升，然而枚举采样的方式使其构象采样成本过高，该构象采样算法还有待进一步的优化。

2) SWM 算法

SWM (stepwise Monte Carlo) 算法随机执行由 Rosetta 全原子自由能函数指导的核苷酸的添加或删除，即选择一个随机位置来添加一个新核苷酸，而不是像在 SWA 算法中实现的那样，枚举所有可能构象的构建路径。Watkins 等对 SWM 算法进行了多个实验，首先，SWM 算法有效地遍历最小的能量域，能够从头开始预测一组 15 个单链的 RNA 环，这证明了对 Rosetta 打分函数的更新提高了单链 RNA 环的建模精度。与 SWA 相比，SWM 算法在保证建模精度的前提下建模所需的 CPU 时间更少。其次，在一个包含 82 个复杂多链 RNA 模体的基准上进行测试，实验结果表明 SWM 可以有效地恢复复杂的非规范碱基对。然后，将 SWM 算法应用于 3 个未解决结构的四环/受体，并通过化学映射实验对这些模型进行了前瞻性验证。最后，SWM 算法成功地实现了对 RNA 四环受体内所有非规范碱基对的盲预测。

3.3 RNA三级结构预测算法分析

基于知识的RNA三级结构预测算法对RNA模板的依赖及对专业知识和交互的要求限制了这类算法的应用。基于物理学的RNA三级结构预测算法通过减少构象采样空间来实现大尺寸RNA的结构预测，然而这样会导致构象搜索少，构象空间小，可能会出现没有对真实构象进行采样的现象，很难得到真正的原生构象，这也是导致该类RNA三级结构预测算法建模精度低的主要原因之一。因此，需要对RNA三级预测算法进行进一步的改进与优化，实现对RNA的高效高精度建模，以测定更多的RNA三级结构。为了进行RNA三级结构预测算法的改进与优化，本章对典型RNA三级结构预测算法进行了汇总，并对每个算法进行了详细的分析，如表3.1所示。

表3.1 RNA三级结构预测算法汇总分析

分类	算法	建模优势	局限性
知识建模	MANIP	快速、简便地建模大尺寸RNA	需掌握RNA结构相关知识
	ModeRNA	配备了许多功能	需掌握RNA结构知识和模板RNA
	RNABuilder	用户可指定碱基配对	很难找到合适的RNA模板
	3dRNA	自动化算法、可处理假结	预测环构象方面还存在很大困难
物理建模	iFoldRNA	自动化算法、对RNA构象空间快速取样	仅可预测<50nt的RNA
	FARNA	有效地预测RNA非规范碱基对	建模精度不高
	FARFAR	实现了复杂基序的从头结构预测，并预测了稳定信号识别粒子域的突变	没有全部实现高分辨率建模
	NAST	能对结构相似的诱饵簇排序	需要二级结构信息
	MC-fold/MC-sym	既能预测RNA二级结构，又能预测RNA三级结构	依赖碱基配对能量值
	SWA	建模精度高，构象采样能力强	全原子打分函数不准确
	SWM	随机构象采样，效率高，建模时间短	采样不完整，导致建模精度降低

综合分析当前典型的RNA三级结构预测算法，发现Rosetta的出现为生物大分子建模提供了新思路，Rosetta是一个大分子软件套件，Rosetta已针对各种蛋白质进行了设计建模，并通过不断提高算法性能，上升到更大范围的结构预测，如抗体与抗原模型的对接和设计。通过Rosetta在蛋白质领域的优异表现，认为Rosetta可以用作建模RNA三级结构的框架，本书需对Rosetta框架中的RNA三级结构预测算法进行改进和优化。当前Rosetta框架下的SWM算法为最佳RNA三级结构预测算法，其发展瓶颈在于采样不完整，构象采样算法有待进一步的改进与提升。

第 4 章　基于随机采样策略的 RNA 三级结构预测算法

4.1　引　　言

低效采样仍然是 RNA 高分辨率三级结构建模的瓶颈，如果不能对构象空间进行有效的采样，就不可能实现对 RNA 的高精度建模和严格的高分辨率打分函数测试。

为了应对构象采样带来的 RNA 三级结构建模挑战，Zakrevsky 和 Das 提出了一个 stepwise ansatz 假设，通过一次添加一个核苷酸来递归构建模型，为每个 RNA 模体枚举几百万个构象，并覆盖所有的构象构建路径。Kladwang 等进一步指出，用随机抽样方案代替确定性枚举抽样方案将降低 RNA 结构计算的成本，并且能够提高 RNA 三级结构建模的精度。为了进一步降低计算成本，提高建模精度，本书假设采样时使用共享池及 OpenMP 实现并行机制，且 stepwise ansatz 假设将进一步提高建模精度。为了验证这一假设，本章开发基于 Rosetta 软件套件框架的逐步蒙特卡罗并行化(stepwise Monte Carlo parallel，SMCP)算法，这是一种蒙特卡罗优化算法，其主要步骤仍然是逐步添加或者删除单个核苷酸，且 RNA 构象需要经过两轮的势能评判才可以最终确定。

4.2　SMCP 算法设计与实现

4.2.1　算法设计

Rosetta 框架下的 RNA 建模采用的是构象采样方法与打分函数相结合的机制。首先，线程使用采样方法来搜索构象空间，值得注意的是，Rosetta 框架中的所有采样方法都是基于蒙特卡罗方法。然后，使用打分函数来对构象进行评判。此外，在 RNA 建模过程中还需要不同的势能评价标准。最后，使用参数均方根偏差(root mean squared deviation，RMSD)来评估 RNA 建模产生的结果构象。下面将对基于 Rosetta 框架的 RNA 三级结构预测算法的上述四个方面展开叙述与分析。

1) 构象采样方法

低效的构象采样方法仍然是高分辨率 RNA 三级结构建模的瓶颈，高效的构象采样是实现高精度建模的前提。Rosetta 框架下的枚举采样法在一定程度上解决了构象采样广度的问题，然而由于构象采样空间巨大，枚举式构象搜索的计算代价令人难以接受，随后的随机采样方案一定程度上解决了构象搜索的计算代价问题。

图 4.1 中的曲线趋势反映了采样空间中的能量值变化。能量景观图中最低能量值的位置不能够提前获得，因此，构象采样时只能利用打分函数和势能评价标准无限地接近图中最低能量。

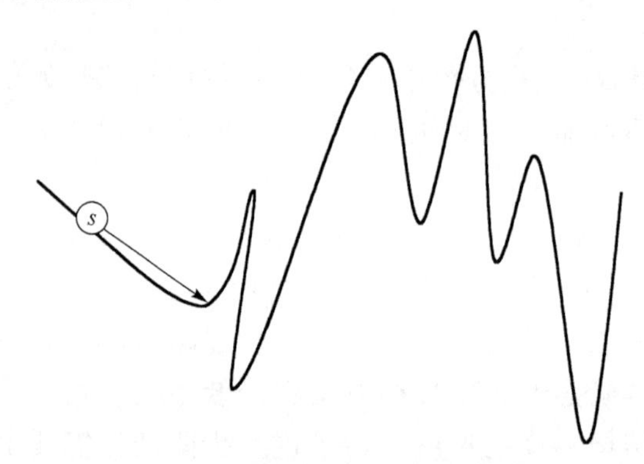

图 4.1 构象空间采样：单线程采样

在图 4.1 中，从 s 处开始进行构象的随机搜索。利用蒙特卡罗机制可以找到局部最低能量的位置。然而，单个线程的搜索能力是有限的，很难跨越多重能量障碍找到真正的最低能量值，得到的最低势能可能是伪最小势能，将会导致建模精度低。三个线程在不同的初始位置 s 搜索相同的构象空间，所有线程都会得到一个局部的最低能量谷。对所有线程采样得到的局部构象样本进行综合处理，大大提高了获得构象空间中真实最低能谷的概率，从而得到更高质量的样本。

Rosetta 中现有的单线程采样方法是限制采样能力的一个重要问题，并行机制在蛋白质领域已经取得了进展，例如，当试图将配体对接到蛋白质时，利用并行和增量的样本构象采样来解决构象采样问题。因此，可以利用并行化机制对 Rosetta 框架下的方法进行优化。

2) 打分函数选择

Rosetta 框架中所有打分函数的能量项组成是相同的，不同的打分函数区别在于参数权重的分配，即不同的打分函数对影响因素的重视程度不同。当前 Rosetta 框架下最流行的打分函数为 rna_loop_hires_04092010，该打分函数的参数相关信息如表 4.1 所示(其中，1kT 对应于 1 Rosetta Energy Units)。

表 4.1　Rosetta 框架下 rna_loop_hires_04092010 打分函数参数

编号	能量参数	描述	单位	权值
1	fa_atr	不同残基上的两个原子间的吸引能	Kcal/mol	0.23
2	fa_rep	不同残基上的两个原子间的排斥能	Kcal/mol	0.12
3	fa_intra_rep	相同残基上的两个原子间的排斥能	Kcal/mol	0.0029
4	rna_torsion	基于知识的扭转势能	kT	2.9
5	rna_sugar_close	打开 RNA 糖环所需要的能量	kT	0.7
6	hbond_sr_bb_sc	短程氢键能	Kcal/mol	0.62
7	hbond_lr_bb_sc	长程氢键能	Kcal/mol	2.4
8	hbond_sc	侧链到侧链氢键的能量	Kcal/mol	2.4
9	fa_elec_rna_phos_phos	RNA 磷酸原子之间的静电能	kT	1.05
10	fa_stack	RNA 碱基的π-π堆积能	kT	0.125
11	geom_sol_fast	基于 DNA 约束的扭转势能	kT	0.62
12	ch_hond	碳氢键的能量	Kcal/mol	0.42
13	lk_nonpolar	非极性原子的 Lazaridis-Karplus 溶剂化能	Kcal/mol	0.32
14	angle_constraint	角度约束条件	kT	1.0
15	atom_pair_constraint	用户在 params 文件中指定的沃森-克里克碱基对中涉及的原子之间的谐波约束	kT	1.0
16	rna_bulge	RNA 凸起能量	Kcal/mol	0.45
17	linear_chainbreak	环链断裂重新聚合所需的能量	kT	5.0

3）候选构象势能评估

打分函数对候选结构进行评分，得到构象的势能。在不同的情况下，势能的评价标准是不同的。首先，对单个核苷酸随机进行添加、删除、重采样等操作，蒙特卡罗会选择接受或拒绝这些操作。此时，所选择的势能评价标准为势能值减小或势能值增加。此外，建模之后会产生大量的构象，此时的评价标准则是基于最小自由能理论，即选择势能值最低的构象作为建模结果。

4）评价指标 RMSD

生物信息学中结构预测领域的结构相似性通常会用 RMSD 来衡量，RMSD 用来衡量模型预测的构象与原生构象之间的差异，本书将 RMSD 作为 RNA 三级结构预测算法中的评价指标。

RMSD 计算的关键在于结构的对齐和最优叠加。比较两种构象的结构意味着必须要在每个构象的等效原子之间建立 1-1 对应关系，然后，通过旋转和平移一个结构来找到最佳叠加，两个结构中等效原子之间距离的平方和的权重被最小化。计算 RMSD 的函数如下所示。

$$\mathrm{RMSD}=\sqrt{\frac{1}{n}\sum_{i=1}^{n}\delta_i^2} \tag{4.1}$$

式中，δ_i 表示原子 i 和参考构象或 n 个等效原子的平均位置之间的距离。原子坐标通常以 Å 为单位（$1\text{Å}=10^{-10}\text{m}=0.1\text{nm}$）。当两个构象相同时 RMSD 值为 0，随着两个构象的差异不断变大，RMSD 值也增大。RMSD 值越大，说明预测构象与原生构象的相似度越低，即建模精度更低。

本章采用蒙特卡罗、stepwise ansatz 算法和并行机制，通过多线程扩展采样范围，并利用多势能评价准则筛选所有候选构象，提高了建模精度。SMCP 算法的流程图如图 4.2 所示。

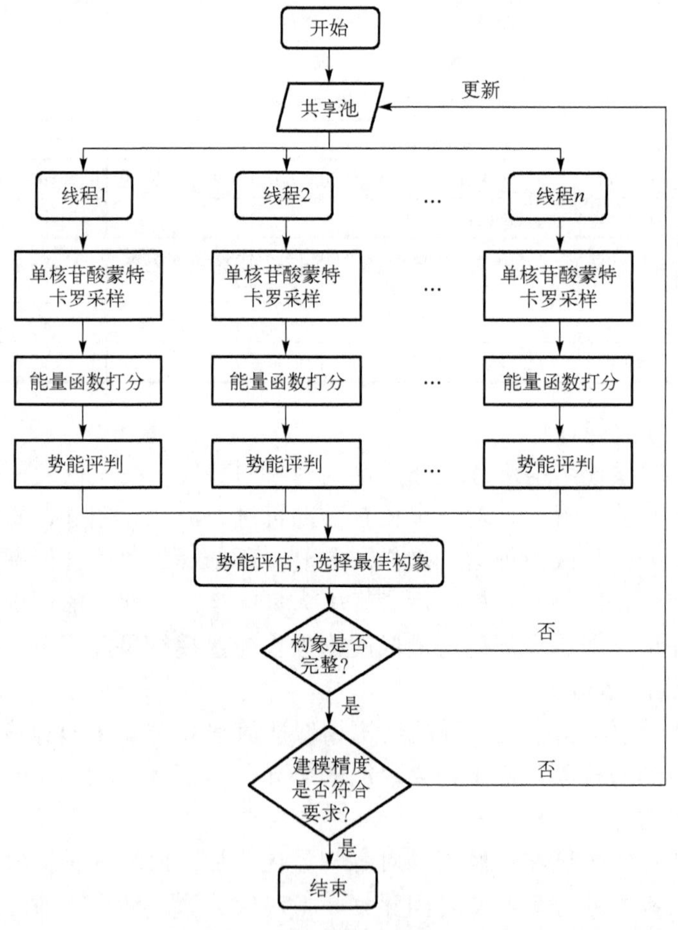

图 4.2　SMCP 算法的流程图

4.2.2　算法描述

本章所设计的算法采用了蒙特卡罗、并行机制，以及构象处理等手段扩大了采样范围，旨在提高建模精度和完整度。

算法的输入包括初始构象文件、原生构象文件、fasta 序列文件、打分函数 F、并行线程数 n、蒙特卡罗次数 m，其中，构象文件均是以 pdb 文件的格式提供的。SMCP 算法的详细描述如下所示。

首先，创建 n 个线程，并为其分配打分函数。然后对每个线程进行同时建模，建模过程主要包括如下五个步骤。

(1) 构象采样。n 个线程同时对构象空间进行采样，对单个核苷酸进行添加、删除和重采样操作。

(2) 打分函数评分。通过打分函数打分得到构象能量值。

(3) 初步势能计算。根据特定的规则，通过计算势能来选择最优构象。初步的评价标准为模型的势能减小或势能增量低于玻尔兹曼因子 mp。

(4) 势能评价。评价标准是将所有线程中势能最低的结构作为局部最优构象。两轮势能评判的整体流程图如图 4.3 所示。

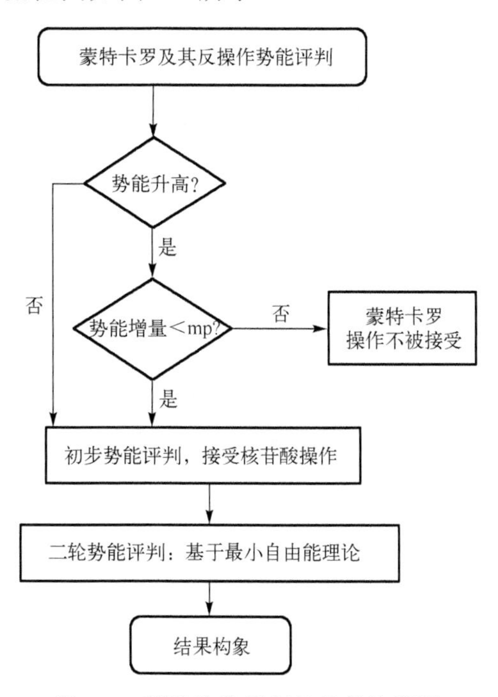

图 4.3　两轮势能评判的整体流程图

(5) 判断的完整性和准确性。判断当前最优构象的完整性和建模精度。当建模构象完成时，当预测构象与原生构象的 RMSD≤2Å 时，将预测构象视为原生构象[87]，将该构象作为最终的建模结果。否则，构造将返回共享池，然后使用当前的构象重新初始化每个线程，进行新一轮的建模。

本章提出的基于 Rosetta 的 SMCP 算法的步骤如算法 4.1 所示。

算法 4.1　SMCP(CS, CN, x, F, n, m, mp, incycle)

输入：初始构象 CS，原生构象 CN，序列 x，打分函数 F，并行线程数 n，蒙特卡罗采样次数 m，玻尔兹曼因子 mp，核苷酸内部角度 incycle。

输出：具有最低势能值的高精度高完整度构象 C。

---

1. 创建 n 个线程，为每个线程选择打分函数，cycles = 50;
2. for $i = 1$ to cycles do
3. 　for $j = 1$ to n do
4. 　　for $k = 1$ to m do
5. 　　　Add/Del/Resample 操作对应 ope = 0，ope = 1，ope = 2;
6. 　　　Add/Del/Resample 单个核苷酸后的构象 CA，执行反操作后的构象 CG;
7. 　　　势能计算 $ev_j = F(\mathrm{CS})$，$ev_j' = F(\mathrm{CA})$，$ev_j'' = F(\mathrm{CG})$;
8. 　　　if ope = 0　　　　//执行 Add 核苷酸操作
9. 　　　　for $p = 1$ to incycle do
10. 　　　　　对不同角度核苷酸进行采样得到 CA;
11. 　　　　end for
12. 　　　　if $(ev_j > ev_j' \,\|\, ev_j' - ev_j < mp)$ && $(ev_j > ev_j'' \,\|\, ev_j'' - ev_j < mp)$
13. 　　　　　C_j = CA;
14. 　　　　else
15. 　　　　　C_j = CS;
16. 　　　else　　　　//执行 Del/Resample 核苷酸操作
17. 　　　　if $(ev_j > ev_j' \,\|\, ev_j' - ev_j < mp)$ && $(ev_j > ev_j'' \,\|\, ev_j'' - ev_j < mp)$
18. 　　　　　C_j = CA;
19. 　　　　else
20. 　　　　　C_j = CS;
21. 　　end for
22. 　end for
23. 　综合势能评判 $EV = \{F(C_j) \mid j = 1, \cdots, n\}$, $ev = \min EV$;
24. 　if missing = 0 && RMSD < = 2Å

```
25.         C = C_j_ev，并输出 C；               //具有最低势能值的构象
26.         break；
27.     else
28.         C_j_ev 更新至共享池；
29.         i = i+1；
30. end for
```

4.2.3 算法实现

基于随机采样策略和并行机制的RNA三级结构预测算法(SMCP算法)是基于Rosetta框架的RNA建模算法，Rosetta是基于蒙特卡罗模拟退火为算法核心的高分子建模软件库，由C++代码编写而成(也有Python编写的部分)，SMCP算法的实例运行流程如图4.4所示，经过一系列蒙特卡罗和stepwise ansatz采样，最终得到0.221Å的构象。

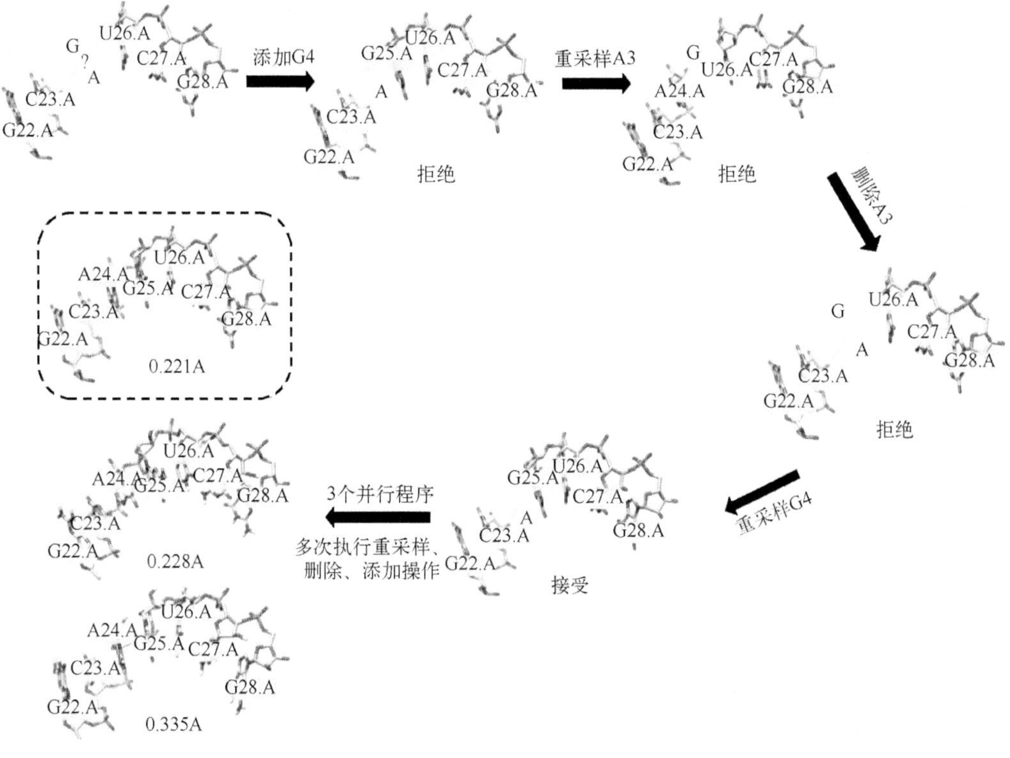

图 4.4　SMCP 算法的实例运行流程

图 4.5 为 J31_glycine_riboswitch 的 SMCP 建模实例，该 RNA 的长度为 7nt。图 4.5(a)为建模前的起始结构，建模需求为需要在 A 链上对核苷酸 G 和 A 进行建模，建模结果如图 4.5(b)所示。

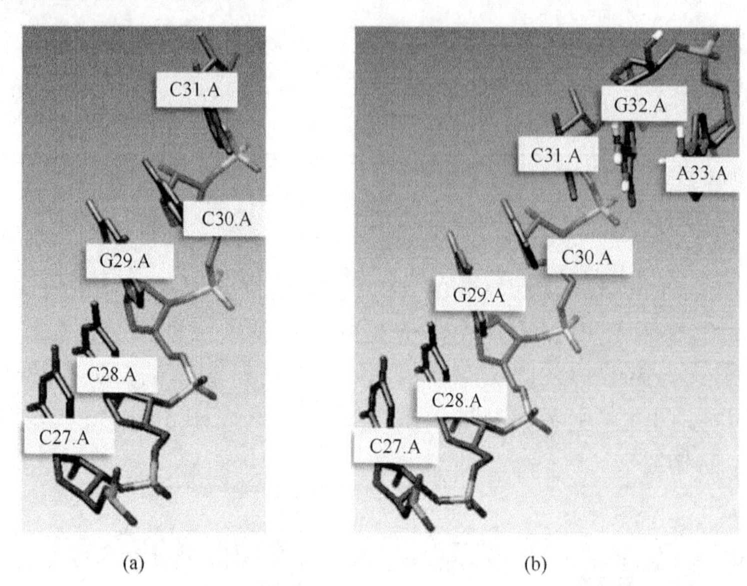

图 4.5　J31_glycine_riboswitch 的 SMCP 建模实例

由图 4.5(a)可以看出，建模前链上有 UCGCC 5 个核苷酸，建模后 A 链上有 UCGCCGA 7 个核苷酸，经过建模，成功将 G 和 A 核苷酸添加至 A 链的第 32 号和第 33 号核苷酸位置，实现了完整建模。

4.3　算法复杂性分析

本章设计的 SMCP 算法采用随机采样方案，有效地降低了时间复杂度。对于 RNA 三级结构预测这种 NP 难问题，其时间复杂度的一点点改进和优化将会给整个问题带来一个巨大的改变。

SMCP 算法时间复杂度分析：SMCP 算法在线程处理时使用了一重循环，在构象结果处理时使用了一重循环，在蒙特卡罗采样时使用了一重循环，蒙特卡罗操作内部使用了一重循环，其中，添加核苷酸时为了寻找最佳扭转角度使用了一重循环，而删除及重采样核苷酸操作则为直接操作，没有使用循环。

综上，SMCP 算法在进行 RNA 三级结构建模的过程中使用了四重嵌套循环，其算法复杂度为 $O(n^4)$，该算法复杂度在可接受的范围内。

4.4 实验结果

4.4.1 SMCP 算法的高效实施

SMCP 算法随机执行一些动作，并选择随机的位置来操作核苷酸，而不是列出所有可能的位置。除了添加，SMCP 算法还提供删除功能来模拟循环边缘核苷酸的瞬时非解构。最重要的是，该算法还允许内部自由随机选择重采样。在构象采样方法的基础上，进行了多线程并行计算，在并行计算中选择自由能最低的构象。最后对构象结果进行进一步判断：①判断建模是否完成，即完整度判断；②对建模精度进行判断，即建模精度判断。经过以上计算和评判，得到最终建模构象。

在进行更广泛的 SMCP 建模试验之前，首先在 5P_j12_leadzyme 上测试了该方法，这是一个由 15 个核苷酸组成的多链 RNA。此外，由于 SWM 是 Rosetta 框架下建模精度较高的算法，因此使用 SWM 算法对 5P_j12_leadzyme 进行建模，以便与本章的 SMCP 算法进行对比。

本章比较了 SWM 和 SMCP 的建模效果，结果对比如表 4.2 所示。其中，几个重要的打分项需要格外注意。第一个打分项是 score，该项是打分函数给出的权重与能量项的线性相加，表示 RNA 结构的总原子自由能值。score 值低表示自由能低，即结构更加稳定。第二个打分项是 RMSD，表示预测构象与原生构象之间的误差，较小的 RMSD 值意味着较高的建模精度。第三个打分项 missing，构象采样算法基于蒙特卡罗算法，该算法具有随机性，可能会导致建模不完整，故在进行 RNA 结构建模时希望 missing 等于 0，即建模完整。

表 4.2　SWM 算法和 SMCP 算法的结果对比

打分项	SWM	SMCP	打分项	SWM	SMCP
score	−35.720	−52.787	fa_stack	−16.279	−25.613
fa_atr	−19.790	−27.994	hbond_sc	−30.093	−37.667
rna_sugar_close	0.974	1.103	hbond_lr_bb_sc	−0.672	0.000
fa_intra_rep	0.311	0.324	hbond_sr_bb_sc	0.000	−0.168
lk_nonpolar	−1.815	−3.402	geom_sol_fast	23.168	23.168
fa_elec_rna_phos_phos	0.566	−0.369	linear_chainbreak	0.978	0.040
ch_bond	−9.296	−14.128	rna_bulge	−4.500	0.000
fa_rep	2.387	3.438	atom_pair_constraint	0.000	0.000
rna_torsion	18.342	20.447	angle_constraint	0.000	0.000
RMSD	2.136	1.550	missing	1	0

由表4.2可以看出，SMCP算法的建模score值较低，即构象的能量值较低且结构更稳定。SMCP算法的建模RMSD值较低，即建模精度较高。SMCP算法的建模missing打分项值为0，即该算法实现了完整建模，而SWM算法missing值为1，即表明SWM算法在进行RNA结构建模时，对RNA的某个核苷酸建模失败。综上所述，与SWM算法相比，SMCP算法具有更高的建模精度和较强的完整性。

SMCP算法是基于蒙特卡罗的随机采样，提高采样次数可以提高采样可信度，5P_j12_leadzyme的SMCP建模采样了10000次，为了验证蒙特卡罗的随机性，还需对蒙特卡罗操作中添加、删除及重采样操作的次数进行详细分析，结果如表4.3所示。

表4.3　SMCP算法蒙特卡罗随机采样结果

操作类型	操作次数	概率	操作被接受的概率
添加(add)	1152	0.12	0.28
删除(del)	3833	0.38	0.08
重采样(resample)	5015	0.5	0.45

由表4.3中可以看出，本次建模中添加、删除及重采样操作的操作次数分布相对均匀，操作被接受的概率进一步体现了SMCP算法的随机性，既模拟了核苷酸的添加及环边缘核苷酸的瞬时非解构，又实现了对内部核苷酸的重采样，表中数据证明了本次建模结果有效。

4.4.2　SMCP算法建模复杂RNA模体

在初步测试后，对一组长度为5～15nt的9个RNA基序组成的基准数据集进行SMCP建模和SWM建模。SMCP模型和SWM模型在9个RNA模体组成的基准测试集上进行测试。SMCP建模的RMSD值越小，意味着SMCP建模精度越高。每个点表示一个RNA模体，SMCP的RMSD值低于SWM，说明SMCP的建模精度高于SWM，进一步验证了并行化机制可以进一步提高建模精度。在特殊的RNA中，SWM建模和SMCP建模的RMSD值均小于2Å。两种方法的建模精度均是满足要求的，在这种情况下，SMCP建模的优势在于其高建模完整性，SWM建模无法实现对这两个RNA进行完整建模，这进一步说明了SMCP算法在建模过程中可以有效地提高建模的完整性。

众所周知，结构能量越低，结构稳定性越强。因此，结构预测时希望建模后的构象能量足够低。9个RNA基序的RMSD值能量值均较低，说明SMCP算法对RNA建模非常有效，可以满足低能、高精度的RNA建模要求。UCSF Chimera最初被用作序列结构分析的交互式可视化工具。后来，该工具被用来可视化密度图和核酸，以及阐明大分子的结构和特征。近年来，UCSF Chimera 在多个领域广泛应用，如用于绘制 ESCPT 蛋白显微数据的 3D 表面，用于结核病分枝杆菌的药物设计。本章使用 UCSF Chimera 对 SMCP 的建模结果进行可视化，由 9 个 RNA 基序组成的基准建模可视化结果加以展示。

4.4.3 SMCP 算法的严格测试

研究发现，RNA 的序列长度会影响其建模精度，在 RNA-Puzzles 中，RNA 结构的序列长度与建模精度 RMSD 随着 RNA 序列长度的增加，RNA 三级结构预测的 RMSD 随之增加，即 RNA 三级结构建模精度降低，所以有必要对长 RNA 进行 SMCP 三级结构预测建模。将 RNA 长度为 53 的青鳉端粒酶 RNA(PDB id: 2mhi)进行 SMCP 建模，该 RNA 的序列为 ggaaacgccgcggucagcucggcugcugcgaagaguucgucucuguuguuucc，对 2mhi 进行 SMCP 建模的结果如表 4.4 所示。

表 4.4　2mhi 的 SMCP 建模的结果

打分项	分值	打分项	分值
score	754.786	fa_stack	−83.069
fa_atr	−128.991	hbond_sc	−87.661
rna_sugar_close	13.782	hbond_lr_bb_sc	−4.214
fa_intra_rep	2.557	hbond_sr_bb_sc	−4.011
lk_nonpolar	7.011	geom_sol_fast	259.261
fa_elec_rna_phos_phos	26.714	linear_chainbreak	0.034
ch_bond	52.347	rna_bulge	−9.000
fa_rep	175.783	atom_pair_constraint	0
rna_torsion	534.243	angle_constraint	0
RMSD	15.507	missing	0

由表 4.4 中数据可以看出，对 2mhi 进行建模的 RMSD 结果为 15.507Å，该数值相对蛋白质预测领域的 RMSD 值来讲较高，因为对于蛋白质结构建模而言，在结构建模结果 RMSD 大于 15Å 的情况下，该建模没有意义。然而对于 RNA 而言，建模结果 RMSD 只要小于 20Å，该建模均有意义。此外，表 4.4 中 missing 值为 0，故该 RNA 模体建模完整。SMCP 建模得到的构象与实验测定的真实构象相比，二者相差不大，这表明，SMCP 算法对 RNA 三级结构预测领域有一定的优势，既可以实现高精度建模，又能够保证完整建模。

图 4.6 为 2mhi 的模型预测构象与原生构象。

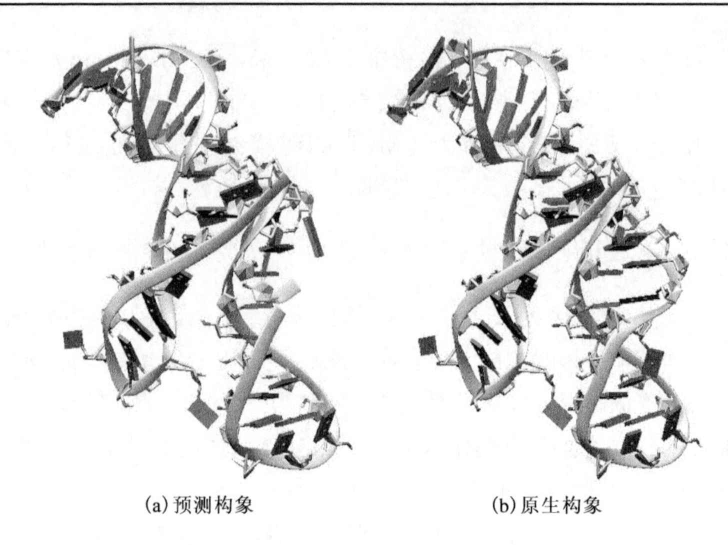

(a) 预测构象　　(b) 原生构象

图 4.6　2mhi 的模型预测构象与原生构象

现有 RNA 三级结构预测算法中的采样方法仍然是影响建模精度的关键因素。传统的基于蒙特卡罗的采样算法具有一定的建模限制，采样范围不够广，并且建模可能不完整。本章针对 Rosetta 框架下 RNA 结构预测算法的局限性进行了改进与优化，提出基于 stepwise ansatz 假设的 SMCP 算法。SMCP 算法同时初始化多个线程，指定相同的，基于 stepwise ansatz 假设执行蒙特卡罗采样，然后使用打分函数进行评分。SMCP 算法在采样后进行两轮势能评估，对建模结果经过判断后进行进一步处理，最终获得高精度高完整度的 RNA 预测构象结果。此外，本章还对 SMCP 算法进行算法复杂性分析，该算法的时间复杂度为 $O(n^4)$，在合理范围内，该算法预测精度提高了，证明该算法是合格有效的。

第 5 章　基于 3D ResNet 的 RNA 三级结构预测算法

5.1　引　　言

对 RNA 功能的研究表明，RNA 的实际功能结构与基于最小自由能预测理论的结构有所偏差，例如，核糖开关在执行功能时的空间结构并非其原生结构，而是需要改变结构才能发挥其功能。生物环境具有复杂性，因此，RNA 分子需要根据所处实际环境调整结构形态从而保持其生物势能状态的平衡，而不是始终保持最小能量结构形态。短 RNA 的平衡势能状态接近最小自由能状态，因此基于最小自由能理论的短 RNA 的二级结构和三级结构预测算法具有较高的准确性。然而，不断的结构折叠会使长 RNA 的生物势能平衡偏离最小自由能状态，此时基于最小自由能理论的 RNA 结构预测算法失去了较高的预测精度。

在 RNA 结构预测领域，传统的 RNA 结构预测算法已经很难满足更高精度建模的要求，机器学习、神经网络的出现和兴起为人们提供了新的研究思路。Willmott 等将长短期记忆(long short term memory，LSTM)神经网络与循环神经网络(recurrent neural network，RNN)相结合的方法应用到二级结构预测中，该二级结构预测算法的建模精度比基于最小自由能理论的二级结构预测算法的建模精度高 25%；Lu 等利用长短期记忆网络建立了一种适用于可变长度 RNA 序列的二级结构预测算法，与当前典型 RNA 二级结构预测算法相比，该算法准确率提高了 12%。王永志等设计了一个基于多层神经网络的 RNA 三级结构预测评分函数模型，该模型能够更加灵活地融合不同类型的特征，并且不需要对参考状态进行选择，极大地提高了 RNA 三级结构预测精度。

打分函数是一个基于物理规律的力场函数或者是基于经验知识的统计势，一个好的打分函数应该可以体现 RNA 三级结构的内在物理规律。鉴于神经网络在 RNA 结构预测领域取得的良好结果，本章也采用神经网络的方法来对 RNA 三级结构打分，二维卷积是最常见的卷积神经网络，通常被用于二维图像的处理，RNA 的三级结构可以视为具有三维空间结构的 RNA 图像，因此，对 RNA 三级结构的打分需要利用三维卷积神经网络来实现。本章设计一个基于 3D ResNet 的 RNA 三级结构打分函数模型算法，利用三维卷积神经网络的空间特征学习能力，从头构建一个打分函数。

5.2 Res3DScore 算法设计与实现

5.2.1 算法设计

1) 数据集

数据集中的 RNA 原始结构数据来源于 PDB 蛋白质结构数据库网站，在数据库中根据条件 NMR Method to Determination Structure(由核磁共振法确定的结构)和模拟退火(simulated annealing)筛选出非冗余的 RNA 初始结构，总共得到 72 个 RNA 原生结构，每个 RNA 记录在一个 PDB 文件中，PDB 文件中记录着 RNA 中每个原子的坐标。然后把这 72 个 RNA 组成的数据集按照 5:1 的比例随机分成两部分，其中，60 个 RNA 用于训练集，12 个 RNA 用于验证集。

PDB 数据库中的 NMR 结构具有 N 个结构模型，其中，N–1 个候选结构，1 个原生(native)结构。数据集中的 72 个 RNA 一共有 1072 个结构，其中，训练集包含 918 个 RNA 结构，验证集包含 154 个 RNA 结构，该数据集中的 RNA 长度最大为 241nt，最小为 4nt。数据集中 72 个 RNA 的详细信息，其中，PDB id 是 RNA 在 PDB 数据库中的编号，长度即为 RNA 分子中核苷酸的数量，N 为 RNA 模体的 NMR 结构模型的数量。

本章实验所用的数据集中的 RNA 长度分布如图 5.1 所示，该数据集的 RNA 长度主要集中在 21～30nt。此外，考虑到 RNA 长度会对 RNA 三级结构建模的精度有影响，因此选取了部分大于 50nt 的长 RNA 进行实验。

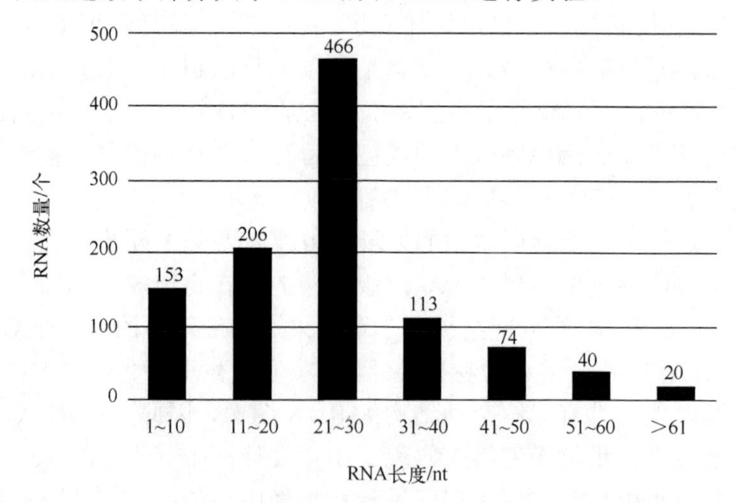

图 5.1　数据集中的 RNA 长度分布

2）数据输入

基于 3D ResNet 的 RNA 三级结构打分模型，我们需要对 RNA 的结构进行评估，因此需要先对每个核苷酸进行评估，RNA 3D 结构的本质是核苷酸的空间坐标，即每个原子的空间坐标。本章的打分模型将要评估的核苷酸及其周围的原子转化成 3D 图像，并将其输入打分模型中。模型所需的数据并非整个 RNA 结构，而是以单个核苷酸为中心的多个大小相同的小立方块，这样在一定程度上扩大了数据集，弥补了 RNA 结构数据量少的问题。将 RNA 按照序列顺序依次取每个残基作为中心残基，根据中心残基原子坐标值建立局域坐标系后，取此坐标系内以坐标原点为中心的 32Å × 32Å × 32Å 的空间区域，把该空间区域转化成 3D 图像，如图 5.2 所示。

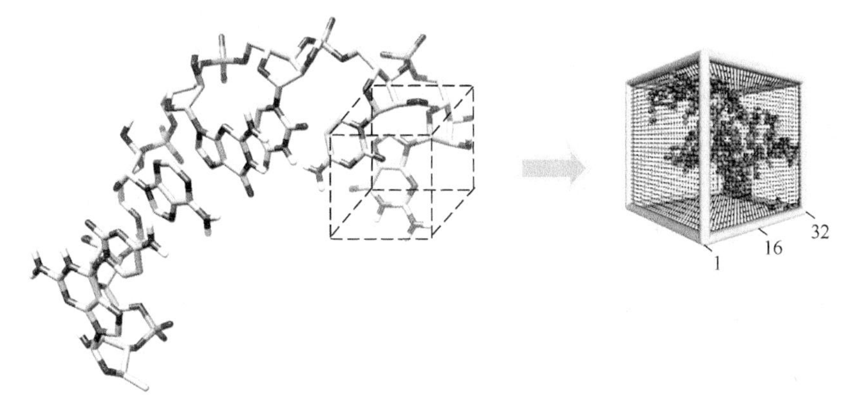

图 5.2　RNA 结构转化为 3D 图像的过程

将 RNA 结构数据转化为 3D 图像，增加了 RNA 结构数据，数据集的大小则主要取决于 RNA 中核苷酸的数量。卷积神经网络输入的数据结构如表 5.1 所示，x 文件下每一行有 5 列，分别对应信道（0～2 对应三个信道）、体素位置坐标（i, j, k）和 RNA 特征值 n，而 y 文件下则记录了 RNA 模体与其原生结构的误差 RMSD。

表 5.1　卷积神经网络输入的数据结构

卷积神经网络的输入 x					卷积神经网络的输入 y
信道	体素位置坐标			特征值	均方根误差值
0～2	i	j	k	n	RMSD

其中，特征值 n 反映的是 32Å × 32Å × 32Å 空间区域内的原子形状、电荷和质量特征。经过 3D 转化后的 72 个 RNA（1072 个 RNA 结构），最终转化为 8958 条训练集数据和 1717 条验证集数据，每条数据对应卷积神经网络的输入 x 和 y，即训练集包含 8958 对 x 和 y，验证集包含 1717 对 x 和 y。

上述数据处理后的数据仅 C++程序中可用，因此需要将其转化成 Python 程序可用的数据，经过数据格式转化后会生成两个大数组 X 和 Y。例如，一个含有 N 个核苷酸的 RNA 最后会转换成 $X(N, 3, 32, 32, 32)$ 的矩阵，N 是残基个数，3 是特征个数，32 是以每个核苷酸为中心的立方体盒子边长。而转化后的 Y 为 (N)。转化后的训练集为(8000, 3, 32, 32, 32)的矩阵，大小为 5.85GB，验证集为(1600, 3, 32, 32, 32)的矩阵，大小为 1.17GB。

3) 数据输出及评价指标

基于 3D ResNet 的 RNA 三级结构打分模型的输出是一个基于 RMSD 的核苷酸环境不适度评分，该评分用于描述 RNA 中核苷酸与周围环境的不适应程度，评分越高，表明适应程度越差；换句话说，评分越小的核苷酸与周围环境适应程度越高，RNA 构象越接近原生构象，若评分为 0，则表明核苷酸完全适应其周围环境，即当前构象为原生构象。因此希望 RNA 经过模型评估后打分分数足够低。

在 RNA 整体结构质量评估中，首先会对每一个核苷酸进行不适度打分，然后将所有核苷酸的不适度打分进行累加得到 RNA 整体结构不适度打分。

基于 3D ResNet 的 RNA 三级结构打分模型可以视为一个打分函数。基于 RMSD 对构象进行判断，RMSD 值为 0，即输入的构象为原生态，随着输入的构象与原生构象差距变大，RMSD 值也会变大。最终综合质量评估分数最低的结构，也就是最优的 RNA 结构，将其作为 RNA 三级结构预测出的原生构象。

5.2.2　算法描述

本章将 Res3D 模型作为 RNA 三级结构预测算法的评判标准重新设计 RNA 三级结构预测算法，并将该算法命名为 Res3DScore 算法。Res3DScore 算法基于 Res3D 模型，将 Res3D 作为打分函数，结合蒙特卡罗采样进行 RNA 三级结构预测。Res3DScore 算法如算法 5.1 所示。

算法 5.1　Res3DScore 算法

输入：RNA 的 PDB 结构文件，PDB 列表文件(PDB id)，核苷酸数 N，steps = 1000。
输出：最低 SCORE 值的构象(即原生构象)；

1. 为 RNA 的 native 和 decoy 数据结构构造数据集 D；
2. 数据集 D 按照 5:1 的比例拆分为训练集 D_{train} 和验证集 D_{val}；
3. D_{train} 和 D_{val} 中数据 3D 网格化为$(N, 3, 32, 32, 32)$形式的 npy 数据文件；
4. Conv3D 和 MaxPooling3D 处理；
5. for $i = 1$ to steps do
6. 　　for $j = 1$ to 4 do

7. {{Conv3D, ReLU, Conv3D}, {Conv3D}}；　//convolution_block 操作
8. {Conv3D，ReLU，Conv3D}；　//identity_block 操作
9. end for
10. $X' \leftarrow \text{Flatten3D}(X)$；　//Flatten 3D 处理
11. $z = f\left(\sum_{k=1}^{K} w_k x_k + b\right)$；　//全连接层处理
12. 计算 $\text{MAE} = \frac{1}{m}\sum_{i=1}^{m}\left|(y_i - \hat{y}_i)\right|$；　//平均绝对误差
13. end for
14. Res3D 超参训练；
15. 基于蒙特卡罗方法采样 RNA 三级结构；
16. Res3D 预测单核苷酸 score，计算 $\text{SCORE} = \sum_{m=1}^{\text{Length}} \text{score}$，输出 SCORE 值最低的构象；

5.2.3　算法实现

Res3DScore 算法是一个基于 3D ResNet 打分模型的 RNA 三级结构预测算法。Res3DScore 算法的实现过程主要包括三部分：RNA 结构数据预处理、构象采样和势能评判。

RNA 结构数据预处理需要经过数据集构建、构象拆分、RNA 结构网格化及数据格式转化等步骤，Res3DScore 算法数据预处理的实现流程如图 5.3 所示。经过数据预处理的 RNA 结构数据用于 Res3D 模型训练，将 Res3D 模型作为打分函数来对构象空间进行构象打分。采样则是基于蒙特卡罗进行随机采样，然后利用 Res3D 作为打分评判标准进行构象打分，根据与周围环境的不适度评分，最终得到相应的最佳原生构象。

基于 3D ResNet 的 RNA 三级结构打分模型如图 5.4 所示，将该模型命名为 Res3D。

Res3D 模型一共 24 层，共 4 个残差单元，每个单元内 5 个卷积层，残差单元外还各有 1 个卷积层、Flatten 层、全连接层及最大池化层。所有卷积层都是三维卷积，残差单元外的卷积核个数为 64，第一个残差单元内卷积核个数为(64, 256, 256, 64, 256)，后边每个残差单元卷积核数翻倍。此外，Res3D 模型中的激活函数均采用 ReLU 函数，该网络模型中可训练的参数有 7863029 个，该网络参数数量仍在可接受的范围内。

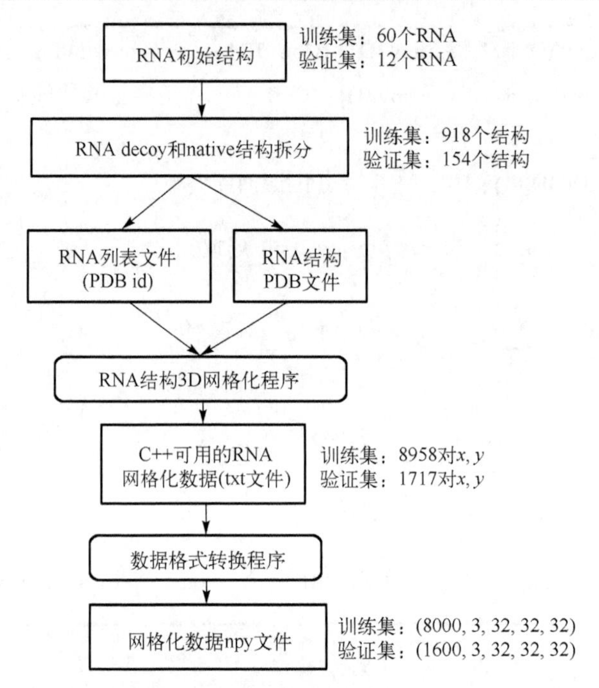

图 5.3　Res3DScore 算法数据预处理的实现流程

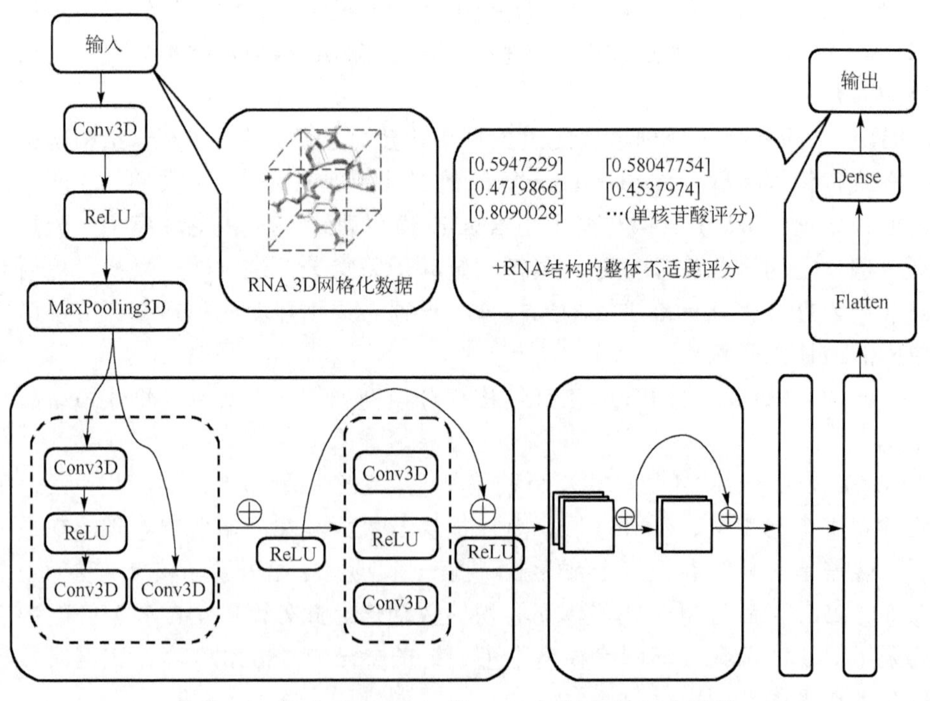

图 5.4　基于 3D ResNet 的 RNA 三级结构打分模型

Res3D 模型的输入为 RNA 的 3D 网格化数据，其输出为 RNA 中每个核苷酸与周围环境的不适度打分，以及 RNA 整体结构不适度打分。该模型可视为打分函数，作为 RNA 三级结构预测算法中的评判标准，将最终分数最低的构象作为最佳构象。

Res3DScore 算法时间复杂度分析：Res3DScore 算法在残差单元处理过程中使用了 2 层循环，每层循环的时间复杂度为 $O(n)$，两层循环为嵌套结构，其算法时间复杂度为 $O(n^2)$。

5.3 实验结果

Res3D 模型训练参数如表 5.2 所示。

表 5.2　Res3D 模型训练参数

参数项	参数值
Optimization algorithm	SGD
Batch size	128
Learning rate	0.05
Training steps	1000

1) Loss 曲线和 MAE 曲线

在表 5.2 中条件下，得到了损失函数随步数的曲线图及 MAE 变化的曲线图。在训练之后，曲线很快就基本走平，损失函数已经收敛，且 RMSD 的值较低。

2) Res3DScore 算法准确度测试

本章选取了 15 个 RNA，并基于蒙特卡罗采样方法为每个 RNA 生成了 20 个非冗余的 RNA 构象，这些构象的 RMSD 均不相同，但基本小于 10Å。对上述 RNA 进行构象打分，Res3DScore 算法成功预测了 14 个 RNA。当利用 VGG-Net 算法对其进行打分预测时，仅 12 个 RNA 成功预测出了原生构象。Res3DScore 算法和 VGG-Net 算法对 15 个 RNA 进行 RNA 三级结构预测的具体情况如图 5.5 所示，√表示该算法成功地在 20 个 RNA 构象中识别原生构象，-表示该算法没有在 20 个构象中识别出原生构象。

图 5.6 仅展示了 Res3DScore 算法未成功建模的 1u63，图中分值表示该 RNA 与周围环境的不适度评分，评分越低与周围环境不适度越低，即更接近原生构象。由图 5.6 中可以看出，利用 Res3DScore 算法建模的 1u63，第 13 个构象为其原生构象，而利用 VGG-Net 算法建模的结果则显示，第 1 个构象为其原生构象。VGG-Net 算法成功地识别原生构象，而 Res3DScore 算法没有正确地识别原生构象。

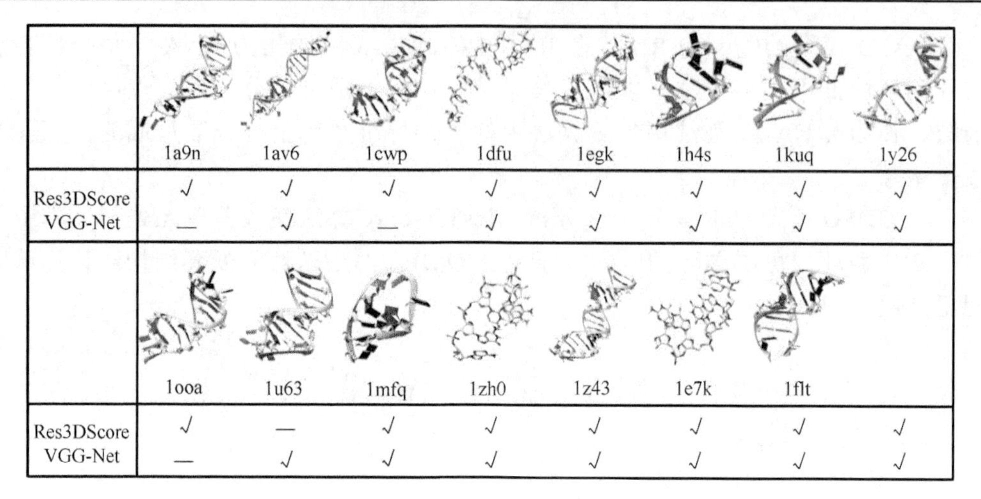

	1a9n	1av6	1cwp	1dfu	1egk	1h4s	1kuq	1y26
Res3DScore	√	√	√	√	√	√	√	√
VGG-Net	—	√	—	√	√	√	√	√

	1ooa	1u63	1mfq	1zh0	1z43	1e7k	1flt	
Res3DScore	√	—	√	√	√	√	√	√
VGG-Net	—	√	√	√	√	√	√	√

图 5.5　Res3DScore 算法和 VGG-Net 算法对比

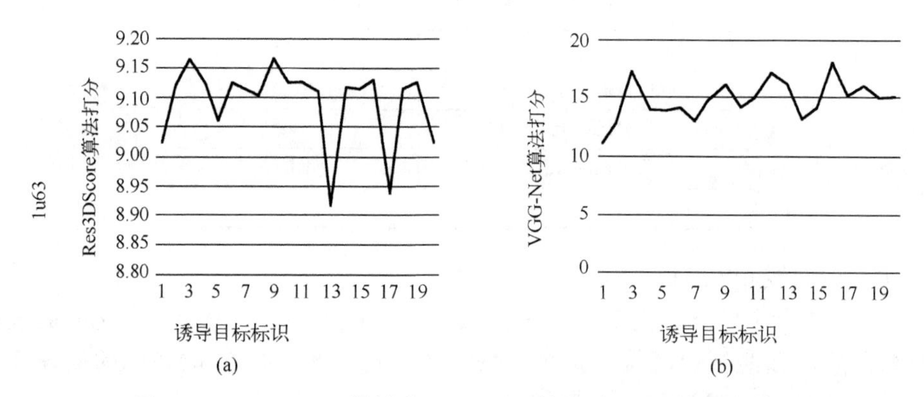

图 5.6　Res3DScore 算法和 VGG-Net 算法对 1u63 的打分结果

图 5.7 则展示了 VGG-Net 算法未成功建模而 Res3DScore 算法成功建模的 3 个 RNA(1a9n、1cwp、1ooa)。

3) Res3DScore 算法的基准测试

将 SMCP 算法中使用的由 9 个 RNA 结构组成的测试基准作为测试集使用，使用基于 3D ResNet 的 RNA 三级结构预测算法进行结构打分，得到该基准测试集的结构评分如图 5.8 所示。

分数越小表示结构与环境的适应度更高，从图 5.8 中可以看出，SMCP 算法预测得到的 RNA 结构分数更低，进一步表明，SMCP 算法预测的 RNA 结构与环境适应度高，可以视为原生构象。

深度学习已经在很多领域得到了应用和扩展，评分是 RNA 结构预测中比较重要的一部分，本章尝试用 3D ResNet 进行 RNA 三级结构预测评分。

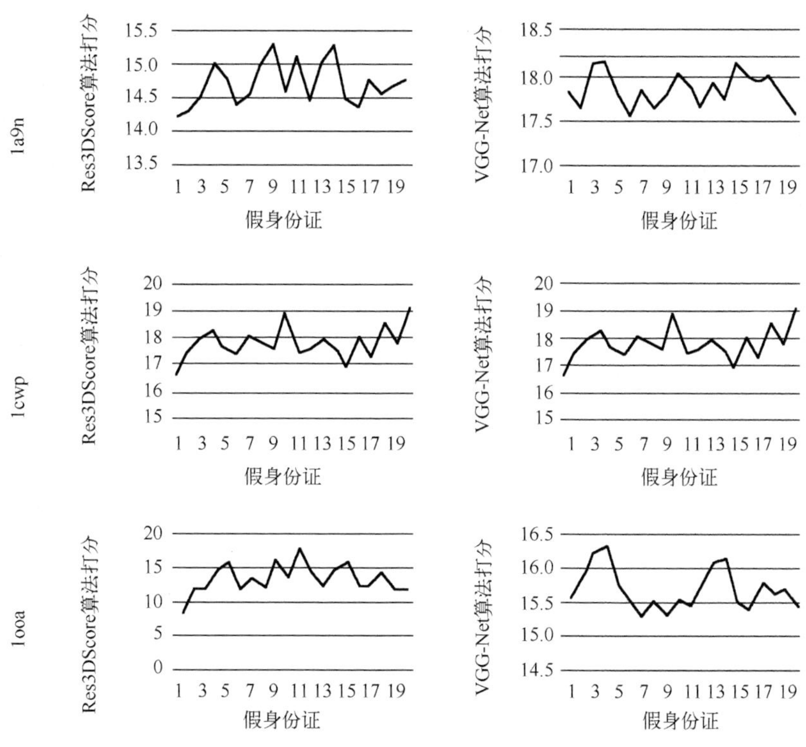

图 5.7　VGG-Net 算法建模的 RNA 打分结果

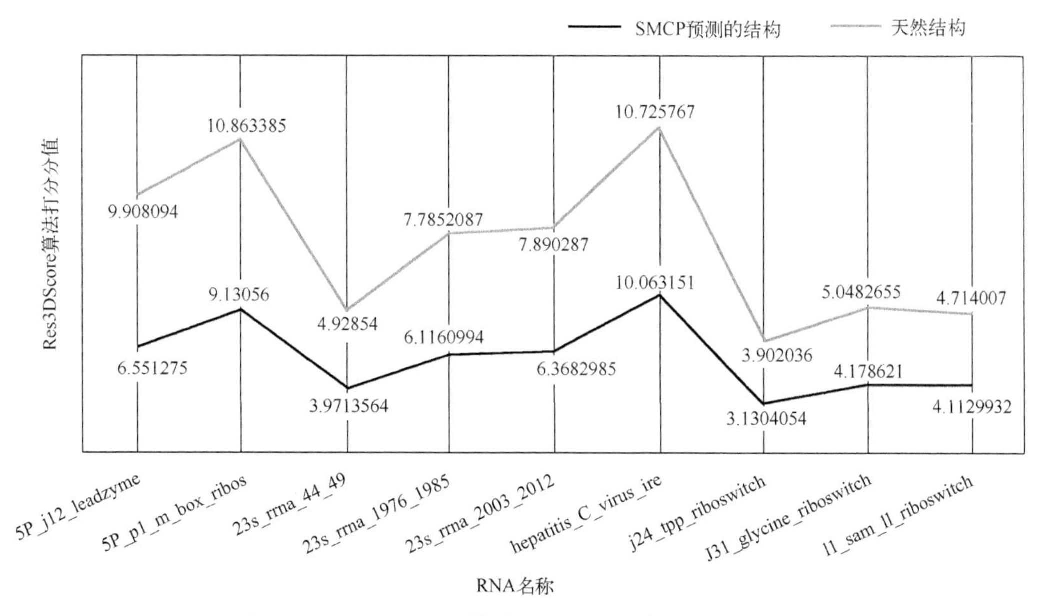

图 5.8　Res3DScore 算法对基准测试集的结构评分

本章介绍了基于 3D ResNet 的三维卷积神经模型 Res3D 的构建、数据处理、训练过程，以及 Res3DScore 算法的设计与实现，最后分析了模型的 RNA 三级结构建模结果，并对前面工作中的 SMCP 算法进行了基准测试。通过实验验证了本章提出的Res3DScore算法能够有效地从构象空间中识别原生构象，可以作为RNA三级结构预测时的评价标准，可以有效地提高 RNA 三级结构预测算法的精确度。

与传统打分函数相比，基于 3D ResNet 的打分函数有很多优势，首先，卷积神经网络可以自动地发现相关的分布模式；其次，结合网络分析方法，或许可以发现一些当前未知的相互作用模式；最后，基于三维卷积神经网络的打分函数对 RNA 进行建模时不需要提供参考态，参考态的选择是传统方法中的难点之一。

第 6 章　基于卷积神经网络的细胞反卷积预测算法

6.1　引　　言

在大多数方法中，特异性基因表达矩阵的设计是最重要的。特异性基因表达矩阵需要明确定义的细胞类型，因此很难构建。一些突变细胞和未知细胞没有参考。

深度学习已广泛地应用于生物信息学。也可以使用二维矩阵数据，如生物信号的时频矩阵。本章希望通过深度学习研究细胞反卷积，解决细胞反卷积问题。

本章构建一个名为 Autoptcr 的模型。Autoptcr 使用卷积神经网络进行细胞反卷积。与大多数方法不同，Autoptcr 不依赖特异性基因表达矩阵。虽然深度学习需要大量数据进行训练，但关于组织批量 RNA 测序数据的细胞组成标记的信息很少。因此，Autoptcr 接受了来自不同来源的模拟单细胞 RNA 测序组织的训练，并在模拟和真实数据上进行了测试。它可以充分地挖掘基因之间的内在联系，并从单细胞 RNA 测序数据中提取隐藏特征。本章将 Autoptcr 与其他算法进行了比较，发现它比其他算法具有更好的反卷积性能，这意味着在预测异质组织中细胞类型的比例方面具有更高的准确性。Autoptcr 预测精度高，抗噪能力强。

6.2　Autoptcr 算法设计与实现

6.2.1　算法描述

数据的输入是 $\dot{X}$ 、T 和 Z。$\dot{X}=\{\dot{x}_1,\dot{x}_2,\cdots,\dot{x}_q\}$ 是训练过的单细胞 RNA 测序数据的基因集，$\dot{x}$ 是训练过的组织中的基因，q 是训练过的组织中基因种类的数量。$T=\{t_1,t_2,\cdots,t_p\}$ 是测试数据的基因集，t 是测试组织中的基因，p 是训练组织中基因种类的数量。Z 是对应 $\dot{X}$ 的细胞比例。在筛选特征和数据变换工作中，数据被传入特征提取模块的卷积层和池化层，$r(\cdot)$ 是非线性激活函数。首先，本节设置 $\mathrm{ReLU}(\cdot)$ 为激活函数。然后，输入在预测模块的 flattened 和 dense 层中获得的预测单元格比率。为了计算真实细胞比例和预测细胞比例之间的 MSE 损失，使用学习率为 LR 的优化器 OA 优化 Autoptcr 模型的损失函数 LF。Autoptcr 算法描述如算法 6.1 所示。

算法 6.1 Autoptcr 算法

Begin

1. 输入 $\dot{X}$ 是训练过的单细胞 RNA 测序数据的基因集；Z 是对应 $\dot{X}$ 的细胞比例；T 是测试数据的基因集；
2. 设置 Autoptcr 模型的超参数，LR = 0.001，OA = Adam，LF = MSE，$D = 1$，$V = 32$，$S = 2000$，BS = 128，$X \leftarrow \varnothing$；
3. for $c = 1$ to q do
4.   if 特征偏差 $\dot{x}_c \leqslant 0.1$
5. $X \leftarrow X \cup \{\varnothing\}$；
6.   else
7. $X \leftarrow X \cup \{\dot{x}_c\}$；
8. end for
9. $X \leftarrow X \cap T$；
10. 执行数据转换，$X \leftarrow X'$；
11. for $s = 1$ to S do
12.   从 X 中抽样 BS 个数据，执行以下操作；
13.   for $j = 1$ to 4 do
14.   for $v = 1$ to V do
15. $Y^j \leftarrow \mathrm{ReLU}\left(\sum_{d=1}^{D} W_j^v \cdot X_j^d + b_j^v\right)$
16. $\widehat{Y}_{\breve{E}}^j \leftarrow \max_{\breve{E} \in O_{e,g}} (Y_{\breve{E}}^j)$
17.   end for
18. $Y^{j+1} \leftarrow \widehat{Y}_{\breve{E}}^j$
19. $V \leftarrow V/2$；
20.   end for
21. 得到一维数据；
22. 将 X' 输入两层全连接网络，得到预测组织的细胞比例 $\hat{Z}$；
23. $\mathrm{MSE} = \frac{1}{t}\sum_{i=1}^{t}(\hat{Z}_i - Z_i)^2$，计算损失函数；
24. 通过 OA 和 LR 更新模型参数；
25. end for
26. 输出：最终预测组织的细胞比例 Z''；

end

6.2.2 算法实现

本章提出了 Autoptcr，一种基于细胞反卷积方案的卷积神经网络模型。Autoptcr 共有三个模块，包括特征选择模块、特征提取模块和预测模块。特征选择模块筛选训练数据中没有信息的基因，获取预测文件和训练文件共享的基因并将其作为特征，然后进行数据转换工作。

该过程的输入文件采用模拟组织的单细胞 RNA 测序的基因表达矩阵，并以每个组织对应的细胞类型比文件作为标签。组织基因表达矩阵包含组织中每个基因的表达水平。无须依赖特定细胞类型表达矩阵参考矩阵，Autoptcr 可以通过基因表达矩阵直接推断组织的细胞比例。

首先，在特征选择模块中，单细胞 RNA 测序数据中有上万个基因特征，所以特征选择是一个非常重要的问题。本章不进行复杂的特征选择，只是删除了一些不寻常的特征，如不相关或信息不足的特征。本章对模拟组织的单细胞 RNA 测序数据的基因表达矩阵进行预处理，剔除那些对结果没有贡献的特征，即剔除表达方差小于 0.1 的基因。本章将训练集和测试集共有的基因作为特征。这使得训练集和测试集具有不同的基因，极大地提高了模型的适用性。筛选后的数据进行对数变换和最大最小归一化。

其次，从特征选择模块筛选出的特征输入到特征提取模块，包括卷积层和池化层。它们用于从数万个特征的全局信息中检测基因之间的相互关系。Autoptcr 将一层卷积和一层最大池的组合化作为特征提取。每个特征提取组的过滤器数量减少了 32、16、8 和 4。步长设置为 4。激活函数统一设置为 ReLU。

在预测模块中，对于卷积网络提取的高维数据进行扁平化，将数据转化为一维。将一维数据掺入全连接层，第一个全连接层的神经元数量设置为 64，激活函数使用 ReLU。最末的全连接层的神经元的数量是组织的细胞类型的数量。Autoptcr 使用 Softmax 函数进行多变量数据预测。

1) 特征选择模块

我们对筛选后的基因表达矩阵进行对数变换，如式(6.1)所示。

$$\tilde{x} = \log_2(x+1) \tag{6.1}$$

式中，x 表示所有组织基因表达信息中某基因的表达数据；$\tilde{x}$ 表示转化后所有组织基因表达信息中某基因的表达数据。

2) 特征提取模块

卷积神经网络是一种局部连接、权重共享的深度前馈神经网络。局部连接和共享权重可以减少网络各层之间权重的连接，降低网络复杂度，防止模型过拟合。

它们主要用于特征提取和识别研究。目前已广泛地应用于图像处理、推荐系统等。一维卷积主要适用于信号处理。为了让 CNN 处理基因表达数据，本节必须进行一些修改。

在 CNN 中，卷积层可以使用三维卷积来提取图像特征。本节用 $X \in \mathbb{R}^{M\times N\times D}$ 来表示输入图像的特征。M 和 N 代表图像长宽，D 代表通道数。滤波器 $W \in \mathbb{R}^{A\times B\times D\times V}$ 是一个四维张量。A 与 B 代表卷积核的长度和宽度，V 代表卷积核的个数。卷积核在 X 上与相同大小的二维向量进行卷积得到标量数据 z，如式(6.2)所示。

$$\begin{gathered} z = \sum_{a,b} x_{a,b} \cdot W_{v,a,b} \\ a = 1,2,\cdots,A; \quad b = 1,2,\cdots,B \end{gathered} \tag{6.2}$$

在上述公式中，$W_{v,a,b} \in \mathbb{R}^{A\times B}$ 代表卷积核的尺寸，$x \in \mathbb{R}^{A\times B}$ 是 X 上一个与卷积核 W 大小相同的 2 维向量。为了计算向量 Yv。首先，将卷积核 $W^{v,1}, W^{v,2}, \cdots, W^{v,D}$ 与相应的 $X^1, X^2, \cdots, X^D$ 相乘，然后，增加偏置得到卷积神经网络的输入 $Z^v \in \mathbb{R}^{M'\times N'\times 1}$。$M'$与 V' 取决于卷积层的宽度和步长。经过激活函数后，本节获得最终的输出向量 Y^v。如式(6.3)和式(6.4)所示。

$$Z^v = \sum_{d=1}^{D} W^{v,d} \cdot X^d + b^v \tag{6.3}$$

$$Y^v = r(Z^v) \tag{6.4}$$

式中，$r(\cdot)$ 是非线性激活函数。本节需要输入 V 个特征向量，执行以上特征 V，以获得相应的 V 个 $Y^1, Y^2, \cdots, Y^V$ 的值。

使用 CNN 进行细胞反卷积将不同于图像的特征提取。对于卷积层，输入数据不是二维的，而是一维的特征向量。它代表了组织的基因表达水平。输入 $\widehat{X} \in \mathbb{R}^{M\times 1\times D}$ 表示 D 个一维特征向量，特征大小为 $M\times 1$。此时单元反卷积的输出为 $\widehat{Z}^v \in \mathbb{R}^{M'\times 1\times 1}$。使用 CNN 的单元反卷积的卷积操作是在向量之间进行的。

池化层对区域进行下采样并将它们概括为区域。假设池化层的输入特征图为 $Z^v \in \mathbb{R}^{M'\times N'\times 1}$，划分为多个区域 $O_{e,g}$，$1 \leqslant e \leqslant E$，$1 \leqslant g \leqslant G$。本节取 E 为 1，取 G 为 4。本节区域不重叠。对于所有区域，选择该区域中所有神经元活动的最大值，如式(6.5)所示。

$$\widehat{Z}_{\breve{E}} = \underset{\breve{E} \in O_{e,g}}{\mathrm{Max}}(Z_{\breve{E}}) \tag{6.5}$$

3) 预测模块

特征提取模块得到的数据首先被转换成一维向量，然后输入到全连接层中进行训练。假设接受 k 个输入，用 z 表示输入信息的加权净输入，如式(6.6)所示。

$$z = \sum_{k=1}^{K} w_k x_k + b \tag{6.6}$$

式中，w 是 k 维权重向量；b 是偏差。然后将净输入通过一个非线性激活函数 $f(\cdot)$ 来获得神经元的活动值 y。

在预测模块最后一层，使用激活函数 Sotfmax，其余卷积层和全连接层均使用 ReLU 函数。由于组织的细胞比例之和必须为 1，并且所有细胞类型的细胞比例的数量都大于 0，所以使用 Softmax 作为最后一层的激活函数。

6.2.3　参数设置

将训练集数据输入 Autoptcr 网络并设置网络参数，如表 6.1 所示。本节使用 MSE 函数作为损失函数。优化器是 Adam 优化器。批大小为 128，学习率为 0.001，提前终止的技术步数为 2000，防止模型过拟合。关于优化器的选择，本节测试了 Rmsprop、SGD 等，但表现不如 Adam 优化器。关于过拟合，使用损失正则化后网络的性能显著下降。因此，本节没有在网络中设置损失正则化，只使用了提前终止技术来防止网络过拟合。经过测试，模型将在 2000 步后停止，精度更高。本书使用了 MSE 损失函数，如式(6.7)所示。Autoptcr 的具体信息如表 6.1 所示。

$$\mathrm{MSE} = \frac{1}{t}\sum_{i=1}^{t} (\hat{Z}_i - Z_i)^2 \tag{6.7}$$

式中，$\hat{Z}_i$ 是预测的细胞比例分数；Z_i 是实际的细胞比例分数；t 是组织中细胞类型的数量。

表 6.1　Autoptcr 模型训练参数

参数项	参数值
Optimization algorithm(优化算法)	Adam
Batch size(批处理尺寸)	128
Learning rate(学习率)	0.001
Training steps(训练步骤)	2000

6.2.4　训练方式

训练数据来源于不同捐献者，我们使用前三个数据集训练，并在第四个数据集上测试，首先创建随机数据，给每个细胞赋予一定的比例，也将其记作该组织的标记。随机选择 500 个 ScRNA-Seq 样本数据，给每个细胞赋予一定的比例，这是需要抽取的某个种类的细胞数。Bulk RNA-Seq 样本的每种细胞类型的基因数据是由随机抽取的某个细胞类型的 ScRNA-Seq 数据合并其基因表达矩阵得到的。

而由于模拟的每个组织样本创造出的细胞类型分数是随机的，并且抽取单细胞 RNA 测序数据的类型也是随机的，因此模拟组织的基因表达矩阵和标记并不具有规律性，训练和独立测试集没有相同或几乎相同的示例。模型在三个来源不同的单细胞 RNA 测序数据的模拟数据上训练，因此这些数据之间存在批处理效应造成的偏差及数据采集过程中的噪声，模型是在具有噪声的数据上进行训练的，本节针对来源不同的数据集，模型可以训练出对噪声具有鲁棒性的数据，并且可以减小批处理效应。

由于深度学习需要大量的数据进行训练，而 Bulk RNA-Seq 样本数据的标记信息不够充分，因此我们使用了模拟的 ScRNA-Seq 数据进行训练，并在模拟的数据上进行测试，并使用真实的 Bulk RNA-Seq 数据进行测试。这将表明网络可以用模拟数据进行训练并且可以应用在真实的组织上。

6.3 实 验 分 析

6.3.1 数据集

(1) 训练模拟的单细胞 RNA 测序数据。ScRNA-Seq 数据量很小。然而，深度学习需要大量数据进行训练，因此我们使用 ScRNA-Seq 数据模拟组织的基因表达数据来训练模型。模拟数据集从链接(https://figshare.com)处下载。使用的人类外周血单个核细胞 PBMC 数据由不同捐献者的四个数据集组成：data6k、data8k、donorA 和 donorC。我们将其分为六种细胞类型，即单核细胞、未知细胞、CD4t 细胞、B 细胞、NK 细胞和 CD8t 细胞，其中，未知细胞代表未知细胞类型，用于预测未知细胞类型。模拟数据包含 32000 个组织样本，每个数据集中有 8000 个样本，每个样本有 32738 个特征。

(2) 测试的模拟单细胞 RNA 测序数据。从链接(https://figshare.com)处下载，包含了 PBMC 四个数据集和测试数据，每个数据集中包含 500 个测试样本。

(3) 真实的批量 RNA 样本数据。我们用模拟数据加以训练，使用真实组织的基因表达数据，本节使用了来自 13 个个体的 PBMC 的噪声和有偏差的批量 RNA 测序数据 PBMC2。每个样本包含 17644 个特征。它是从链接 GEO(https://www.ncbi.nlm.nih.gov/geo)处下载的，访问号为 GSE107011。

6.3.2 评价标准

为了验证模型的性能，本节设置了评估指标来评估模型的性能。因为需要预测组织中每种细胞类型的细胞比例，所以无法判断模型的准确性，只能通过预测值与真实值的距离来判断模型的好坏。Autoptcr 的性能评估使用均方根误差(RMSE)、皮尔逊相关系数(Pearson correlation coefficient，PCC)和线性相关系数(linear correlation coefficient，LCC)。

RMSE 用于测量变量之间的偏差，如式(6.8)所示。

$$\mathrm{RMSE}(z,z') = \sqrt{\mathrm{avg}(z-z')^2} \tag{6.8}$$

PCC 可以衡量变量之间的相关程度，如式(6.9)所示。

$$\mathrm{PCC}(z,z') = \frac{\mathrm{cov}(z,z')}{\partial_z \partial_{z'}} \tag{6.9}$$

LCC 可以测量相关性和绝对差异，如式(6.10)所示。

$$\mathrm{LCC}(z,z') = \frac{2\partial_z \partial_{z'} \times \mathrm{PCC}(z,z')}{\partial_z^2 + \partial_{z'}^2 + (\gamma_z - \gamma_{z'})} \tag{6.10}$$

6.3.3　算法与其他方法比较

1)在人工批量样本上进行测试

将数据分为训练集和测试集，使用训练集的数据训练 Autoptcr 模型，数据来自 s 不同的数据集。本节使用了 4 折交叉验证，如对 data6k、data8k、donorA 数据进行训练，在 500 条 donorC 数据上进行测试，一共四次。在训练好的模型上，本节使用第四个数据集进行预测。我们使用 RMSE、PCC 和 LCC 评估 Autoptcr 预测的性能。本节将 Autoptcr 的预测与 CIBERSORT(CS)、CIBERSORTx(CSx)、MusiC 和 CPM 的预测进行比较。

五种方法在不同数据集上的对比表明，每种方法在不同数据集上的表现不尽相同，存在一定的波动范围。在四个数据集上，Autoptcr 的 RMSE 在 data6k 数据集上至少为 0.072，并且是唯一一个在三个数据集上 PCC 超过 0.94 的。Autoptcr 在所有四个数据集上的性能都低于所有 RMSE 的 MusiC 和 CPM。CS 的 RMSE 最稳定，Autoptcr 的动态范围最小。Autoptcr 的性能与 CSx 基本持平。

Autoptcr 等算法的性能评估如表 6.2 所示，可以看出，在 Autoptcr 算法中，RMSE 最低，为 0.081，与 CSx 相同。其余三种算法均在 0.11 以上。Autoptcr 算法的 PCC 最高达到 0.903，CSx 的 PCC 达到 0.896，高于 CPM。Autoptcr 算法提高了 50%，比 CS 高 11%，比 MusiC 高 3%。Autoptcr 算法的 LCC 数据达到 0.851，也是最高的。这说明 Autoptcr 算法比其他算法具有更好的反卷积性能，并且可以预测单元反卷积。

表 6.2　Autoptcr 等算法的性能评估

算法	RMSE	PCC	LCC
CPM	0.188	0.599	0.073
CS	0.116	0.815	0.702
CSx	0.081	0.896	0.846
MusiC	0.115	0.873	0.799
Autoptcr	0.081	0.903	0.851

将整体预测值与实际值进行比较，横轴表示真实值，纵轴表示预测值。当数据趋向于 $y=x$ 线时，代表数据预测的准确度越高。我们可以看到 CS 散射占据了整个平面。从 donorC、data6k、data8k 数据集来看，Autoptcr 的预测数据趋向于 $y=x$ 线，比较集中，说明处于对实际值的预测中。最小误差表明数据与其他算法模型具有较高的稳定性。

CPM 算法的预测值总是低于图片中的真实值。在 data8k 数据集上，所有算法的表现都不是很好，不仅仅是 Autoptcr 算法。

2) 在真实批量数据集 PBMC2 上测试

我们使用了来自不同个体的 PBMC 的大量单细胞 RNA 测序数据 PBMC2。由于数据来自不同的个体，存在批次效应和个体差异。PBMC2 数据包括噪声和偏差。Autoptcr 算法在四个模拟 PBMC 数据集上进行了训练，并在 PBMC2 上进行了验证。与 CPM 相比，Autoptcr 算法获得了 0.093 的最低 RMSE 值。CSx、MusiC 在获得最高 PCC 值 0.476 和最高 LCC 值 0.293 的同时，与第二高的 CSx 相比增长了 41%。

结果表明可以使用模拟的 PBMC 据进行训练，然后预测真实的批量样本数据。该模型不受不同个体数据差异、实验操作带来的批处理效应的影响，训练好的模型可以针对噪声和偏差生成鲁棒的特征。

Autoptcr 算法使用卷积神经网络，这是一种新的细胞反卷积解决方案。Autoptcr 算法不是基于参考的细胞反卷积协议，它不再依赖于特定细胞类型的平均表达矩阵数据。因此，我们不再需要设计复杂的数据预处理过程来规范化特定细胞类型的平均表达矩阵。我们不添加传统的超定方程。Autoptcr 算法对噪声和偏差具有高度鲁棒性。它在特征提取和建模方面比普通的数学模型具有明显的优势。它的卷积层负责提取基因之间的连接。该层可以将这些隐式连接抽象为特征。由于网络的天然优势，节点善于从噪声和偏差数据中挖掘抽象特征。实验结果表明，Autoptcr 算法可以有效地消除实验数据中采集过程带来的噪声和偏差。与传统的依赖特定细胞类型的平均表达矩阵设计和线性回归的反卷积算法相比，

Autoptcr 算法在大多数情况下具有更高的预测精度，并且模型对噪声和偏差的容忍度更高。

Autoptcr 算法也留下了许多问题，深度学习模型的训练需要大量数据。然而，单细胞 RNA 测序数据价格昂贵且难以获得。因此，该模型使用人工模拟的数据。模拟数据是通过对目标组织的单细胞 RNA 测序数据进行二次采样而生成的。因此，本节推测如果在人工模拟数据中加入一些真实的组织样本数据，预测会更加准确。Autoptcr 算法能否跨物种也是我们未来的研究工作之一。

总之，Autoptcr 算法对噪声和偏差具有鲁棒性。该算法易于理解和扩展。随着深度学习技术的发展，我们可以将注意力机制和长短期记忆网络应用于细胞反卷积。预计深度学习技术将成为细胞反卷积的新热点。

第 7 章　基于卷积自编码器的细胞反卷积预测算法

7.1　引　　言

细胞反卷积算法的主要困难有以下几点。如已知细胞比例的转录组测序数据稀少难以进行模型训练、转录组测序数据具有偏差和高稀疏性、特定细胞类型基因表达参考矩阵针对性差、对未知细胞类型及具有紧密相关的细胞类型的混合物表现糟糕。对于数据噪声问题，深度学习方法的节点可以有效地挖掘出基因之间的内部联系，学习可抗噪声干扰的特征。

在基因到蛋白质的过程中，DNA 先会被转录为 mRNA，之后核糖体再将其翻译为蛋白质。但并非所有的碱基序列都是可以翻译成蛋白质的 RNA。由于各个细胞开放和关闭的基因不同，同一 DNA 序列产生的 RNA 和蛋白质也不一样，从而产生细胞的异质性。这些无法被翻译为蛋白质的 RNA，包括具有各自特定功能的 rRNA、tRNA 等。虽然 rRNA 含量高，但 rRNA 十分稳定且并不包含足够的价值信息，而 mRNA 的占比低但信息含量丰富，更适合用作转录组数据的分析[1]。

细胞反卷积研究组织的细胞成分量化问题，更明确地说是推断出组织中存在的细胞类型及比例。起初人们只能通过流式细胞分选(fluorescence activated cell sorting，FACS)等实验方法对组织中的各个种类的细胞比例进行测量。FACS 是细胞类型定量的标准方法，可以进行上万个细胞的大批量分析，但 FACS 的材料主要是血液样本或新鲜组织，样本的获取比较困难且 FACS 方法的人工成本和设备成本等较高，难以在临床分析中得到普遍应用[2,3]。

随着转录组测序(RNA-seq)技术的兴起，使用转录组数据得到组织的细胞比例成为主流的细胞成分量化的方法。RNA-Seq 技术要测的 RNA 是信息含量最丰富的 mRNA，RNA-Seq 技术可以用于发现低细胞比例的转录本、新的细胞亚型等[4,5]。RNA-Seq 技术主要包括混合细胞测序(bulk RNA sequencing，Bulk RNA-Seq)技术和单细胞测序(single cell RNA sequencing，ScRNA-Seq)技术两种方式。Bulk RNA-Seq 技术可以同时对上万个细胞进行测序，得到的是组织或细胞群各个基因的平均信息表达值，但这种测序方式忽略了细胞的异质性，数据代表的是占主体的细胞群的表达信息，而忽略了稀少细胞亚群的信息[6,7]。ScRNA-Seq 技术从单个细胞的层面描述基因表达信息，ScRNA-Seq 技术可以用来制细胞图谱、对细胞进行测序分析、定义出新的细胞类型及挖掘细胞之间的关系[8]。

在推测组织的细胞组分时，可以对 Bulk RNA-Seq 数据使用矩阵分解或者机器学习等方法进行细胞反卷积，也可以用 ScRNA-Seq 技术直接测量组织并在一定程度上估计细胞的含量。但受到技术限制和生物学因素，使用 ScRNA-Seq 技术进行大规模的细胞组分的推断费用昂贵且费时，因此使用高精度、低成本且操作便捷的 Bulk RNA-Seq 技术进行组织的细胞组分的推断仍然是主流的细胞反卷积手段[9,10]。

通过对 RNA-Seq 数据进行细胞反卷积，可以更深入地理解组织基因表达的变化是由组织细胞组成的变化引起的，还是特定细胞群中基因表达的变化引起的。不仅如此，进行细胞反卷积，还有助于发现新的细胞亚型、讨论癌组织的免疫浸润情况及探究疾病的发病机理等作用[11-13]。使用异质性肿瘤样本的数据进行细胞反卷积，可以用来讨论免疫细胞在肿瘤中的浸润程度，用于研究肿瘤的微环境[14-16]。肿瘤的微环境的变化与疾病的发展密切相关，对治疗前后的细胞组分进行量化可以判断癌症的预后生物标志物，如研究管腔型乳腺癌预后产物[17]。对不同细胞组分定量分析可以阐明肿瘤细胞在逃避免疫反应中的逃逸机制，可能有助于评估抗癌疗法[18]。依据细胞组分的不同有针对性地给患者制定方案，进行精准医疗对临床决策中患者的治疗和生存有着很高的价值[19-22]。

预测组织细胞的比例还有助于对其他疾病进行研究。探究细胞组成的变化对阿尔茨海默病转录组的影响，分析帕金森病的致病机理[23,24]。使用感染沙门氏菌的人类外周血进行反卷积研究，可以探讨免疫细胞类型与病原体感染之间的联系，揭示了细胞特异性免疫反应与离体感染类型及临床疾病的分期有关，可以进行疾病风险的识别和感染情况的判断[25]。通过对比健康肝脏和患癌肝脏之间免疫细胞的差异，有助于研究肝细胞癌的新治疗方法[26]。还可以检查细胞的异质性，揭示了遗传变异对性状和疾病的调控影响。因此，进行细胞反卷积可以让学者更加深入透彻地理解基因表达变化的原因、人体器官的发育等理论，在临床中还对疾病的理解、治疗有着重要意义[27,28]。

7.1.1　研究难点

尽管机器学习、深度学习方法已经广泛地应用在生物信息学领域，学者也积极使用这些方法在细胞反卷积领域进行探索，但因为细胞反卷积方法受到诸多限制，学者大多从一个角度或只针对某一类数据进行针对性的研究，并不能得到普适度高的方法，因此细胞反卷积算法仍然进展缓慢，详细原因如下所示。

(1) 已知细胞比例的 RNA-Seq 数据稀少。Bulk RNA-Seq 技术对群体细胞进行测序，但在目前可公开的 Bulk RNA-Seq 数据中，已知组织的细胞比例的 RNA-Seq 数据非常少。尽管使用 ScRNA-Seq 技术可以直接测量并估计相应细胞的含量，但目前采用 ScRNA-Seq 技术进行大规模的测量费用昂贵且耗时耗力，精度还不够高。机器学习方式需要足够的训练数据，但细胞反卷积领域由于缺乏训练数据和真实的验证集，即使计算后也难以对数据进行验证。

(2) RNA-Seq 数据是具有偏差的高稀疏性数据[29]。RNA-Seq 数据揭示了细胞的基因表达差异、较浅的测序深度和较低的 RNA 捕获率，其中包含了大量的生物零[30,31]。各种技术因素也会产生零，如单细胞隔离的操作时，会出现多个细胞被捕获在一起或者捕获到的是死细胞或空细胞等问题，从而导致空数据和异常数据的产生。同时，实验设备和时间点的影响也会造成数据偏差，对于来源相同的细胞做不同组处理时也会产生批次效应等问题，收集到的数据还会受到扩增偏差和细胞周期效应等影响[32-35]。RNA-Seq 数据不仅具有高稀疏特性，而且包含噪声数据。所以要先降维，但是当传统降维算法如 LDA、PCA 处理 RNA-Seq 这种高维度高稀疏性数据时，时间复杂度高且不能很好地保持数据的结构完整性，当使用深度学习技术时，有效信息在降维中容易损失[36,37]。

(3) 特定细胞类型基因表达参考矩阵针对性差。首先，在针对基于特定细胞类型表达矩阵参考的算法中，特定细胞类型基因表达参考矩阵的获得也存在多种算法。虽然可以依据细胞的形态、大小等外部特征来分离细胞群并进行测序，但参考矩阵的获得十分繁杂及困难[38,39]。其次，不同的组织中同一细胞类型的基因表达实际是有差异的，虽然数据中可能存在着相同的细胞类型，但针对不同的数据进行细胞反卷积时仍然应该有针对性地选择基因表达参考矩阵，才能得到最精确的组织的细胞组分。由于针对性的特定细胞类型基因表达参考矩阵不可能每次实验前都能获得，因此大多数特定细胞类型基因表达参考矩阵实际采用的是所有组织中该类细胞的基因表达的平均值，从而特定细胞类型基因表达参考矩阵数据针对性差，ScRNA-Seq 数据和 Bulk RNA-Seq 数据之间还存在基因表达差异[40]。但是基于参考的细胞反卷积算法十分依赖于参考矩阵的可靠性，目前的主流的细胞反卷积算法仍然是基于参考的算法。

(4) 在具有未知细胞类型及细胞类型的混合物方面表现欠佳。由于存在未知的细胞类型，所以组织中细胞类型的基因表达矩阵参数难以获得[41]。如在讨论癌细胞浸润的程度中，对于突变的癌细胞，由于其个体突变的特异性，参考矩阵很难得到，而免疫细胞的参考矩阵可以获得。虽然可以使用具有部分参考的反卷积算法加以解决，但该类算法只适用于主要细胞类型。其次，由于紧密相关的细胞类型的基因表达矩阵高度相关，容易产生细胞共线性的问题，从而使得反卷积算法容易产生许多不同的偏差[42,43]。而细胞类型中，低占有率细胞类型中的基因表达水平容易被覆盖，细胞比例的估计值其实是不够准确的，可能会对临床判断的可靠性产生负面的影响[44]。

以上原因足以证明预测组织细胞比例的困难性。正是由于细胞反卷积算法难以获得一个普适度高的算法，所以细胞反卷积的相关研究发展缓慢。

7.1.2 相关领域研究现状

早期的细胞组分通常由实验方法如FACS测得，但实验耗费的人力成本、设备成本都较高，实验过程比较复杂，因此难以进行大规模的细胞组分分析。随着计算机技术的发展，机器学习和深度学习的相关知识逐渐应用到生物学领域，细胞组分的测定可以不再依赖传统的实验法，可以发展一种新的计算工具来对组织的细胞组分进行高效准确的预测。

基于计算的细胞组分测定已经有很多学者进行了尝试，主要分为两类，一类是不基于特定细胞类型表达矩阵参考的算法，另一类是基于特定细胞类型表达矩阵参考的算法。不基于参考的算法可以分为基于矩阵分解的算法和基于统计的算法，基于参考的算法需要得到特异性细胞矩阵或各个细胞类型的基因特征矩阵，而基于算法的参考最终得到细胞组分。

不基于特定细胞类型表达矩阵参考的算法，以非负矩阵分解的算法为代表的NITUMID要对肿瘤微环境进行探索[45]。Deblender依据样本特性进行针对性分析[46]，DeconRNASeq全局优化方法对NMF进行改进[47]。Declust、Semi-CAM是基于统计的算法[48,49]。基于特定细胞类型表达矩阵参考的算法需要定义好各个细胞类型的参考矩阵，参考矩阵中包含各个细胞类型的平均基因表达值。EPIC (estimate proportions of different cell)考虑了基因的可变性对低变异性特征的权重设置得更高[50]。CIBERSORT使用支持向量机回归，但仅限于微阵列数据的研究[51]。CIBERSORTx在CIBERSORT上实施了批量校正，但CIBERSORTx仅为某些数据集提供细胞特异性矩阵参考[52]。MusiC使用加权非负最小二乘法回归框架，它可以跨受试者和跨细胞变异对每个基因进行加权，但预测值偏高[53]。

以上只是细胞反卷积算法的简单介绍，这些细胞反卷积算法都各有优劣，下面将对这些算法使用的技术原理详细进行分析，以便读者对该领域有着较为清晰的认识。

7.1.3 主要研究工作

上面详细分析了细胞反卷积算法发展难的问题，本节对当前基于CNN和基于卷积自编码器的深度学习技术在细胞反卷积领域的应用进行了探索与研究，本节的主要研究工作如下所示。

(1) 针对数据噪声干扰及特定细胞类型表达矩阵构建难等问题，本章提出并设计基于CNN的自动预测组织细胞比例(automatically predicts tissue cell ratios，Aptcr)算法。Aptcr算法首次将CNN应用到细胞反卷积领域，首先使用模拟数据进行训练，有效地解决了因Bulk RNA-Seq数据较少、深度学习模型容易过拟合的问题。同时Aptcr算法使用卷积神经网络中节点更加注重提取不同基因的内在联系，该算法可以训练出算法对噪声的鲁棒性强的节点。Aptcr算法可以直接从RNA-Seq数据中推断出组织的细胞比例，无须将细胞参考基因表达矩阵的获得作为前置条件，提高了细胞反卷积的精度。

(2) 针对传统算法中数据特征信息提取不足且模型解释力弱的问题，本章提出并设计基于卷积自编码器的细胞反卷积算法(cell deconvolution algorithm using convolutional autoencoder，CDACA)，这是首次将卷积自编码器技术应用到细胞反卷积领域，卷积自编码器可以对数据进行高效降维、特征提取，提升了细胞反卷积能力。同时CDACA使用组织细胞的比例及由卷积自编码器最终得到的重建数据进行模型训练，将组织的基因表达数据与细胞组分联系起来，提高了模型的可解释性与模型提取特征的能力。CDACA还具备区分相似的细胞亚型和填充缺失细胞类型的能力。CDACA算法利用卷积自编码器，进一步提升了模型提取特征的能力，最终预测组织细胞组分的精度也有所提升。

本章提出并设计基于卷积自编码器的细胞反卷积(CselfcoderDec)算法。针对传统方法中数据特征信息提取不足且模型解释力弱的问题，卷积自编码器可以对数据进行高效降维、特征提取，提升了细胞反卷积能力。同时CselfcoderDec使用组织细胞比例及卷积自编码器最终得到的重建数据进行模型训练，将组织的基因表达数据与细胞组分联系起来，加强了模型的可解释性与模型提取特征的能力。CselfcoderDec还具备区分相似的细胞亚型和填充缺失细胞类型的能力。CselfcoderDec算法利用卷积自编码器，进一步提升了模型提取特征的能力，提高了预测组织细胞组分的精度。

7.2 测序技术

转录组数据可以由以下几种测序技术得到，包括基因芯片测序技术和RNA-Seq技术，RNA-Seq数据用于研究一个样本数据的集合。其中，包含Bulk RNA-Seq、ScRNA-Seq等多种测序方式。由于RNA-Seq数据在获得时存在大量的零数据及数据的高维性，所以在使用RNA-Seq数据进行下游分析前还需要标准化处理。

7.2.1　基因芯片

基因芯片也称为 DNA 芯片，是一种微阵列技术。基因芯片在多个方面都有广泛的应用，如快速准确地检测基因突变、进行基因表达模式分析等。基因芯片还有助于药物的筛选和研发、疾病诊断等[54]。基因芯片是搭载着多个不同的已知 DNA 序列的探针的固体载体，主要利用杂交测序技术，对于一个多序列的目标区域，首先需要针对性地设计出特异性核酸探针，将其放入带有荧光标记的核酸序列的待测溶液，当核酸序列与载体上的探针结合时，依据碱基互补原理推断出目标区域的核酸序列，即可检测到生物中存在或表达的基因[55]。

1. Bulk RNA-Seq

Bulk RNA-Seq 技术测定的是组织、器官或群体细胞的转录组表达量的数据，因此数据反映的是基因在多种细胞间的平均表达水平，并不表现单个细胞的特异性信息。Bulk RNA-Seq 的主要流程包括 RNA 提取、分离、cDNA 链合成、PCR (polymerase chain reaction，聚合酶链式反应)扩增、测序。不同的平台的建库方法稍有差距，以最广泛使用的 TruSeqRNA 建库方法为例。首先，进行文库提取 RNA，检查提取的纯度及其浓度，保证能够得到足够的 RNA 含量以便建库，同时需要检查 RNA 的完整性。而由于 RNA 中占大部分的实际是 rRNA，因此需要将包含信息的 mRNA 分离出来。真核细胞的 mRNA 与其他 RNA 的显著区别是其具有多个腺苷酸组成的 Poly(A)尾。利用杂交技术，带 Poly(T)探针的磁珠会总与 RNA 结合，回收磁珠得到所需的 mRNA。其次，对 mRNA 进行片段化，镁离子溶液会把 mRNA 打断，再将 mRNA 逆转录成 cDNA。然后，在双链的 cDNA 两端接上 Y 形的接头形成标准的测序文库。最后，对 cDNA 片段进行 PCR 扩增后上机测序[56]。

但这种建库方法对 RNA 的完整度有较高的要求。只有在 mRNA 大部分是完整的状态下，才能得到比较好的效果。这是因为带 Poly(T)的磁珠所吸附的是带 Poly(A)的序列。如果 mRNA 发生了降解，那么会在富集过程中被洗脱掉。然而，许多生物样品的 mRNA 完整性不够高，无法产生良好的 Poly(A)的 Bulk RNA-Seq 数据文库[57,58]。

Bulk RNA-Seq 技术是基于新一代测序技术，相比传统的基因芯片技术具有优势。首先，Bulk RNA-Seq 无须设计特异性检测探针及检查基因组的区域限制条件。其次，Bulk RNA-Seq 技术相对传统基因芯片技术效率及性价比高。然后，科研人员可以动态地调整 Bulk RNA-Seq 技术灵敏度，当存在低表达基因时，将目标基因转录片段的数量作为该基因的表达量，对表达量的转录本含量测定更准确。最后，可以从单个核苷酸的水平来检测基因组 RNA 高度相似的分子，识别转录异构体结构。Bulk RNA-Seq 技术的发展加强了许多生物层面的理解。通过对差异基因表达量的分析和功能基因组的理解，对研究发育及引起癌症和其他疾病的分子失调具有极其重要的意义。

2. ScRNA-Seq

ScRNA-Seq 数据是描述单个细胞中基因表达量的信息库。在实验流程方面，ScRNA-Seq 技术主要区别于 Bulk RNA-Seq 技术，增加了分离单细胞这一过程，而细胞纯度对 ScRNA-Seq 数据分析很重要，在将批量细胞进行分离时可能会因为酶的不完全消化和细胞裂解问题从而对 RNA 造成潜在污染，杂质将会影响 ScRNA-seq 数据并导致错误的解释[59]。分离单细胞有多种方式，如显微操作法、FACS 等[60]。现阶段的 ScRNA-Seq 技术，其主要步骤分为将实体组织进行分解、细胞分离、细胞裂解、逆转录、扩增等步骤，但不同的 ScRNA-Seq 技术在步骤上可能稍有差异。

但 ScRNA-Seq 数据在获取中普遍存在着数据噪声，并且在细胞分离和建库的过程中，会存在死亡细胞，或一个液滴中存在零个或多个细胞，不仅捕获细胞容易出现误差，捕获 mRNA 分子的效率也低[61,62]。与 Bulk RNA-Seq 技术相似，细胞在被分组处理时，由于实验操作、时间等会存在批次差异，对分析工作会增加计算负担，也会产生系统差异，从而可能掩盖了潜在的生物学特性，而且 ScRNA-Seq 技术对于大样本量的研究昂贵且费时。

ScRNA-Seq 技术可以用来进行细胞异质性的研究。细胞在分化过程中，由于基因表达的不同，每个细胞存在的 mRNA 量并不相同，通过对单个细胞进行测序，如用来研究癌症，肿瘤细胞分裂增殖较快且突变较多，进而产生不同的细胞亚群，之前的研究依据细胞的形状和标记基因来区分，但 ScRNA-Seq 可以定量地测量单个细胞中的基因表达量，由此更好地进行细胞异质性的研究。而 RNA 的异质性会导致蛋白质的异质性，也可以用来发现耐药基因。还可以用来研究组织中存在的细胞类型种类及其代际关系，发现新的细胞类型，可以更深入地理解细胞分化的过程，观察不同时间阶段下组织的基因表达变化[63,64]。

ScRNA-Seq 数据是一个高维的二维矩阵，但此处只展示了部分基因，如表 7.1 所示。这种矩阵的行名代表不同的细胞，列名代表不同的基因位点，表达矩阵利用序列比对文件中每条测序读段映射到的位置来统计基因的表达量，最终得到原始计数矩阵，这个值通常为一个正整数，但由于基因序列长短的不同会导致长序列的基因比短序列基因表达量高，因此可能出现错误的结果。

表 7.1　ScRNA-Seq 数据表达矩阵

细胞类型	基因名								
	Aplp1	Bre	Brox	C1qb	C1qc	Gmnn	Pgp	Dhdds	Chchd3
T 细胞	1	0	0	2	0	22	0	0	0
B 细胞	0	0	20	0	0	1	0	3	0

7.2.2　测序数据标准化

RNA-Seq 数据是高稀疏的，一般来说 Bulk RNA-Seq 数据的零值率为 10%～40%，而 ScRNA-Seq 数据的零值率甚至可以达到 90%，这是因为并不是所有的基因在每个细胞中都会进行表达，基因只有在活性状态下才会进行转录，从而导致生物零的产生[65]。还由于技术因素，在获取 RNA-Seq 数据的过程中，一般要进行 RNA 提取、逆转录、扩增和测序等过程，ScRNA-Seq 技术对每个细胞只能检测到约50%的转录组，测序深度较浅，从而产生零。数据还存在着测序偏差，Bulk RNA-Seq 技术和 ScRNA-Seq 技术在进行低表达基因的检测时，都容易受到噪声的干扰，且 ScRNA-Seq 技术受到的干扰更大。一般哺乳动物所含 mRNA 含量为 0.1～0.5pg，但测序需要的起始 mRNA 含量最起码要达到 10ng，因此需要对样本核酸序列进行扩增，但该过程会发生核酸丢失及扩增某些位点，因此还存在着扩增偏差[66]。且在 ScRNA-Seq 技术中进行单细胞隔离的操作时，会出现多个细胞被捕获在一起，捕获到的是死细胞或空细胞等问题，这导致空数据和异常数据的产生。实验设备和时间点的影响还会造成数据偏差，对于来源相同的细胞以不同组处理时也会出现批次效应等问题，因此最终得到的基因表达矩阵中存在许多数据噪声和批次效应的影响。从稀疏的高维数据中获取价值信息也十分困难，而下游分析极度依赖上游数据预处理的过程。因此，ScRNA-Seq 数据和 Bulk RNA-Seq 数据都需要先经过一定处理，RNA-Seq 数据处理的流程如图 7.1 所示。

首先，对数据进行质量控制，筛选出合格的细胞。将在细胞捕获过程中基因表达量极低或不正常的细胞剔除，主要依据转录本分子数、基因数和线粒体基因所占比例对数据进行判断。当某个单细胞样本转录本分子数和基因数少，而线粒体基因所占比例较高时，说明在进行细胞膜裂解前细胞膜就已经破损，只保留了线粒体中的 RNA，因此细胞质中 RNA 没有被检测到[67]。而当总分子数和基因数过高时，可能其中捕获了多个细胞，需要通过多个标准联系起来对数据进行评价。

其次，对数据进行数据标准化，数据标准化主要是为了减少实验随机性造成的影响，矩阵数值表示一个 mRNA 分子被捕获、逆转录和测序。标准化使用线性缩放的方式对细胞间的相对基因表达丰度进行调整，从而使基因表达数据在细胞之间可比[68]。基因计数进行归一化是为了进行基因之间的比较，指该基因的表达数据减去其在所有样本中的平均数，之后将结果除以所有样本的标准差，将基因在下游分析时的重要性调整为均等。也可以用 Log 进行对数转换，放大数据之间的差距，将差值转换为倍数变化，可以解决单细胞数据的偏态分布问题。

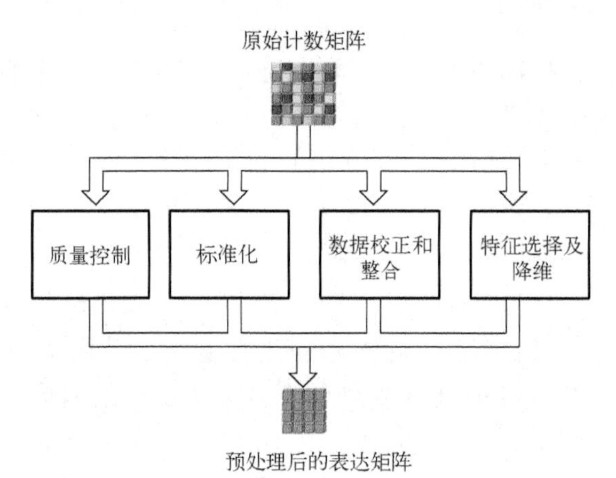

图 7.1　RNA-Seq 数据处理的流程

但是，标准化后的数据并没有完全消除无关因素。数据校正可以进一步去除批次、细胞周期等因素带来的影响[69]。在捕获细胞时，由于死细胞或空细胞事件造成数据缺失，这种数据噪声需要使用合适的值来替换空数据以减少噪声。否则可能会混淆生物零和假零，但这二者是完全不等价的，混淆二者的概念可能会对研究结果造成误差。

除此之外还要进行数据整合，对基因特征进行降维，由于基因表达矩阵中单个细胞拥有的基因特征达到上万个，并不需要使用所有的特征，有些特征对细胞异质性的分析贡献并不大，因此要对特征进行筛选。为了方便下游分析还需要降维。对数据集基因进行过滤仅保留具有信息贡献的高变化基因。但传统降维算法在筛选出数据中的有效信息和剔除数据中的噪声之间并不能做到很好的权衡，主成分分析等算法还会破坏数据原有的结构，且时间复杂度高。而深度学习算法进行数据降维，容易发生过度降噪，并不能很好地提取数据低维空间内的有效信息。

综上所得，利用 ScRNA-Seq 数据对组织细胞比例进行预测，在现阶段无论是对原始数据的处理还是在数据分析的方法选择上都面临着一定的困难。

7.3　细胞组分分析算法

7.3.1　基于实验的算法

FACS 是细胞类型定量实验算法，可以用来鉴定细胞类型、测定单个细胞的形状和大小、进行细胞计数及评价细胞群的纯度。在实际应用中，FACS 常用于评估样品中的免疫细胞含量、对癌症患者疾病的阶段分析和预后治疗。FACS 具有低样品损耗性等优势，但其仍有一定的局限性，FACS 一般需要包含大量细胞的新鲜组织或血液样本的细胞悬液，样本的获取比较困难且 FACS 检测的人工、设备等成本较高，难以在临床分析得到普遍的应用。

FACS 首先要把组织制成细胞悬液，将细胞悬液用荧光进行标记，最后用流式细胞仪进行分析。流式细胞仪采用射流技术使细胞依次通过激光束，通过后检测器会检验到细胞的荧光标记及散射光等信号信息并对其进行分析，使用荧光染料对目标蛋白进行染色，检测时可以根据是否表达特定蛋白来区分细胞。前向散射光与细胞的大小和形状有关，侧向散射光与细胞颗粒度有关，依据前向散射光与侧向散射光的不同可以将细胞分成不同的细胞群。

7.3.2　基于计算的算法

细胞反卷积问题实际是求组织中所含的细胞比例。Venet 等[70]假设相同的细胞类型在不同组织中表达水平相似，组织基因表达可以描述各个细胞类型表达值的线性组合。因此，细胞反卷积问题可以定义为用矩阵表示组织的基因表达，信息矩阵 = 特定细胞的基因表达矩阵×组织细胞类型的比例矩阵[71]。

$$T = S \cdot P,\quad T,S,P \geqslant 0 \tag{7.1}$$

组织的基因表达信息矩阵为 T，$T \in \mathbb{R}^{n\times m}$ 中 n 代表样本组织中基因的个数，m 代表样本组织的个数，对于 $1 \leqslant i \leqslant n$，$1 \leqslant j \leqslant m$，其中，$S_{i,j}$ 代表第 i 个基因在第 j 个细胞类型中基因表达量的值。

特定细胞的基因表达矩阵为 S，$S \in \mathbb{R}^{n\times r}$ 中 n 代表样本组织中基因的个数，r 代表样本组织中存在的细胞类型的个数。

组织细胞类型的比例矩阵为 P，$P \in \mathbb{R}^{r\times m}$ 中 r 代表样本组织中存在的细胞类型的个数，m 代表样本组织的个数。

在此将细胞反卷积定义为优化问题，主要是为了从 T 中得到最优的值，并用损失函数衡量最接近真实值 T 的基因表达数据。

$$\min \vartheta(T, \hat{S} \cdot \hat{P}), \quad T, \hat{S}, \hat{P} \geqslant 0 \tag{7.2}$$

在反卷积过程中，依据在计算组织细胞类型的比例过程中是否使用了参考数据，本节将该类算法分为两个大类；一类是不基于参考的算法；另一类是基于参考的算法。

将 T 是已知、直接可以由 T 推出 P 的方法在此归类为不基于参考的算法，当然可以附带预测 S 的值，如图 7.2(a)所示。无参考算法中依据使用的技术方向不同可以分为基于矩阵分解的算法和基于统计的算法两类。基于参考的算法使用 T 及参考数据推测 P 的值。使用 S 作为参考数据来表达的方法称为基于特定细胞的基因表达谱的算法，如图 7.2(b)所示。将使用特征基因进行预测的称为基于基因集分析的算法，如图 7.2(c)所示。

1. 不基于参考的算法

1)矩阵分解

对于不基于参考的反卷积算法，矩阵分解是将矩阵拆解为数个矩阵的乘积，当用在组织基因表达建模中时，将 T 分解为 S 和 P 这两个子矩阵，因此可以同时估计 S 和 P。而非负矩阵分解(non-negative matrix factorization，NMF)算法，非负矩阵分解在此基础上还需要保证每个子矩阵中的数据是非负的。由于在基因表达矩阵中数据和细胞比例都是非负数，因此 NMF 作为无监督算法在该领域十分适用。

构建 $S \cdot P$ 的值与 T 之间的距离的目标函数，再对其进行优化，在细胞反卷积领域中比较常见的目标函数是使用欧几里得距离的平方或者 Kullback-Leibler 散度[72]。损失函数可以依据噪声的分布类型来分类，把欧几里得距离作为损失函数：

$$\|T - S \cdot P\|^2 = \frac{1}{2}\sum_{i,j}(T_{i,j} - (S \cdot P)_{i,j})^2, \quad S, P, i, j \geqslant 0 \tag{7.3}$$

在进行迭代的过程中，先将 P 看作常量矩阵，与 T 一起估计 S，再将 S 看作常量矩阵，与 T 一起估计 P，不断地对 S 和 P 矩阵进行更新，二者交替进行迭代，直到损失函数收敛。

$$S_{i,k} = S_{i,j} \frac{(T \cdot P^{\mathrm{T}})_{i,k}}{(S \cdot P \cdot P^{\mathrm{T}})_{i,k}} \tag{7.4}$$

$$P_{k,j} = P_{i,j} \frac{(S^{\mathrm{T}} \cdot T)_{k,j}}{(S^{\mathrm{T}} \cdot S \cdot P)_{k,j}} \tag{7.5}$$

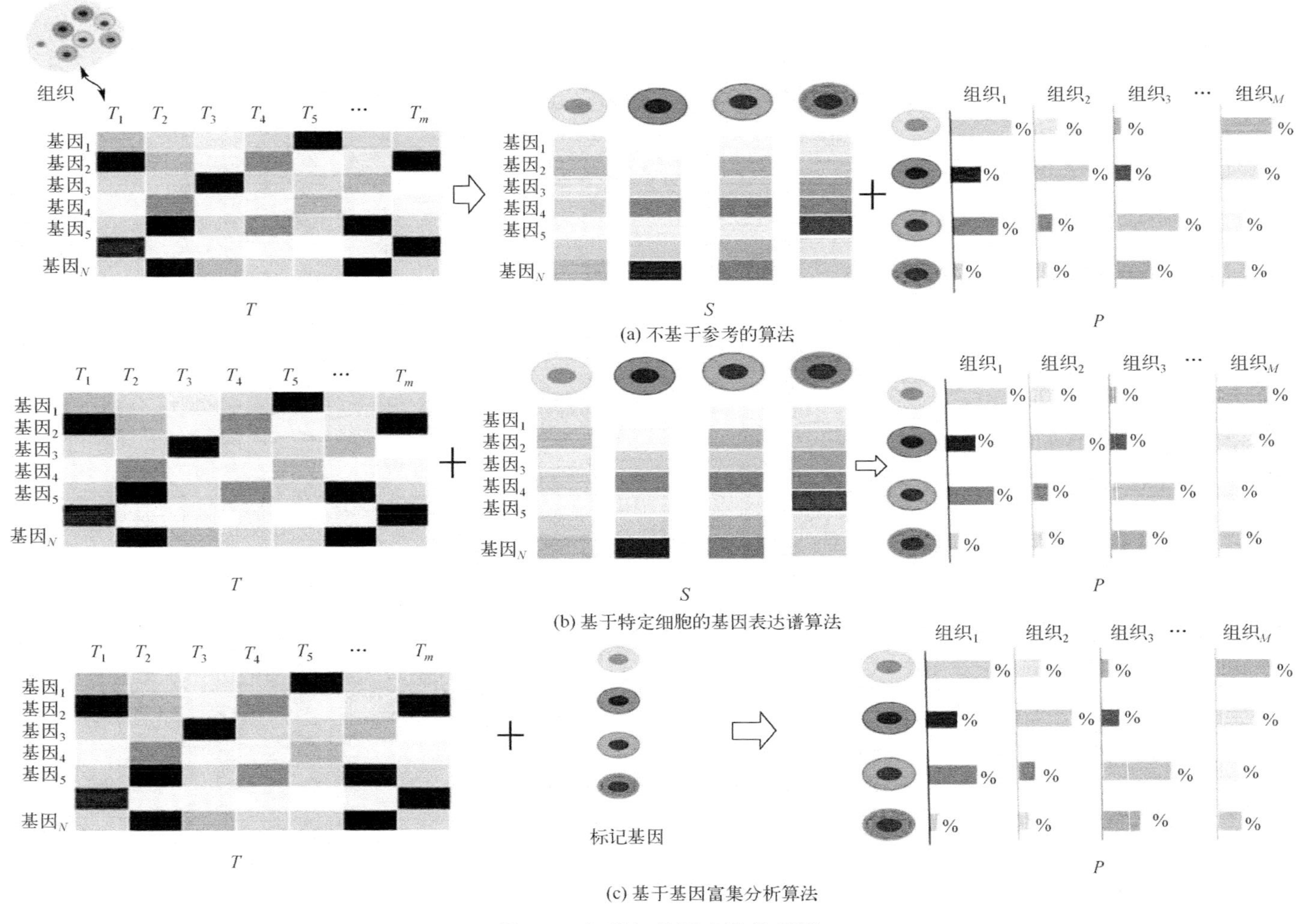

(a) 不基于参考的算法

(b) 基于特定细胞的基因表达谱算法

(c) 基于基因富集分析算法

图 7.2　组织与基因表达关系图

但这种方式存在以下几个重要的局限性。①在执行之前必须要构建矩阵 S 和矩阵 P 的随机初始值，且模型的初始化对模型的性能影响很大。虽然可以用从均匀分布中抽取随机值的方式选择初始值，但这种方式可能需要经过随机多次初始化才能获得较好的结果。②由于矩阵 S 和矩阵 P 都是未知的，未知参数数量巨大，参数估计的精度相对较低。③在矩阵的非负约束下，矩阵分解问题存在多个全局最优解，但普通的 NMF 仅仅是增加了非负约束，为了防止在矩阵 T 分解的过程中产生无关细胞类型的情况出现，可以在 NMF 中用先验知识对矩阵迭代的过程进行引导，还需要对矩阵 P 施加在一个样本中所有的细胞类型比例为 1 的约束。④需要对相似细胞类型增加约束[73]。

以下方法在 NMF 领域对细胞反卷积进行了探索。NITUMID 主要对于肿瘤微环境进行探索，NITUMID 将细胞内特征基因按照表达的不同分为两组，并给二者分配不同的权重，即给仅在一种细胞中特异性表达的基因和在多种细胞类型中特异性表达的基因分配不同的权值。但是在 NMF 样本组织中含有的细胞类型数目需要提前确定，但实际操作中存在未知样本数据，Deblender 依据该特点进行了算法设计，将组织中细胞类型的特征基因等作为条件创建了对应方式的分析流程，从而可以依据样本特性进行针对性分析。DeconRNASeq 属于不依赖于参考信号的反卷积方法，其提出采用全局优化方法对 NMF 进行改进。

2) 基于统计的算法

贝叶斯在反卷积问题的框架内已被证明是有效的。由于线性模型中，已经假设每种细胞类型都存在，但精确的先验信息是难以得到的。当贝叶斯通过增加先验来估计细胞比例时，试图最大化似然函数，但每种算法使用不同类型与数量的参数和超参数进行建模，因此先验和后验规范也不同，最终似然函数也是完全不同的。但参数较多时难以进行联合估计，可以使用马尔可夫链蒙特卡罗技术近似后验分布，也可以使用期望最大化算法来迭代最大化观测数据的可能性。

先对数据聚类定义出新的细胞类型，模型将贝叶斯技术结合蒙特卡罗采样器对参数的后验分布进行近似估计。Semi-CAM 提出使用无监督混合物凸分析识别单纯形的顶点来鉴定细胞类型的标志物，再使用基于标记的 NMF 算法估计细胞比例，利用已知的标记物信息来识别未知的标记物并进行细胞反卷积。目前国内也有学者使用机器学习算法进行细胞反卷积，樊磊[74]利用 XGBoost 进行细胞反卷积，并对 Cibersort 提出的 LM22 进行改进。

2. 基于参考的算法

1) 基于基因集富集分析的参考算法

此类方法首先寻找特征基因，并分析这些基因在整个基因表达信息，其中，最具有代表性的是单样本基因集富集分析(single sample gene set enrichment analysis，ssGSEA)。

ssGSEA 先对每种细胞类型中的基因表达量进行归一化并进行排序。寻找在一个细胞类型中表达值比所有细胞类型的表达值高几倍的基因，即高表达细胞特异性基因，将其作为区分一个群体与其他群体的顶级基因。还可以依据各种策略对基因进行排序，如依据信噪比策略、基尼系数策略、选择策略。再计算该细胞的特征基因和非特征基因之间经验累积分布函数的差异得分，最后将其转化为富集分数。

Xcell 是基于 ssGSEA 算法，从基因集的大规模表达数据中提取 489 个特征基因，用来评估 64 种免疫细胞的细胞比例，在转为富集得分后再将其转化为细胞比例。当相似细胞类型的基因之间存在干扰时，从而得到的细胞富集分数不够准确。Xcell 通过构建一个溢出矩阵来减少基因干扰问题，尽管 Xcell 富集得分与细胞分数不完全等同，但它们与真实细胞比例具有高度相关性[75]。ImmuCellAI 也是基于 ssGSEA 的计算模型，其用于评估肿瘤组织中 24 种免疫细胞的细胞比例[76]。

2)基于特定细胞的基因表达矩阵的参考算法

该类算法极度依赖特异性，也依赖特定细胞的基因表达矩阵的准确性。一般要获得所有细胞的特征基因，将所有细胞类型的基因表达矩阵进行对比，选取差异表达基因，计算基因在所有细胞中基因表达值的平均值。

首先，选择适合的特征基因的数目是一个难题，当特征基因数过少时，相似细胞类型难以区分，而特征基因数过多，又影响模型的训练性能，因此需要依据不同的算法合理地确定特征基因的最优数。其次，基因表达水平还受到不同测序平台的影响，如 RNA-Seq 技术所得到的值比基因芯片所得的值的分布更加离散，数值波动更大。因此尽量地保持训练数据和待测数据来自同一平台，也有方法针对不同测序技术进行数据矫正，使用拟合方式将某一数据近似另一数据的分布。就算是同一测序平台、同一组织在测序时也会因为实验设备和时间点不同的影响造成批次效应问题，RNA-Seq 数据还会受到扩增偏差和细胞周期效应等的影响。

实际上，不同的组织数据中的同一细胞类型的基因表达实际是有差异的，针对不同的数据进行细胞反卷积时，应该有针对性地选择基因表达矩阵，才能得到最精确组织的细胞组分。但由于不可能每次实验前都能获得具有数据针对性的特定细胞类型基因表达参考矩阵，因此大多细胞表达矩阵实际采用的是该类细胞的基因表达的平均值和特定细胞类型的基因表达矩阵数据。

基定细胞的基因表达矩阵的参考算法将组织基因表达建模为组织中每种细胞类型的表达值的线性组合，同样需要优化公式$\|T-S\cdot P\|^2$，此时 T 和 S 都是已知的

数据，基于特定细胞的基因表达矩阵的参考算法主要使用机器学习算法如最小二乘回归、支持向量回归等。在数学上细胞的反卷积问题是一个解超定方程组问题。因为方程个数即为基因的数目，而未知数的个数是组织中细胞类型数，很明显基因个数是远超细胞类型数的，并且特异性细胞类型矩阵是列满秩的，因此只能由优化策略得到近似解。最小二乘法是许多现有算法的基础，最小二乘法用于细胞反卷积问题时，受到超定方程组的限制，因此将导致稀有细胞类型的估计误差大。

EPIC 将基因的可变性考虑在内，赋予低变异性基因更高的权重。使用阻尼加权最小二乘法对高表达基因或细胞类型的常见偏差进行纠正，并改进了对稀有细胞类型的预测[77]。DeconRNASeq 结合组织类型特异性基因通过二次规划解决了非负最小二乘约束问题，以获得估计分数的全局最优解[78]。MusiC 结合 ScRNA-Seq 参考数据，使用加权非负最小二乘法来限制目标函数。但由于基因表达数据是高维的并且受到测量精度的限制，数据中存在许多伪影。线性回归受到生物样品中每种细胞类型差异基因表达的影响。csSAM 在基因表达中加入异质性来分析这种基因表达差异的影响[79]。逐个基因地执行细胞类型特异性差异表达检测，并量化了细胞类型特异性中每个基因的表达差异，使用线性回归评估了样本量、细胞的变异性和 RMSE 对细胞类型特异性表达的影响[80]。Bisque 算法为了解决测序技术之间的差异问题，对 ScRNA-Seq 数据与 Bulk RNA-Seq 数据的基因特异性表达转换进行了学习[81]。扰动模型在非负最小二乘法的基础上加入了共享扰动向量 p，p 与微环境或发育效应相关的细胞中的基因表达变化量有关。但扰动向量被所有细胞共享并没有考虑到细胞类型的特异性[82]。

机器学习算法可以使用支持向量回归，支持向量回归主要是在创建细胞特异性表达矩阵时对每个细胞群体中的基因进行排序，选择出一个群体与其他群体的顶级基因，再对目标混合物进行解卷积。支持向量回归(support vector regression，SVR)有一个很大的优势使用正则化的方式处理混合物中存在的噪声，抗干扰能力强。

Cibersort 算法利用 SVR 及使用 L2 损失函数对目标函数进行优化，选取不同基因作为支持向量，可以解决含有相似类型细胞时模型易受到干扰的问题。由于不同的组织细胞的特异性矩阵应该是不同的，而不是使用一个组织的细胞特异性矩阵的平均值来代替，Cibersort 算法提供了包含 22 种免疫细胞签名基因的文件 LM22。Cibersortx 算法在 Cibersort 算法的基础上，对 LM22 进行了升级，针对不同的组织定制了专属的参考数据集，使用纯化后的 ScRNA-Seq 数据生成特定细胞类型的基因表达矩阵，并提出消除不同协议的 ScRNA-Seq 数据与待测样本之间差异的算法。

ImmuCC 主要针对小鼠的 RNA-Seq 数据，使用了 Pearson 相关系数的分层聚类分析，并进行主成分分析，创建差异基因表达评估所需要的数据集[83]。weath-ImmuCC 主要针对免疫细胞的数据估计进行研究，从 ScRNA-Seq 数据中提取每个组织中免疫细胞的转录组，计算出每个免疫细胞的基因表达中位数，再鉴别出每种细胞类型中有明显差异表达的基因，通过特征基因选择构建组织免疫细胞的整个基因表达矩阵，将 Cibersort 和 ImmuCC 的优势结合得到最终的计算框架[84]。将 ScRNA-Seq 数据作为参考数据，它随机选择参考数据的一个子集，多次重复采样和反卷积，最后取平均值作为每种细胞的丰度。同样也是对细胞的特异性矩阵进行改进。但基于支持向量回归的算法极度地依赖特异性表达矩阵创建的准确性[85-89]。

本章首先介绍了细胞反卷积预测使用的相关数据、细胞反卷积的定义，对目前的细胞反卷积算法按照是否使用参考数据将其进行分类。7.1 节介绍了转录组测序技术中的 Bulk RNA-Seq 技术和 ScRNA-Seq 技术原理，不论是基因芯片、Bulk RNA-Seq 或者是 ScRNA-Seq 都需要在数据采集后，进行下游分析前对数据进行预处理。又介绍了细胞反卷积算法，基于实验的 FACS 细胞定量实验算法，可鉴定细胞类型，测定单个细胞的形状和大小、细胞计数及评价细胞群的纯度。

7.4 Aptcr 算法

在大多数基于计算的细胞反卷积算法中，特异性基因表达矩阵的设计是最重要的。特异性基因表达矩阵需要明确定义的细胞类型，因此很难构建。传统的线性模型需要组织多个细胞类型的基因表达矩阵，每种细胞类型需要一个标记，适用于某些类型的组织样本。没有参考一些突变细胞和未知细胞。但由于实验操作等问题，特异性基因表达矩阵在获取时存在偏差和噪声。因此，大多数现有算法几乎完全依赖复杂的算法来规范化数据和设计最优特异性基因表达矩阵。

深度学习技术已广泛地应用于生物信息学。例如，CNN 可以处理具有类似生物信号的特定重复模式的一维数据，如基因组序列。也可以使用二维矩阵数据，如生物信号的时频矩阵，本节主要使用深度学习研究细胞反卷积问题。

本节构建了一个名为 Aptcr 的模型。Aptcr 使用 CNN 进行细胞反卷积，它可以直接地从组织的特异性基因表达矩阵推断出组织与细胞的比例。与大多数算法不同，Aptcr 模型依赖特异性基因表达矩阵。虽然深度学习需要大量数据进行训练，但关于组织 Bulk RNA-Seq 数据的细胞组成标记的信息很少。因此，Aptcr 模型接受了不同来源的 ScRNA-Seq 生成的 Bulk RNA-Seq 数据，并在模拟和真实数据上进行了测试。它可以充分地挖掘基因之间的内在联系，并从 Bulk RNA-Seq 数据中提取隐藏特征。本章还将 Aptcr 与其他算法进行了比较，发现它比其他算法具有更好的反卷积性能，这意味着它在预测异质组织中细胞类型的比例方面具有更高的准确性。Aptcr 预测精度高，抗噪能力强。

7.4.1 Aptcr 算法的设计与实现

1. 算法设计

1)数据集

数据集包括模拟训练 Bulk RNA-Seq 数据、测试的 Bulk RNA-Seq 数据和真实的 Bulk RNA-Seq 数据。由于带有真实细胞分数的 Bulk RNA-Seq 数据并不多，但深度学习需要大量 Bulk RNA-Seq 数据进行训练，因此本节使用由 ScRNA-Seq 模拟生成的数据，并在模拟的 Bulk RNA-Seq 数据上进行测试，再使用真实的 Bulk RNA-Seq 数据进行验证。这表明网络可以用模拟数据进行训练并且可以应用在真实的组织上。

随机地从 ScRNA-Seq 数据中抽取 500 个细胞，合并这 500 个细胞的基因表达矩阵得到模拟 Bulk RNA-Seq 的基因表达矩阵，各个类型细胞抽取的比例为标记信息。该数据集来源于人类外周血单个核细胞(peripheral blood mononuc lear cell，PBMC)，相关数据来自四个不同的捐献者，分别将其命名为 data6k、data8k、donorA 和 donorC。模拟训练数据共包含 32000 个组织样本，每个数据集包含 8000 个模拟样本，每个样本有 11328 个基因特征，基因名(按照 A～Z 的排列顺序)如下所示：A1BG, A1BG-AS1, A2M-AS1, AAAS, AACS, AAED1, AAGAB, AAK1, AAMDC, AAMP,…, ZW10, ZWILCH, ZWINT, ZXDA, ZXDB, ZXDC, ZYG11B, ZYX, ZZEF1, ZZZ3。

表 7.2 是部分模拟的 Bulk RNA-Seq 数据的基因表达矩阵，以样本 1 的 A1BG 为例，A1BG 基因在样本 1 中的基因表达量是 105.2。样本中有六种细胞类型，即单核细胞(Monocytes)、未知细胞(Unknown)、CD4t 细胞(CD4Tcells)、B 细胞(Bcells)、NK 细胞和 CD8t 细胞(CD8Tcells)，其中，未知细胞代表未知细胞类型，用于预测未知细胞类型。表 7.3 代表的是模拟的 Bulk RNA-Seq 数据样本对应的细胞比例，由于细胞比例在表中只保留了三位小数，所有细胞比例加和接近于 1，而并非为 1。

表 7.2　部分模拟的 Bulk RNA-Seq 数据的基因表达矩阵

样本序号	基因名						
	A1BG	A2M-AS1	AAAS	AAED1	AAK1	…	ZZEF1
样本 1	105.2	17.3	29.0	11.2	21.1	…	20.0
样本 7	66.6	36.1	26.7	7.2	18.1	…	26.7

续表

样本序号	基因名						
	A1BG	A2M-AS1	AAAS	AAED1	AAK1	…	ZZEF1
样本 4879	149.4	20.2	31.4	5.5	16.0	…	16.5
样本 31921	17.5	0.6	20.4	3.8	15.0	…	11.4

表 7.3　模拟的 Bulk RNA-Seq 数据样本对应的细胞比例

样本序号	细胞类型					
	单核细胞	未知细胞	CD4T 细胞	B 细胞	NK 细胞	CD8T 细胞
样本 1	0.203	0.239	0.257	0.176	0.069	0.054
样本 7	0.212	0.141	0.371	0.006	0.208	0.059
样本 4879	0.332	0.147	0.067	0.000	0.452	0.000
样本 31921	0.011	0.163	0.282	0.256	0.285	0.000

测试数据同样包含了四个模拟 PBMC 数据集和真实的 PBMC 测试数据集，每个模拟数据集中包含 500 个测试样本。真实的 Bulk RNA-Seq 数据包含来自 13 个个体的带有噪声和偏差的 PBMC 数据，每个样本包含 17644 个特征，将其命名为 PBMC2。为了证明特征基因个数的不同，对模拟数据的训练可以应用来自真实组织的基因表达数据。

2)特征选择模块

RNA-Seq 数据中有上万个基因特征，其中包含着大量的生物零和技术零，零值占比较高，属于高稀疏性的数据。而特征选择是一个非常重要的问题，要尽量地在上万个基因中挖掘有用的信息来进行模型训练。并且 RNA-Seq 技术在进行表达基因的检测时，还容易受到噪声干扰和出现批次效应的问题，数据还存在测序偏差。因此一般的 RNA-Seq 数据还需要进行繁杂的数据标准化工作。但本节使用的深度学习模型无须进行复杂的特征选择及数据标准化工作，只是删除了一些不寻常的特征，如不相关或信息不足的特征。

首先，Aptcr 模型中的特征选择模块对模拟训练 Bulk RNA-Seq 数据的基因表达矩阵进行预处理，剔除那些对结果没有贡献的特征，即剔除表达方差小于等于 0.1 的基因，然后，获得训练集和验证集共有的基因并将其作为特征，这使得训练集和测试集即使具有不同的特征也可以进行预测。同时，来自不同平台的数据也是存在差异的，并依据数据集中的数据，可以看出组织的基因表达矩阵中存在较大值，但是在深度学习的模型训练中，数据过大在反向传播时梯度也随之变大，这时期望更低的学习率，但学习率过低会影响模型的收敛速度，最终难以找到最优解。因此对筛选后的数据进行对数变换和最大最小归一化。对筛选后的基因表达矩阵进行对数变换。这一步可以将数据之间的差异转化为倍数的变化，可以让数据偏差减小以近似下游分析的数据分布假设，如式(7.6)所示。

$$\tilde{x} = \log_2(x+1) \tag{7.6}$$

式中，x 表示所有组织基因表达信息中某基因的表达数据；$\tilde{x}$ 表示转化后所有组织基因表达信息中某基因的表达数据。

对基因表达矩阵执行最大和最小归一化。最大和最小归一化还可以保留基因之间的相对关系，本节在预处理后得到 x'，如式(7.7)所示。

$$x' = \frac{\tilde{x} - \min(\tilde{x})}{\tilde{x} - \max(\tilde{x})} \tag{7.7}$$

式中，x' 表示所有组织的基因表达信息中某一基因在最大最小归一化后的基因表达量。

3) 特征提取模块

Aptcr 模型中特征提取模块由卷积层和池化层组成，卷积层是一种局部连接、权重共享的深度前馈神经网络结构。局部连接和共享权重可以减少网络各层之间权重的连接，它们主要用于特征提取和识别研究。目前已广泛地应用于图像处理、推荐系统等。一维卷积主要适用于信号处理领域，为了让卷积神经网络处理基因表达数据，本节必须进行一些修改。

将特征选择模块筛选出的特征输入特征提取模块，进行特征提取，特征提取模块由卷积层和池化层构成。它们用于从数万个特征的全局信息中检测基因之间的相互关系。因为组织的基因表达数据是一个一维矩阵，所以使用一维卷积网络。

图 7.3 为 Aptcr 的卷积层示意图，X 代表的是一个 Bulk RNA-Seq 数据的样本，其中将很多个基因作为特征，该数据是一维数据，因此使用一维卷积核对数据进行处理。如图 7.3 中虚线所示，卷积核中的权值会与对应位置的输入的基因表达值进行相乘，并将结果相加以得到该次卷积的输出即 Z 中的第一个灰色区域的值。图 7.3 所示的步幅为 1，即卷积核输入数据往后滑动一位，将卷积核中的权值与对应位置的输入的基因表达值再次相乘得到 Z 中的第二个灰色区域的值，重复这个过程直到虚线框移动到输入的最后一个位置。同一层卷积所使用的卷积核的权值是共享的，这显著地降低了模型训练时所需要的时空资源，可以使用多个卷积核来提取基因之间的联系。

本节用 $X \in \mathbb{R}^{M \times N \times D}$ 来表示输入数据，其中，M 和 N 代表输入长宽，D 代表通道数。滤波器 $W \in \mathbb{R}^{A \times B \times D \times V}$ 是一个四维张量，A 与 B 代表卷积核的长度和宽度，V

代表卷积核的个数。卷积核在 X 上与相同大小的二维向量进行卷积得到标量数据 z，如式(7.8)所示。

$$z=\sum_{a,b}x_{a,b}\cdot W_{v,a,b}$$
$$a=1,2,\cdots,A;\quad b=1,2,\cdots,B \tag{7.8}$$

$$Z^{v}=\sum_{d=1}^{D}W^{v,d}\cdot X^{d}+b^{v} \tag{7.9}$$

$$Y^{v}=r(Z^{v}) \tag{7.10}$$

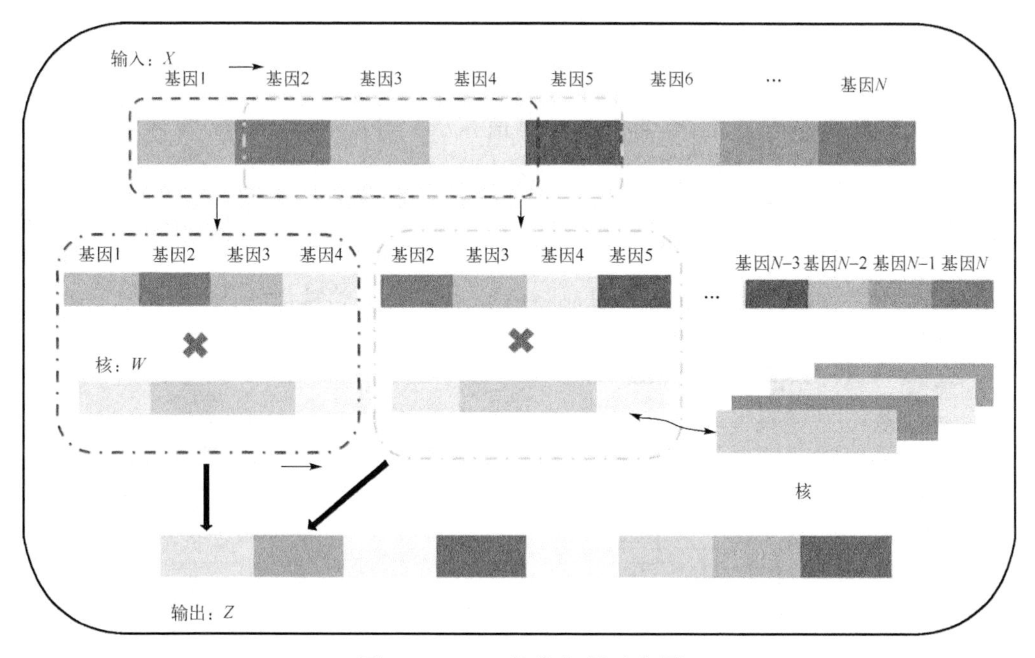

图 7.3　Aptcr 的卷积层示意图

使用 CNN 进行细胞反卷积并对不同图像的特征进行提取。对于卷积层，输入数据不是二维的，而是一维的特征向量。它代表了组织的基因表达水平。输入 $X\in\mathbb{R}^{M\times1\times D}$ 表示 D 个一维特征向量，特征大小为 $M\times1$。此时细胞反卷积的输出为 $\widehat{Z}^{v}\in\mathbb{R}^{M'\times1\times1}$。使用 CNN 的单元反卷积操作，是在向量之间进行的。

池化层对区域进行下采样并将它们概括为区域。假设池化层的输入特征为 $Z^{v}\in\mathbb{R}^{M'\times N'\times1}$，则将其划分为多个区域 $O_{e,g}$，$1\leqslant e\leqslant E$，$1\leqslant g\leqslant G$。本节令 E 为 1，令 G 为 4。本书中区域不重叠。对于所有区域，选择该区域中所有神经元活动的最大值，如式(7.11)所示。

$$\widehat{Z}_{\breve{E}} = \max_{\breve{E} \in O_{e,g}} (Z_{\breve{E}}) \tag{7.11}$$

4) 特征预测模块

特征预测模块得到的数据首先被转换成一维向量，然后输入全连接层中进行训练。假设接受 k 个输入，使用 z 表示输入信息的加权和并将其作为净输入，如式(7.12)所示。

$$z = \sum_{k=1}^{K} w_k x_k + b \tag{7.12}$$

式中，w 是 k 维权重向量；b 是偏差。

2. 算法实现

本节提出一种基于 CNN 的细胞反卷积算法——Aptcr。Aptcr 共有三个模块，包括特征选择模块、特征提取模块和预测模块，如图 7.4 所示。特征选择模块筛选训练数据中没有信息的基因，获取预测文件和训练文件共享的基因并将其作为特征，然后进行数据转换工作。特征提取模块使用一维卷积来提取基因之间的相互关系，捕捉数据的隐藏特征。最后将特征提取模块的输出输入预测模块中，用于预测组织的细胞比例。

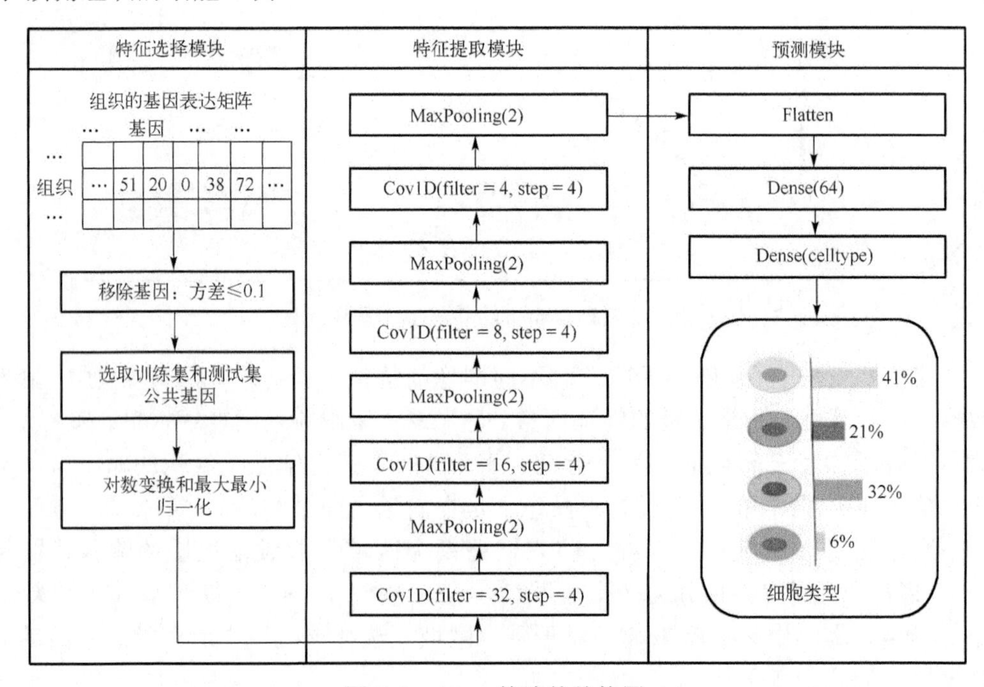

图 7.4　Aptcr 算法的结构图

在特征提取层中，Aptcr 使用一层卷积和一层最大池的特征提取组，一共使用了四次卷积层和池化层。每个特征提取组的卷积核数量依次递减分别为 32、16、8 和 4。步长为 4，激活函数为 ReLU。

在预测模块中，对于特征提取模块的高维数据进行扁平化，将数据转化为一维，再将一维数据传入全连接层，第一个全连接层的神经元数量设置为 64，激活函数使用 ReLU，最后的全连接层的神经元的数量是组织细胞类型的数量。

算法的输入包括 Bulk RNA-Seq 数据的基因表达矩阵及对应的细胞比例，Aptcr 算法的输出为该算法预测的各个样本对应的细胞类型及比例值。Aptcr 算法的详细说明如下所示。

(1) 将数据集分成四部分，进行四折交叉验证，训练集 X'_{train} 由三个数据集组成，测试集 X'_{test} 由剩余的数据集组成。

(2) 对 X'_{train} 和 X'_{test} 数据进行特征选择，去除那些方差小于等于 0.1 的特征，并筛选训练集和测试集的公共基因并将其作为特征基因，最后每个基因执行对数变换和最大最小归一化。

(3) 获取输入数据的细胞类型个数并将其作为预测模块中最后一层全连接层的神经元个数，设置 Aptcr 模型的学习率 LR、优化算法 OA、损失函数 LF、通道数 D、卷积核个数 V、训练次数 S 及批处理的大小 BS。

(4) 从训练集 X'_{train} 中抽取 BS 个数据，把 x'_{batch} 作为一次训练的输入数据，在输入特征提取模块中，使用卷积层和池化层提取基因之间的特征关系，设置 ReLU(·) 为激活函数。

(5) 最后将数据输入预测模块中，先用展平层 Flatten 将数据转换成一维，再使用全连接层 Dense 进行预测得到组织细胞比例，并计算损失函数 LF，使用学习率为 LR 的优化器 OA 优化 Aptcr 模型的损失函数 LF。

(6) 最后，使用步骤中训练好的 Aptcr 模型进行数据预测，将 X'_{test} 输入训练好的模型中，得到预测结果即预测测试集的组织细胞类型比例，建立多个评价指标并对模型性能进行评价。

基于卷积神经网络的细胞反卷积算法描述如算法 7.1 所示。

算法 7.1　Auptcr($\dot{X}$, Z)

输入:　Bulk RNA-Seq 数据 $\dot{X}$；对应的 Bulk RNA-Seq 数据的细胞比例 Z。

输出:　最终预测组织的细胞比例 Z''。

Begin

1.　数据集分为训练 $\dot{X}_{\text{train}}$、测试集 $\dot{X}_{\text{test}}$；

2.　$\ddot{X}_{\text{train}}, \ddot{X}_{\text{test}} \leftarrow$ 去除方差小于 0.1 的特征并选取公共基因；

3.　$X'_{\text{train}}, X'_{\text{test}}$ ←执行对数转换和最大最小归一化；

4.　获取训练集中细胞类型个数 r，确定 Aptcr 模型的超参数 LR、OA、LF、S、BS、$D=1$、$V=32$；

5.　for $s=1$ to S do

6.　　从 X'_{train} 中抽样 BS 个数据 x'_{batch}，执行以下操作；

7.　　for $j=1$ to 4 do

8.　　　for $v=1$ to V do

9.　　　　$Y^j \leftarrow \text{ReLU}\left(\sum_{\text{d}=1}^{D} W_j^v \cdot X_j'^d + b_j^v\right)$;　　//卷积操作；

10.　　　　$\widehat{Y}_{\breve{E}}^j \leftarrow \max_{\breve{E}\in O_{e,g}} (Y_{\breve{E}}^j)$;　　//池化操作；

11.　　　end for

12.　　　$Y^{j+1} \leftarrow Y_{\breve{E}}^j$;

13.　　　$V \leftarrow V/2$;

14.　　end for

15.　　$X' \leftarrow$ Flatten 展平得到一维数据；

16.　　$\hat{Z}_i \leftarrow \{\text{Dense}(64), \text{Dense}(r)\}$;　　//特征预测层，得到预测的组织细胞比例；

17.　　$\text{MSE} \leftarrow \frac{1}{t}\sum_{i=1}^{t}(\hat{Z}_i - Z_i)^2$;　　//计算损失函数；

18.　　通过 OA 和 LR 更新模型中参数；

19.　end for

20.　Z'' ← 把测试集 $\dot{X}_{\text{test}}$ 输入模型中；　　//最终预测组织的细胞比例 Z''；

21.　Return Z'';

end

7.4.2　实验分析

1. 评价标准

为了验证 Aptcr 模型的反卷积性能，本节设置了评价标准。因为需要预测组织中每种细胞类型的细胞比例，所以无法用是和否来判断预测的正确性，只能通过预测值与真实值的距离远近来判断模型的好坏。Aptcr 的性能评估使用均方根误差(root mean square error，RMSE)、LCC 做比较，判断预测的细胞类型与真实值的接近程度，使用皮尔逊相关系数(Pearson correlation coefficient，PCC)在样本间做比较，判断细胞类型在不同样本间预测的细胞比例与真实的细胞比例之间是否存在线性相关性。

RMSE 用于测量变量之间的偏差，RMSE 的值越低代表预测的细胞比例与真实的细胞比例之间越接近，如式(7.13)所示。

$$\mathrm{RMSE}(z,z')=\sqrt{\mathrm{avg}(z-z')^2} \tag{7.13}$$

LCC 可以通过计算两个向量之间的相似度来衡量它们之间的相关性和绝对差异。这种方法是一种通过拟合过原点斜率为 1 的直线来进行的，换句话说，如果两个向量之间的线性相似度越接近于 1，那么就表明估计值与真实值之间的一致性越高，而且估计的准确度也会更高，如式(7.14)所示。

$$\mathrm{LCC}(z,z')=\frac{2\partial_z\partial_{z'}\times \mathrm{PCC}(z,z')}{\partial_z^2+\partial_{z'}^2+(\gamma_z-\gamma_{z'})} \tag{7.14}$$

式中，z 是实际细胞比例；z' 是预测的细胞比例；∂_z 与 $\partial_{z'}$ 代表实际值和预测值之间实际的标准；γ_z 与 $\gamma_{z'}$ 代表实际值和预测值之间的平均值。

PCC 可以衡量向量之间的线性相关程度，变化范围为−1～1，r 绝对值的大小代表的是相关性的程度，绝对值越大，变量的相关性越强，预测的细胞类型比例在不同样本间的含量具有可比性，绝对值越小，变量的相关性越弱。

2. 实验设置

本章实验使用 Python、Tensorflow、Anndata 来实现，其中 Python 版本为 3.8.8、Tensorflow 版本为 2.3.0、Pytorch 版本为 1.8.0、Anndata 版本为 0.7.5。将训练集数据输入 Aptcr 网络并设置网络参数。本节将 MSE 函数作为损失函数。优化器是 Adam 优化器。经过测试，模型将在 2000 步后停止，精度更高。

3. 基准测试

1) 在模拟 Bulk RNA-Seq 数据上进行测试

将数据分为训练集和测试集，使用训练集的数据训练 Aptcr 模型，本节使用了 4 折交叉验证，在 data6k、data8k、donorA 中用 24000 条数据进行训练，在包含 500 条的 donorC 测试数据集上进行测试。在 donorC、data8k、donorA 中用 24000 条数据进行训练，在包含 500 条的 data6k 测试数据集上进行测试。在 donorC、data6k、donorA 中用 24000 条数据进行训练，在包含 500 条的 data8k 测试数据集上进行测试。在 data6k、data8k、donorC 中用 24000 条数据进行训练，在包含 500 条的 donorA 测试数据集上进行测试，循环往复一共四次。由于模拟的每个组织样本创造出的细胞类型分数是随机的，并且在模拟中抽取 ScRNA-Seq 数据的类型也是随机的，因此模拟组织的基因表达矩阵和标记并不具有规律性，训练和独立测试集没有相同或几乎相同的示例。模型在三个来源不同的 Bulk RNA-Seq 数据的模拟数据上进行训练，因此这些数据之间存在批处理效应造成的偏差及数据采集过程中的噪声，模型是在具有噪声的数据上进行训练的，如果结果较好，那么说明模型可以训练出对噪声具有鲁棒性的数据，并且可以减小批处理效应。预测结束后，使用 RMSE、PCC 和 LCC 来评估 Aptcr 模型的性能，并将 Aptcr 的预测与 Cibersort(CS)、Cibersortx(CSx)、MusiC 和 CPM 的预测结果进行比较。

如图 7.5～图 7.7 所示，五种算法在不同数据集上的对比表明，每种算法在不同数据集上的表现不尽相同，存在一定的波动范围。在四个数据集上，Aptcr 算法的 RMSE 在 data6k 数据集上至少为 0.072，并且是唯一一个在三个数据集上 PCC 超过 0.94 的。Aptcr 算法在所有四个数据集上的性能指标都低于 MusiC 和 CPM 的 RMSE。CS 的 RMSE 最稳定，Aptcr 算法的动态范围最小。Aptcr 的性能与 CSx 基本持平。

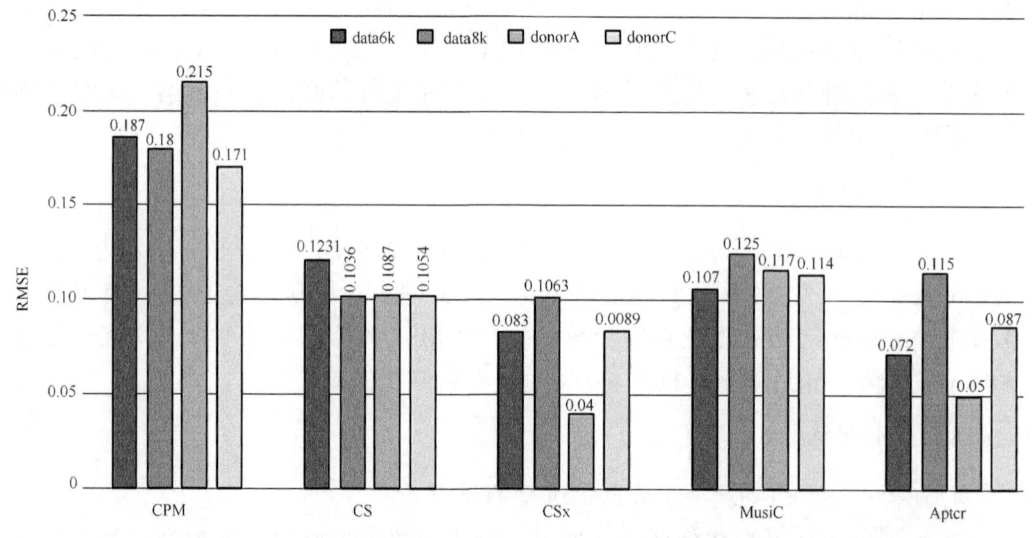

图 7.5　Aptcr 算法与其他四个反卷积算法在模拟数据集合上的 RMSE 比较

Aptcr 算法与其他算法的平均性能评估如表 7.4 所示，由表中可以看到，在 Aptcr 算法上，RMSE 最低，为 0.081，与 CSx 相同。其余三种算法均在 0.11 以上。Aptcr 的 PCC 最高达到 0.903，CSx 的 PCC 达到 0.896，高于 CPM。Aptcr 算法提高了 50%，比 CS 高 10%，比 MusiC 高 3%。Aptcr 算法的 LCC 数据达到 0.851，也是最高的。这说明该 Aptcr 算法比其他算法具有更好的反卷积性能，并且可以预测细胞反卷积。

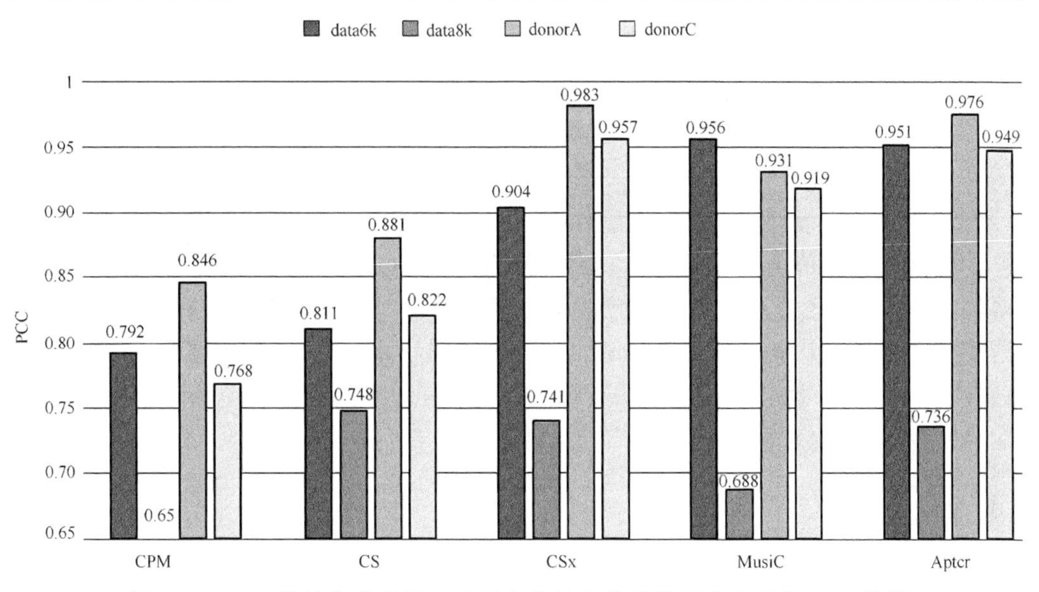

图 7.6　Aptcr 算法与其他四个反卷积算法在模拟数据集合上的 PCC 比较

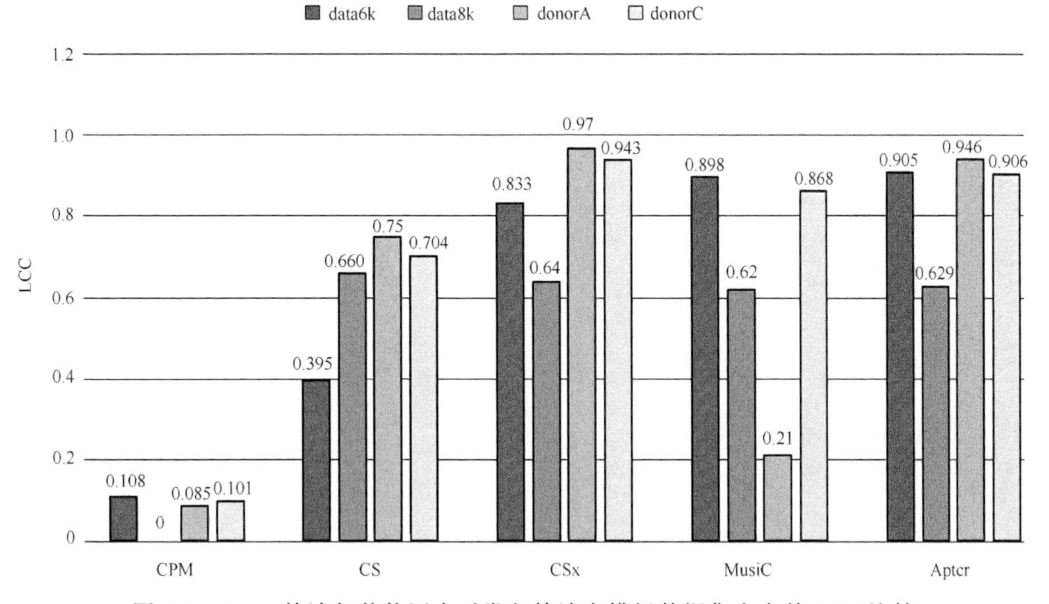

图 7.7　Aptcr 算法与其他四个反卷积算法在模拟数据集合上的 LCC 比较

表 7.4　Aptcr 算法与其他算法的平均性能评估

算法	RMSE	PCC	LCC
CPM	0.188	0.599	0.073
CS	0.116	0.815	0.702

续表

算法	RMSE	PCC	LCC
CSx	0.081	0.896	0.846
MusiC	0.115	0.873	0.799
Aptcr	0.081	0.903	0.851

将整体预测值与真实值进行比较，横轴表示真实值，纵轴表示预测值。当数据趋向于 $y = x$ 线时，代表数据预测的准确度越高。由图7.8可以看出CS几乎占据了整个平面。从donorC、data6k、data8k数据集来看，Aptcr算法的预测数据更趋向于 $y = x$ 线，比较集中，说明处于对实际值的预测中。最小误差表明数据与其他算法模型具有较高的稳定性。

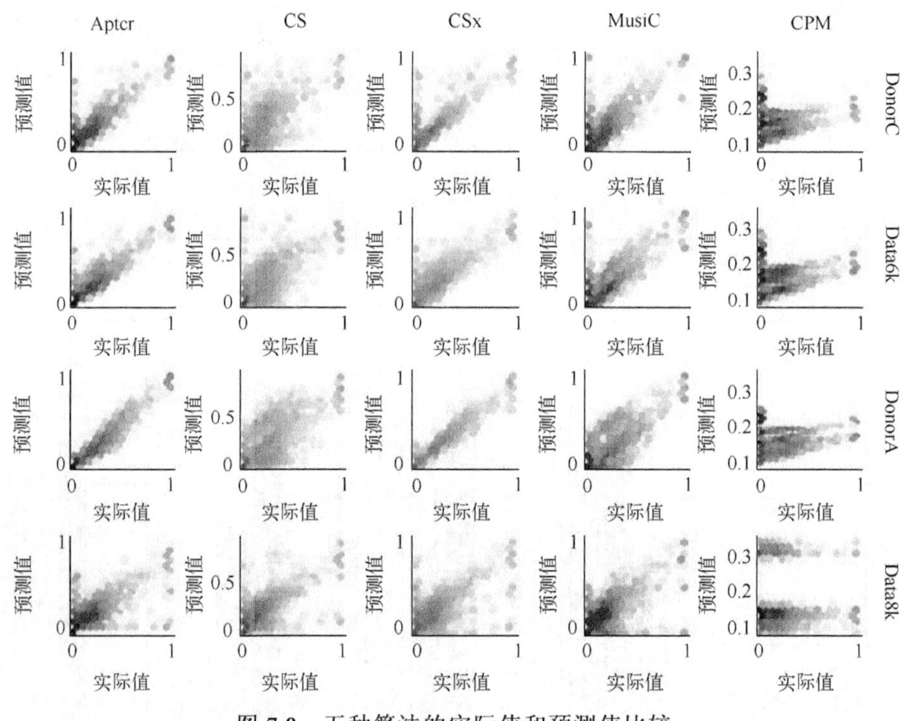

图7.8　五种算法的实际值和预测值比较

CPM算法的预测值总是低于实际值。在data8k数据集上，所有算法的表现都不是很好。

2) 在真实批量数据集PBMC2上进行测试

本节使用了来自不同个体的Bulk RNA-Seq PBMC2数据集。由于数据来自不同的个体，所以存在批次效应和个体差异。PBMC2数据集包括噪声和偏差。Aptcr算法在四个模拟PBMC数据集上进行了训练，并在PBMC2数据集上进行了验证。与 CPM 相比，Aptcr 获得了最低的 RMSE 值(0.093)。具体比较如图 7.9 所示。

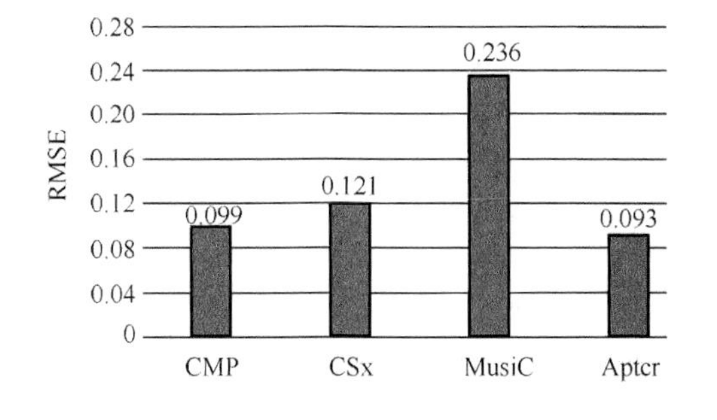

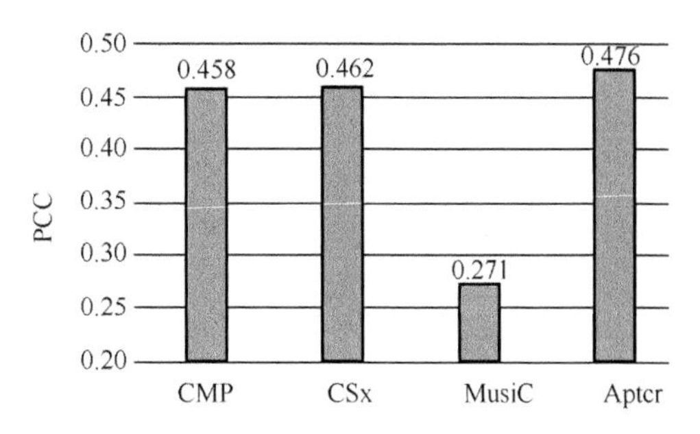

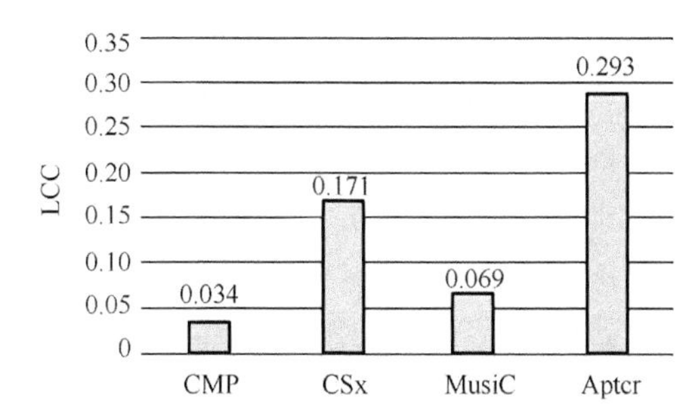

图 7.9　Aptcr 算法与其他三种反卷积算法在 PBMC2 数据集上的 RMSE、PCC、LCC 比较

结果表明可以使用模拟的 PBMC 数据进行训练，然后预测真实的批量样本数据。

Aptcr 算法使用卷积神经网络，这是一种新的细胞反卷积解决方案。Aptcr 算法不是基于参考的细胞反卷积算法，它不再依赖于特定细胞类型的平均表达矩阵数据。Aptcr 算法对噪声和偏差具有高度鲁棒性。它在特征提取和建模方面比普通的数学模型具有明显的优势。它的卷积层负责提取基因之间的连接，该层可以将这些隐式连接抽象为特征。实验结果表明，Aptcr 算法可以有效地消除实验数据中采集过程带来的噪声和偏差。与传统的依赖特定细胞类型的平均表达矩阵设计和线性回归的反卷积算法相比，Aptcr 算法在大多数情况下具有更高的预测精度，并且模型对噪声和偏差的容忍度更高。

Aptcr 算法也留下了许多问题。ScRNA-Seq 数据价格昂贵且难以获得。因此，该模型使用人工模拟的数据。模拟数据是通过对目标组织的 ScRNA-Seq 数据进行二次采样而生成的。因此，如果在人工模拟数据中加入一些真实组织的样本数据，那么预测会更加准确。Aptcr 算法能否跨物种也是该方向未来的研究工作之一。

总之，Aptcr 算法对噪声和偏差具有鲁棒性。该算法易于理解和扩展。随着深度学习技术的发展，可以尝试将注意力机制和长短期记忆网络等技术应用于细胞反卷积。本节预计深度学习技术将成为细胞反卷积研究的新热点。

7.5　基于卷积自编码器的细胞反卷积算法

7.5.1　概述

目前基于计算的细胞反卷积算法仍然受到诸多的限制，如带有真实细胞分数的 Bulk RNA-Seq 数据不足，而机器学习需要足够的数据进行训练。由于 RNA-Seq 数据是高维度的稀疏性数据，并且其中还包含了大量的噪声，特征难以进行提取。基于参考的算法在进行细胞反卷积时，特定细胞类型基因表达参考矩阵不具有针对性，大多数特定细胞类型基因表达参考矩阵采用的是所有组织中该类细胞基因表达的平均值，但不同的组织中同一细胞类型的基因表达实际是有差异的。组织中还存在着紧密相关的细胞类型，容易产生细胞共线性的问题，从而使得反卷积算法容易产生许多不同的偏差。

本节提出使用一种新的基于计算的细胞反卷积算法，即基于卷积自编码器的细胞反卷积算法——Cdaca，其直接从组织的基因表达信息中推测出组织的细胞比例，并不需要得到特定细胞类型的基因表达参考矩阵。对于高维度的稀疏性数据，该算法无须对数据进行复杂的数据预处理和有效特征的筛选过程，卷积自编码器的编码部分可以对数据进行高效降维并提取数据特征信息，Cdaca 使用组织细胞比例及解码部分得到的重建数据进行模型优化，提高了模型的可解释性与模型的细胞反卷积能力，Cdaca 还具备区分相似的细胞亚型的能力，提高了预测组织细胞比例的精度。

7.5.2　Cdaca 算法的设计与实现

1. 算法设计

1) 数据集

本节使用了公共 ScRNA-Seq 数据集、Bulk RNA-Seq 数据集和 Microarray 数据集进行实验。深度学习需要大量数据进行训练，而带有真实细胞分数的 Bulk RNA-Seq 数据很少，因此使用 ScRNA-Seq 数据来模拟组织的基因表达数据并训练模型，对模拟的 Bulk RNA-Seq 数据进行评估。使用的 ScRNA-Seq 数据来自 Tabular Muris 中的肢体肌肉。该数据集有两种不同的测序方式 Smart-Seq 和 10X-Seq。Smart-Seq 是基于计数的算法，10X-Seq 是基于独特分子标识符(unique molecular identifiers，UMI)的算法，使用基于计数技术的 ScRNA-Seq 数据进行测试，基于 UMI 的 ScRNA-Seq 数据生成模拟的测试数据，用测试数据验证该模型拥有一定的处理批次效应的能力。

基于 Counts 算法的 Limb Muscle 数据集包含 1090 条 ScRNA-Seq 数据，每条数据有 23433 个基因。Limb Muscle 数据集共有 6 种细胞类型，分别是 B 细胞(B cell)(71 条数据)、内皮细胞(endothelial cell)(141 条数据)、T 细胞(T cell)(35 条数据)、间充质干细胞(mesenchymal stem cell)(258 条数据)、骨骼肌卫星细胞(skeletal muscle satellite cell)(540 条数据)、巨噬细胞(macrophage)(45 条数据)。

基于 UMI 算法的 Limb Muscle 数据集包含 3909 条 ScRNA-Seq 数据，每条数据有 16384 个基因，共有 6 种细胞类型，分别是 B 细胞(461 条数据)、内皮细胞(1330 条数据)、T 细胞(320 条数据)、间充质干细胞(1136 条数据)、骨骼肌卫星细胞(354 条数据)、巨噬细胞(308 条数据)。

为了评估真实的 Bulk RNA-Seq 数据集和 Microarray 数据集，训练数据使用的是 PBMC 的 ScRNA-Seq 数据即从 10X Genomics 网站上下载的 data6k、data8k、donorA、donorC 数据，其中包含 6 种细胞类型，分别是 Monocytes、Unknown、CD4Tcells、Bcells、NK 和 CD8Tcells。

在评估真实 Bulk RNA-Seq 数据的实验中，本节使用了 3 个公开的具有真实细胞分数的 Bulk RNA-Seq 数据集和 Microarray 数据集。GSE107011 和 GSE65133 都从 GEO 数据库中下载，SDY67 数据集是由 Zimmermann 等创建的。具体细节如表 7.5 所示。

表 7.5　真实的 Bulk RNA-Seq 和 Microarray 数据集

数据集	组织	数据类型	细胞类型	所含样本数
SDY67	PBMC	RNA-Seq	B cell，CD4Tcells，CD8Tcells，Monocytes，NK	250
GSE107011	PBMC	RNA-Seq	B cell，CD4Tcells，CD8Tcells，Monocytes，Neutrophils，NK	12
GSE65133	PBMC	Microarray	B cell，CD4Tcells，CD8Tcells，Monocytes，Neutrophils，NK	20

2)数据模拟

首先要创建训练模拟数据。深度学习模型需要大量的训练数据来优化其损失函数并学习其参数，因此，从 ScRNA-Seq 数据集中生成模拟 Bulk RNA-Seq 数据以训练模型至关重要，值得注意的是 ScRNA-Seq 数据和最终需要预测数据需要来自同一组织。根据定义，模拟 Bulk RNA-Seq 样本的基因表达数据是由 ScRNA-Seq 数据集中随机抽取的细胞类型表达量的总和。因此，为了模拟 Bulk RNA-Seq 样本数据，需要得到一个样本中各个细胞类型的比例及一个样本中所包含的细胞总数，图 7.10 为 Bulk RNA-Seq 数据的模拟示例过程。

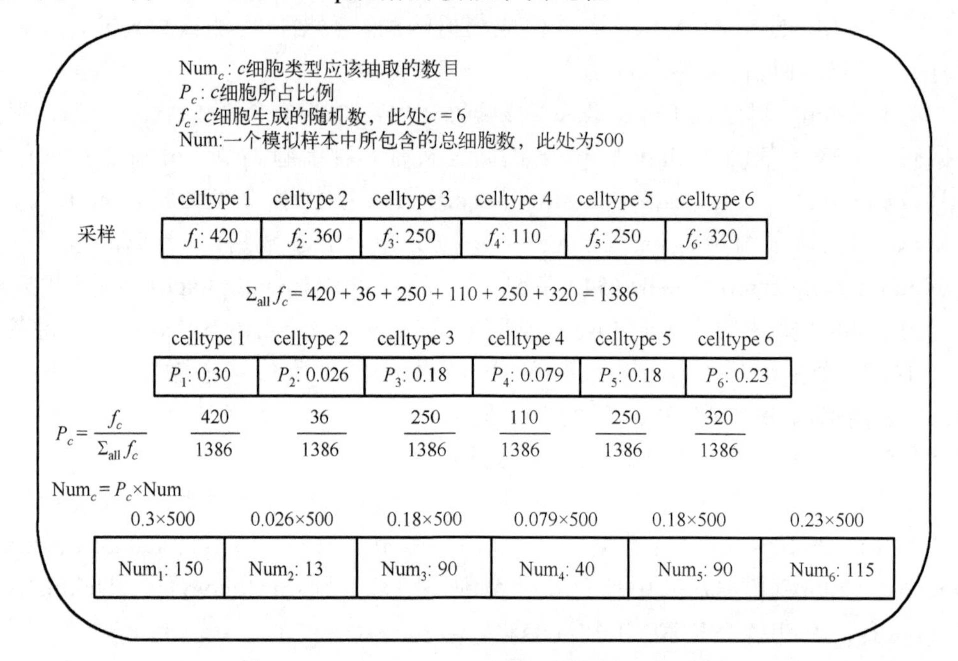

图 7.10　Bulk RNA-Seq 数据的模拟示例过程

应使用给定的各个类型细胞的类型比例和一个模拟样本中所包含的总细胞数对细胞进行采样。首先，将一个模拟样本中所包含的总细胞数乘以每个样本中单个细胞类所占的细胞分数，以获得每种细胞类型的确切采样数。然后，使用分层采样方法对具有给定数量的每种细胞类型的细胞进行采样。最后，将每个样本随机选择的 ScRNA-Seq 数据的表达值相加来创建模拟 Bulk RNA-Seq 数据，如式(7.15)所示。

$$P_c = \frac{f_c}{\sum_{\text{all}} f_c} \tag{7.15}$$

式中，c 代表细胞类型；f_c 代表 c 细胞生成的数字；$\sum_{\text{all}} f_c$ 代表所有细胞随机生成的数字和；P_c 代表 c 细胞生成的细胞比例，如式(7.16)所示。

$$\sum_{\text{all}} P_c = 1 \tag{7.16}$$

P_c 还应该满足所有细胞类型比例的总和为 1，由于小数点需要保留位数各个细胞抽取的细胞个数必须为整数，因此理论上来说所有细胞类型的比例之和应该为 1，但只是无限趋于 1 的数，如式(7.17)所示。

$$\text{Num}_c = P_c \times \text{Num} \tag{7.17}$$

式中，Num 代表一个模拟样本中所包含的总细胞数；Num_c 代表 c 细胞抽取的单细胞数目。有学者已经提出不同的采样分布和具有不同细胞类型严重偏差的单细胞数据集对反卷积性能没有显著的影响。因此，此次模拟程序的设置是具备合理性的。本节设置 Num 为 500，并为肢体肌肉的 ScRNA-Seq 数据生成训练样本，由于本节使用一个协议的数据来预测另一个协议的数据，基于 Counts 算法生成 5000 个训练样本，为 UMI 算法生成了 100 个测试样本。

3) 数据预处理

对不论是真实还是模拟的 Bulk RNA-Seq 数据，首先将其转换为对数空间以避免空值。因为 ScRNA-Seq 数据是高稀疏性数据，要对训练数据和测试数据都进行特征筛选，并选取二者的公共基因，将一些方差都很低的基因剔除，在特征选择中选取 10000 个基因，之后使用 MinMaxScaler 函数将数据缩放到 0～1，保留基因之间的相互关系。

4) 模型架构

数据预处理后，将数据输入 Cdaca 模型中进行训练，Cdaca 的主要架构是自编码器(autoencoder，AE)，是一种无监督式学习模型，主要用于处理高维、复杂、无标记的数据。AE 先将高维数据 T 进行压缩得到含有高维信息的低维数据 P，强迫神经网络学习最有信息量的特征，再将低数据扩充到原高维数据的信息量 T^R。如图 7.11 所示，T 需要经过 AE 的编码器和解码器，解码器的输出被期望能够高度地近似为原来的输入，即 $T = T^R$。

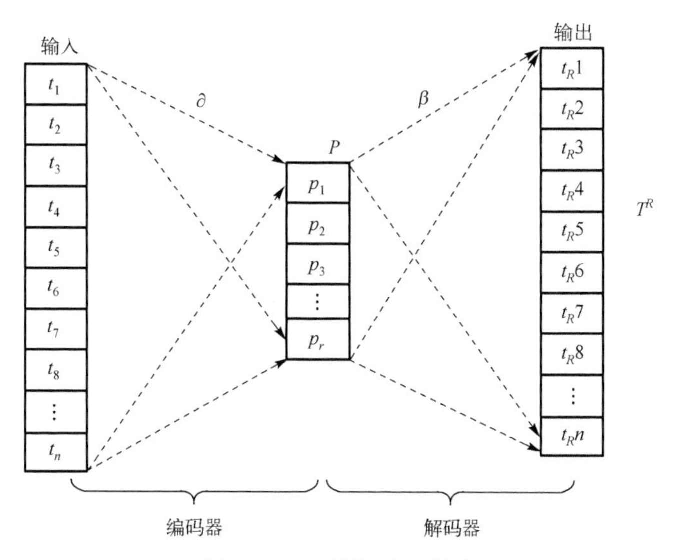

图 7.11　自编码器的结构

下面介绍数据经过编码器和解码器的过程，如式(7.18)所示。

$$\partial(T) = \tilde{P} \tag{7.18}$$

式中，∂代表编码器函数；T代表 Bulk RNA-Seq 数据；$\tilde{P}$代表T经过编码器$\partial(T)$最终得到的该样本的细胞比例。

$$\beta(\tilde{P}) = \tilde{P} \cdot S = T^R \tag{7.19}$$

式中，β代表解码器函数；T^R代表$\tilde{P}$经过解码器$\beta(\tilde{P})$得到重建的T数据；S是编码器中隐含的矩阵。∂表示将高维批量基因表达数据映射到细胞的低维表示。相比之下，β是∂的反函数，将基于组织的细胞分数重建 Bulk RNA-Seq 数据。因此，∂和β中所存的参数应该是同一个数据的正逆矩阵。而函数中的超参数类似于前面部分中讨论的特定细胞类型的基因表达矩阵S。若将其写成显式矩阵形式，更能说明模型的可解释性。而本节的编码部分∂使用了卷积层和池化层，使用卷积层同样是为了提取特征，解码器在设计时没有激活层，这只是五个权重矩阵的点积的正则化值，W_i代表对应的第i层全连接层中所包含的参数，如式 (7.20)所示。

$$\beta\phi = \mathrm{ReLU}(W_1 \cdot W_2 \cdot W_3 \cdot W_4 \cdot W_5) \tag{7.20}$$

在模型优化中，Cdaca 将组织细胞比例及解码部分得到的重建数据的 MAE 作为损失函数，提高了模型的可解释性与模型的细胞反卷积能力，如式(7.21)～式 (7.23)所示。

$$\mathrm{MAE}(P_i, P_i') = \frac{1}{r}\sum_{i=1}^{r}\left|P_i' - P_i\right| \tag{7.21}$$

式中，P_i为组织真实细胞比例；P_i'为经过 Cdaca 的编码模块后的预测细胞比例。

$$\mathrm{MAE}(T_i, T_i') = \frac{1}{n}\sum_{i=1}^{n}\left|T_i' - T_i\right| \tag{7.22}$$

式中，T_i为组织的基因表达数据；T_i'为经过 Cdaca 的解码模块重建的组织基因表达数据。

$$\mathrm{MAE} = \frac{1}{r}\sum_{i=1}^{r}\left|P_i' - P_i\right| + \mu\frac{1}{n}\sum_{i=1}^{n}\left|T_i' - T_i\right| \tag{7.23}$$

式中，μ是对损失函数进行正则化研究的权重。尽管变分自动编码器在生物数据上已经广泛地使用，但细胞反卷积算法不适用于变分自动编码器，因为其编码的潜在变量是概率性的，正是由于 AE 的不确定性，因此其非常适合生成任务，而不适合细胞型反卷积。

2. 算法实现

本节提出一种基于卷积自编码器的细胞反卷积方案——Cdaca。Cdaca 共有三个模块，包括数据模拟模块、编码模块和解码模块，如图 7.12 所示。数据模拟模块用于生成模拟的 Bulk RNA-Seq 数据并进行数据预处理。编码模块使用卷积层和池化层提取特征信息，解码模块使用全连接层生成重建。

编码模块包括卷积层和池化层。它们用于提取检测基因之间的相互关系。Cdaca 的最大池化层在每两个数据中选取一个数据来减少提取到特征的维度。每个特征提取组的卷积核数目分别为 32、64、128、256、256。步长分别为 2、1、2、1、1。与之对应的卷积核的大小分别为 5、1、2、1、1。激活函数统一设置为 ReLU。设置了两个连续的卷积核个数为 256 的层，其中后一个卷积层的卷积核大小为 1，主要是起到对数据进行平滑的作用。再对卷积网络提取的高维数据进行扁平化，将数据转化为一维并输入到神经元数量为 128 的全连接层中，最后的全连接层的神经元的数量是组织的细胞类型的数量。解码模块直接使用全连接层，全连接层的个数分别为 64、128、256、512 和特征基因数。

算法的输入包括 ScRNA-Seq 数据、模拟的 Bulk RNA-Seq 数据的样本数、每个模拟样本中所含细胞个数。算法输出为该算法预测的各个样本对应的细胞类型及比例值。Cdaca 算法的详细说明如下所示。

(1) 利用 ScRNA-Seq 数据集中生成训练和测试用的模拟 Bulk RNA-Seq 数据及细胞类型比例信息。

(2) 进行数据预处理，删除方差小于等于 0.1 的特征，筛选训练集和测试集的公共基因并将其作为特征基因，最后执行 log 变换和归一化。

(3) 获取训练集中细胞类型个数并将其作为编码模块中最后一层全连接层的神经元个数，获取预处理后的基因个数并将其作为解码模块全连接层的最后一层的神经元个数，设置 Cdaca 模型的学习率 LR、优化算法 OA、损失函数 LF、训练批次 Epoch 及批处理的大小 BS。

(4) 从训练集中抽取 BS 个数据并将其作为其中一次的训练数据，将其输入编码模块，用卷积层和池化层提取基因之间的特征关系，再将高维数据转化为一维数据并输入到神经元，用最后一个全连接层得到预测分数值。

(5) 将预测分数输入解码模块，使用五个全连接层得到重建输入即组织的基因表达信息，计算损失函数 LF，用真实细胞比例与预测细胞比例的 MAE 值，加上解码部分得到的 MAE 值作为损失函数，使用学习率 LR 来优化 Cdaca 模型。

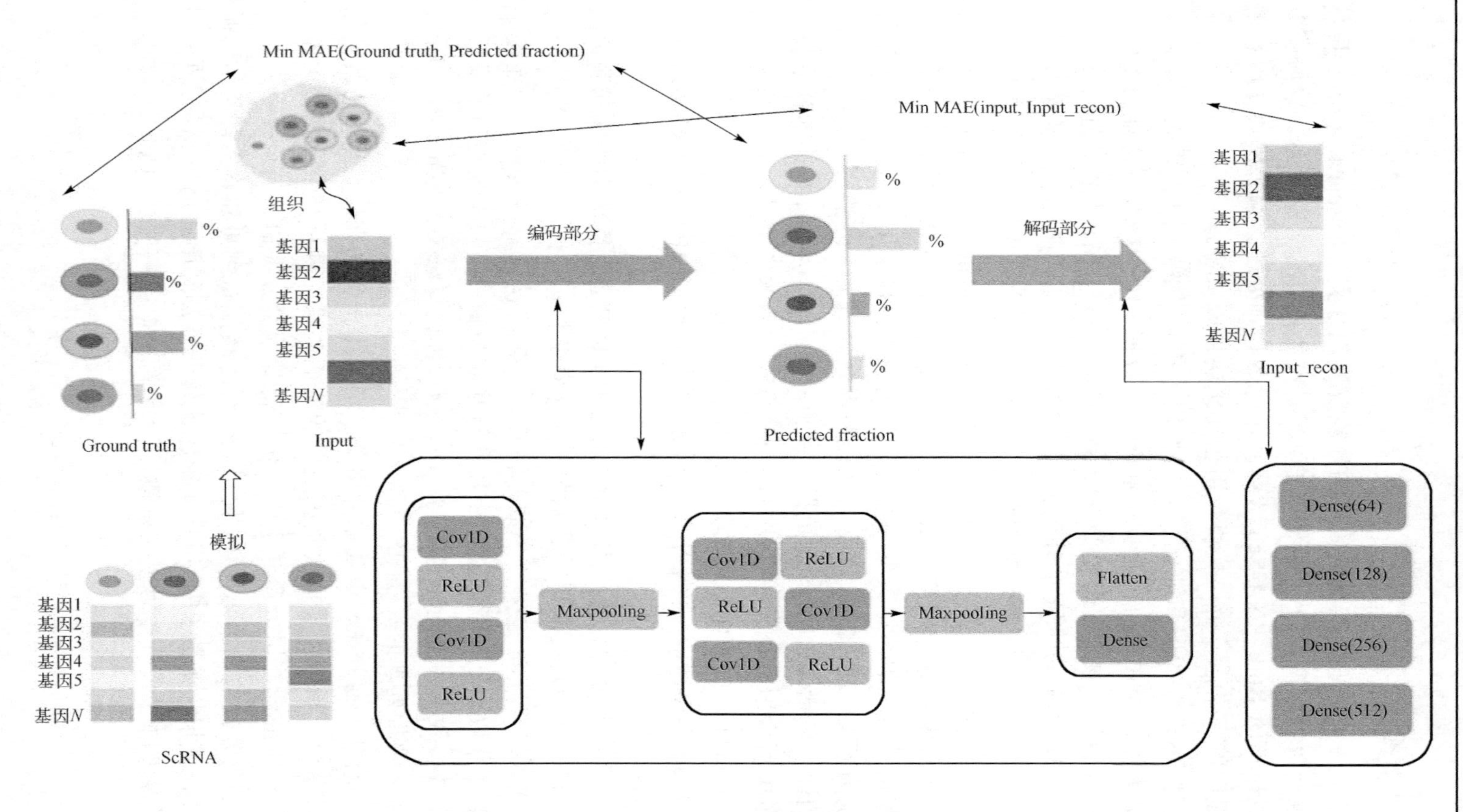

图 7.12 Cdaca 的算法结构图

(6)将测试集输入训练好的模型中，得到预测结果即预测测试集的组织细胞类型比例，建立多个评价指标对模型性能进行评价。

基于卷积自编码器的细胞反卷积算法描述如算法 7.2 所示。

算法 7.2　Cdaca(*D*, *N*, *C*)

输入: ScRNA-Seq 数据 D；模拟的 Bulk RNA-Seq 数据的样本数 N；每个模拟样本中所含细胞个数 C。

输出: 模拟样本对应的细胞类型及比例值 P'。

Begin

1. for $n = 1$ to N do
2. 　for $r = 1$ to C do
3. 　　$P_r \leftarrow \frac{f_r}{\sum_{\text{all}} f_r}$，抽取随机数，计算每种细胞类型 r 所占样本比例的值；
4. 　　$\text{Num}_r \leftarrow P_r \times \text{Num}$，分配每种细胞类型 r 抽取的细胞数；
5. 　　从 D 中生成模拟训练数据 T_{train} 和相应的标记 P_{train}，以及测试数据 T_{test} 和 P_{test}；
6. 　end for
7. end for
8. T_{train}^*，$T_{\text{test}}^* \leftarrow$ 对 T_{train} 和 T_{test} 去除方差小于 0.1 的特征并选取公共基因，进行数据转换；
9. 获取训练集中细胞类型个数 r 及预处理后的特征数 f；设置 CselfcoderDe 模型的超参数 LR、OA、LF、Epoch、BS；
10. for $c = 1$ to Epoch do
11. 　for $s = 1$ to BS do
12. 　　Encoder ← {Cov1D(32), ReLU(), Cov1D(64), ReLU(), MaxPooling(4)}; 　//编码模块；
13. 　　Encoder←{Cov1D(64), ReLU(), Cov1D(128), ReLU(), Cov1D(256), ReLU(), MaxPooling(2)};
14. 　　Encoder ← {Flatten(), Dense(128), Dense(r)}，得到预测的 P'; 　//r 为最后一层节点数；
15. 　　Decoder ←{Dense(64), Dense(128), Dense(256), Dense(512), Dense(f)}，得到重建 T'; 　//解码模块；
16. 　　$\text{MAE} \leftarrow \frac{1}{r}\sum_{i=1}^{r}\left|P_i' - P_i\right| + \mu\frac{1}{n}\sum_{i=1}^{n}\left|T_i' - T_i^*\right|^2$；//计算损失函数 LR；
17. 　　Encoder, Decoder ← OA(LR); 　//通过 OA 和 LR 对模型参数进行优化；
18. 　end for
19. end for
20. $P' \leftarrow$ 将测试集 T_{test} 输入 Encoder 和 Decoder 模块；//输出预测的细胞类型及比例值；
21. Return P';

end

7.5.3 实验分析

1. 评价标准

为了验证模型的性能，设置指标来进行评估。使用 MAE、LCC 来评估 Cdaca 的性能。评价预测分数与真实数据之间的一致性，用 MAE 衡量预测的准确性。LCC 越高，MAE 越低越好。

LCC 可以测量相关性和绝对差异，如式(7.24)所示。

$$\mathrm{LCC}(P, P') = \frac{2 \times \mathrm{Cov}(P, P')}{\partial_P^2 + \partial_{P'}^2 + (\gamma_P - \gamma_{P'})} \tag{7.24}$$

式中，P' 是预测的细胞比例分数；P 是实际的细胞比例分数；∂_P 与 $\partial_{P'}$ 代表实际值和预测值之间的标准；γ_P 与 $\gamma_{P'}$ 代表实际值和预测值之间的平均值。

2. 实验设置

本章实验使用 Python、Pytorch、Anndata 来实现，Python 版本为 3.7.0，Anndata 版本为 0.8.0、Pytorch 版本为 1.8.0。为了寻找到模型的最优超参数，学习率在[10^{-8}, 10^{-6}, 10^{-4}, 10^{-3}]内进行设置，批大小在[64, 128, 256]间选择。并对损失函数进行正则化研究，将 MAE(Ground truth, Predicted fraction)+μMAE(input, Input_recon)中的 μ 在[0, 1]进行设置，在[64, 128, 256]进行搜索。本节在多次实验后寻找到最佳超参数，将 MAE 函数作为损失函数。优化器是 Adam 优化器。批大小为 128，学习率为 0.0001，并对数据迭代了 128 个 Epoch，Cdaca 模型超参数设置如表 7.6 所示。

表 7.6 Cdaca 模型超参数设置

参数项	参数值
优化算法	Adam
批大小	128
学习率	0.0001
训练批次	128
损失函数	MAE(Ground truth, Predicted fraction)+0.3×MAE(input, Input_recon)

3. 基准测试

1)在模拟数据集上的测试

由于真实 Bulk RNA-Seq 数据集 FACS 法得到的相应组织的细胞分数很少，并且很难分析批量效应如何影响反卷积性能，把模拟 Bulk RNA-Seq 测试数据进行初始估计。模拟 Bulk RNA-Seq 数据是从具有多个细胞的 ScRNA-Seq 数据中得到的。也就是说，模拟 Bulk RNA-Seq 数据是许多 ScRNA-Seq 数据的总和。为了使这个模拟 Bulk RNA-Seq 数据与真实 Bulk RNA-Seq 数据更加近似，而不是简单地使用多种细胞类型的 ScRNA-Seq 数据进行线性叠加，当进行数据模拟及在进行基因表达矩阵累加时，设置基因的随机丢弃率为 0.5，以模拟真实 Bulk RNA-Seq 数据的高稀疏性。使用基于计数技术的 ScRNA-Seq 数据进行测试，利用 ScRNA-Seq 数据生成模拟的测试数据。

Cdaca 与其他算法如图 7.13 所示。

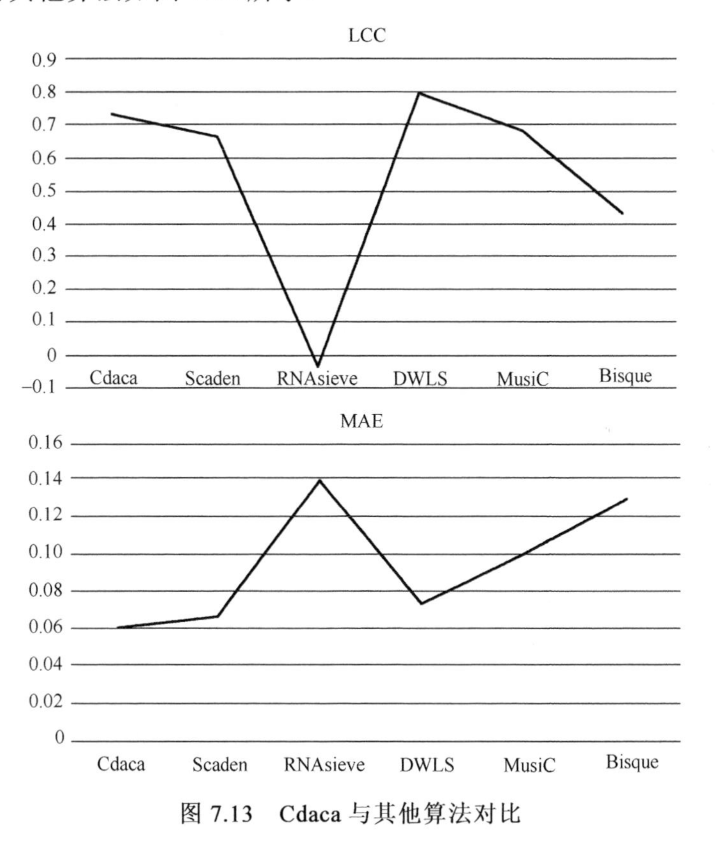

图 7.13　Cdaca 与其他算法对比

其中 Cdaca 算法获得的 LCC 的值为 0.73，比 Scaden 算法高出 9.2%，比 MusiC 算法高出 8.9%，比 Bisque 算法提升了 73%。而 Cdaca 算法的 MAE 的值也是最低的，为 0.06，比 DWLS 算法提升了 18.9%，比 Scaden 算法提升了 9%。DWLS 算法的 LCC 效果稍好。但以上算法仅是在模拟的数据集上进行实验对比，而现实中更加关注的是对真实的 Bulk RNA-Seq 数据和 Microarray 数据集进行预测，模拟数据集的结果只做参考。

2) 在真实数据集上验证

由于先前的研究表明，ScRNA-Seq 数据模拟生成的数据和真实 Bulk RNA-Seq 数据还是存在些许差异的，因此需要评估 Cdaca 算法和其他具有代表性的反卷积算法，在组织表达数据集上，以及使用传统实验算法获得的相应真实细胞的比例数据。本次评估的数据集的数据对应的组织细胞比例均由流式细胞术测量。首先，本节使用 PBMC 的 ScRNA-Seq 数据进行模拟，评估来源于人类 PBMC 的 Bulk RNA-Seq 数据，分别为 SDY67 数据集、来源于 Monaca 等的 S1 数据集、PBMC 的 Microarray 数据集。

Cdaca 在 SDY67 数据集上获得了最高的 LCC 的值，为 0.69，比第二高的 Scaden 算法高出 17%，DWLS 算法仅为 0.48，Cdaca 算法比 DWLS 算法提升了 44%，Cdaca 算法获得了第二低的 MAE 的值，为 0.12，可以看出其在 SDY67 数据集上具有较好的细胞反卷积能力，如图 7.14 所示。

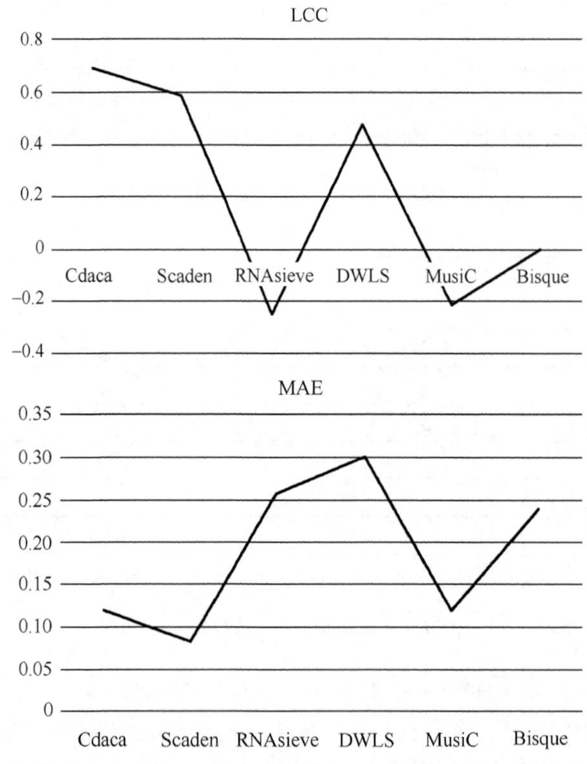

图 7.14　Cdaca 算法与其他算法在 SDY67 数据集上的比较

Cdaca 算法在 Monaca 数据集上获得了最高的 LCC 值，为 0.50，而 DWLS 算法仅为 0.48。MAE 的值为 0.09，Cdaca 算法获得了第二低的 MAE 值，为 0.12，而 RNAsieve、DWLS、MusiC、Bisque 算法在真实的 Bulk RNA-Seq 数据集上并不理想。可以看出在 Monaca 数据集上具有较好的细胞反卷积能力，如图 7.15 所示。

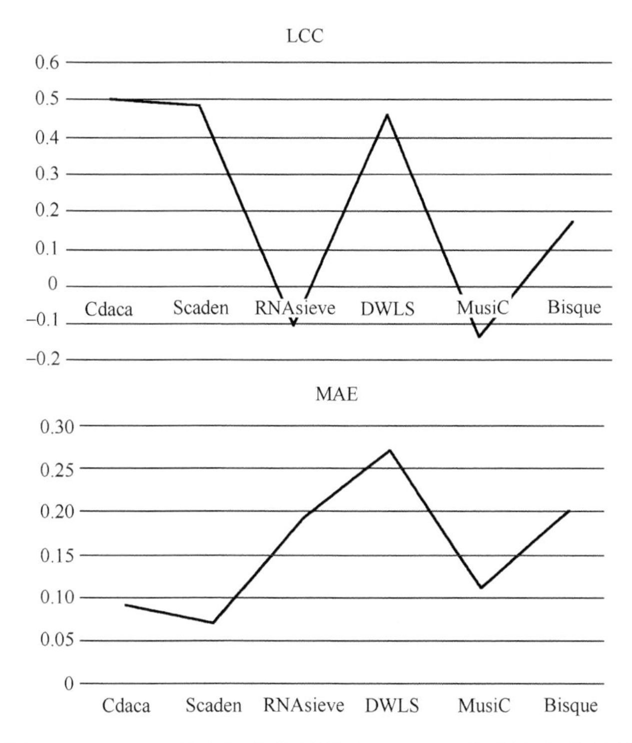

图 7.15　Cdaca 算法与其他算法在 Monaca 数据集上的比较

Cdaca 算法在 Microarray 数据集上获得了最高的 LCC 值，为 0.72，MSE 的值也是最好的，为 0.1，比 Scaden 算法提升了 1%，比 DWLS 算法高出 10%。在 Microarray 数据集上的 LCC 达到了 0.65，比在之前的两个真实数据集上的值都要高，这说明 DWLS 算法更适合应用于 Microarray 数据，如图 7.16 所示。

由上面对真实 Bulk RNA-Seq 数据和 Microarray 数据的预测可以看出，在所有数据集上 Cdaca 算法比 RNAsieve 算法、DWLS 算法、MusiC 算法和 Bisque 算法的 LCC 值都高，RMSE 的值都更低，因此在 PBMC 数据集上 Cdaca 算法优于这四种算法。在与 Scaden 算法的比较中，Cdaca 算法在所有数据集上的 LCC 值都比 Scaden 算法要高。尽管在模拟数据的测试上 DWLS 获得了较好的性能，但在真实数据集上进行测试时，DWLS 算法的性能并没有那么理想，而细胞反卷积算法实际上是对真实的数据集进行预测。以上数据仅仅是精度的比较，而由于模型结构带来的固有优势，所以无须进行复杂的特征筛选工作。

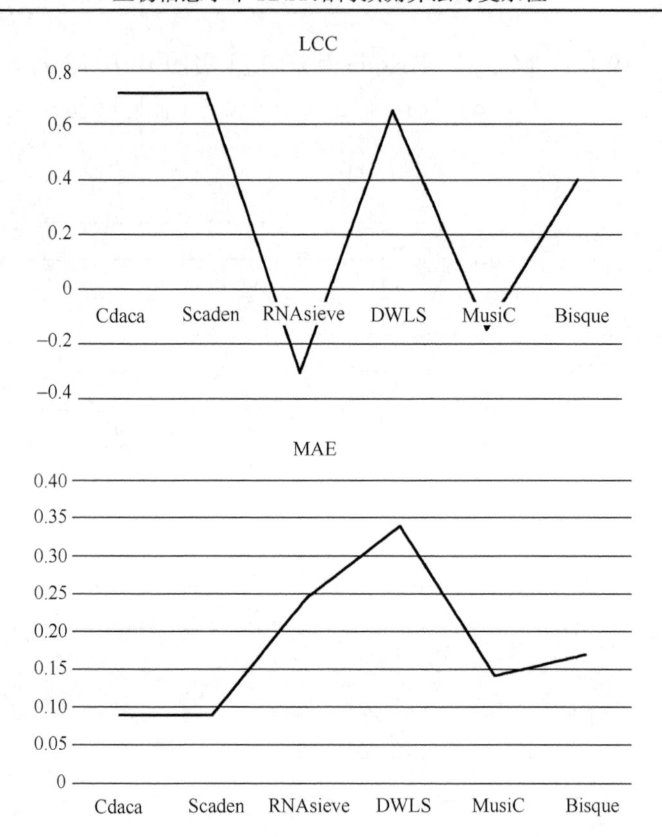

图 7.16　Cdaca 算法与其他算法在 Microarray 数据集上的比较

参 考 文 献

[1] Li X, Wang C Y. From bulk, single-cell to spatial RNA sequencing[J]. International Journal of Oral Science, 2021, 13(36): 12-19.

[2] Hohl A, Karan R, Akal A, et al. Engineering a polyspecific pyrrolysyl-tRNA synthetase by a high throughput FACS screen[J]. Scientific Reports, 2019, 9(1): 11971.

[3] Ma W, Lu J, Wu H. Cellcano: Supervised cell type identification for single cell ATAC-seq data[J]. Nature Communications, 2023, 14(18): 33-41.

[4] Aran D, Looney A P, Liu L, et al. Reference-based analysis of lung single-cell sequencing reveals a transitional profibrotic macrophage[J]. Nature Immunology, 2019, 20: 163-172.

[5] Stark R, Grzelak M, Hadfield J. RNA sequencing: The teenage years[J]. Nature Reviews Genetics, 2019, 20(3): 631-656.

[6] Thind A S, Monga I, Thakur P K, et al. Demystifying emerging bulk RNA-seq applications:

The application and utility of bioinformatic methodology[J]. Briefings in Bioinformatics, 2021, 22(6): bbab259.

[7] Janjic A, Wange L E, Bagnoli J W, et al. Prime-seq, efficient and powerful bulk RNA sequencing[J]. Genome Biology, 2022, 23(1): 88-93.

[8] Slovin S, Carissimo A, Panariello F, et al. Single-cell RNA sequencing analysis: A step-by-step overview[J]. Methods in Molecular Biology, 2021, 2284(11): 343-365.

[9] Svensson V, Vento-Tormo R, Teichmann S A. Exponential scaling of single-cell RNA-seq in the past decade[J]. Nature Protocols, 2018, 13(5): 599-604.

[10] Mereu E, Lafzi A, Moutinho C, et al. Benchmarking single-cell RNA-sequencing protocols for cell atlas projects[J]. Nature Biotechnology, 2020, 38(7): 747-755.

[11] He D, Chen M, Wang W, et al. Deconvolution of tumor composition using partially available DNA methylation data[J]. BMC Bioinformatics, 2022, 23(1): 355-363.

[12] Carrero I, Liu H C, Sikora A G, et al. Histoepigenetic analysis of HPV- and tobacco-associated head and neck cancer identifies both subtype-specific and common therapeutic targets despite divergent microenvironments[J]. Oncogene, 2019, 38(19): 3551-3568.

[13] Andersson A, Larsson L, Stenbeck L, et al. Spatial deconvolution of HER2-positive breast cancer delineates tumor-associated cell type interactions[J]. Nature Communications, 2021, 12(1): 12-19.

[14] Zaitsev A, Chelushkin M, Dyikanov D, et al. Precise reconstruction of the TME using bulk RNA-seq and a machine learning algorithm trained on artificial transcriptomes[J]. Cancer Cell, 2022, 40(8): 879-894.

[15] Saito N, Sato Y, Abe H, et al. Selection of RNA-based evaluation methods for tumor microenvironment by comparing with histochemical and flow cytometric analyses in gastric cancer[J]. Scientific Reports, 2022, 12(1): 8576.

[16] Wang X, Wang H, Liu D, et al. Deep learning using bulk RNA-seq data expands cell landscape identification in tumor microenvironment[J]. Oncoimmunology, 2022, 11(1): 2043662.

[17] Huo Q, Li Z, Cheng L, et al. SIRT7 is a prognostic biomarker associated with immune infiltration in luminal breast cancer[J]. Frontiers in Oncology, 2020, 12(10): 621-632.

[18] Larrayoz M, Garcia-Barchino M J, Celay J, et al. Preclinical models for prediction of immunotherapy outcomes and immune evasion mechanisms in genetically heterogeneous multiple myeloma[J]. Nature Medicine, 2023, 29(3): 632-645.

[19] Li B, Severson E, Pignon J C, et al. Comprehensive analyses of tumor immunity: Implications for cancer immunotherapy[J]. Genome Biology, 2016, 17(1): 174-181.

[20] Chakravarthy A. Pan-cancer deconvolution of tumour composition using DNA methylation[J]. Nature Communications, 2018, 9: 1-13.

[21] Friedman A A, Letai A, Fisher D E, et al. Precision medicine for cancer with next-generation functional diagnostics[J]. Nature Reviews Cancer, 2015, 15(12): 747-756.

[22] Menden K, Marouf M, Oller S, et al. Deep learning-based cell composition analysis from tissue expression profiles[J]. Science, 2020, 6(28): 51-59.

[23] Johnson T S, Xiang S, Dong T, et al. Combinatorial analyses reveal cellular composition changes have different impacts on transcriptomic changes of cell type specific genes in Alzheimer's disease[J]. Scientific Reports, 2021, 11(4): 353-359.

[24] Batchu S. Prefrontal cortex transcriptomic deconvolution implicates monocyte infiltration in Parkinson's disease[J]. Neurodegenerative Diseases, 2020, 20(2): 110-112.

[25] Bossel Ben-Moshe N, Hen-Avivi S, Levitin N, et al. Predicting bacterial infection outcomes using single cell RNA-sequencing analysis of human immune cells[J]. Nature Communications, 2019, 10(2): 3266-3273.

[26] Rohr-Udilova N, Klinglmüller F, Schulte-Hermann R, et al. Deviations of the immune cell landscape between healthy liver and hepatocellular carcinoma[J]. Scientific Reports, 2018, 8(2): 6220.

[27] Asp M, Giacomello S, Larsson L, et al. A spatiotemporal organ-wide gene expression and cell atlas of the developing human heart[J]. Cell, 2019, 179(7): 1647-1660.

[28] Yu Q, Kilik U, Holloway E, et al. Charting human development using a multi-endodermal organ atlas and organoid[J]. 2021, 184(12): 3281-3298.

[29] Peyvandipour A, Shafi A, Saberian N, et al. Identification of cell types from single cell data using stable clustering[J]. Scientific Reports, 2020, 10: 12349.

[30] Klein A, Mazutis L, Akartuna I, et al. Droplet barcoding for single-cell transcriptomics applied to embryonic stem cells[J]. Cell, 2015, 161(5): 1187-1201.

[31] Andrews T S, Hemberg M. Identifying cell populations with scRNASeq[J]. Molecular Aspects of Medicine, 2018, 59(3): 114-122.

[32] Islam S, Zeisel A, Joost S, et al. Quantitative single-cell RNA-seq with unique molecular identifiers[J]. Nature Methods, 2014, 11(6): 163-166.

[33] Hsu L L, Culhane A C. Correspondence analysis for dimension reduction, batch integration, and visualization of single-cell RNA-seq data[J]. Scientific Reports, 2023, 13: 1197.

[34] Hicks S C, Townes F W, Teng M, et al. Missing data and technical variability in single-cell RNA-sequencing experiments[J]. Biostatistics, 2018, 19(2): 562-578.

[35] Townes F W, Hicks S C, Aryee M J, et al. A feature selection and dimension reduction for

single-cell RNA-Seq based on a multinomial model[J]. Genome Biology, 2019, 20(3): 295-302.

[36] Hsu L L, Culhane A C. Impact of data preprocessing on integrative matrix factorization of single cell data[J]. Frontiers in Oncology, 2020, 10(3): 973-981.

[37] Nguyen L H, Holmes S. Ten quick tips for effective dimensionality reduction[J]. PLoS Computational Biology, 2019, 6(2): e1006907.

[38] Chen Z, Huang A, Sun J, et al. Inference of immune cell composition on the expression profiles of mouse tissue[J]. Scientific Reports, 2017, 7: 40508.

[39] Dong M, Thennavan A, Urrutia E, et al. SCDC: Bulk gene expression deconvolution by multiple single-cell RNA sequencing references[J]. Briefings in Bioinformatics, 2021, 22(1): 416-427.

[40] Vallania F, Tam A, Lofgren S, et al. Leveraging heterogeneity across multiple datasets increases cell-mixture deconvolution accuracy and reduces biological and technical biases[J]. Nature Communications, 2018, 9(1): 4735-4741.

[41] Altboum Z, Steuerman Y, David E, et al. Digital cell quantification identifies global immune cell dynamics during influenza infection[J]. Molecular Systems Biology, 2014, 10(2): 720-729.

[42] Mohammadi S, Zuckerman N, Goldsmith A, et al. A critical survey of deconvolution methods for separating cell types in complex tissues[C]. Proceedings of the IEEE, 2017, 105(2): 340-366.

[43] Kuhn A, Kumar A, Beilina A, et al. Cell population-specific expression analysis of human cerebellum[J]. BMC Genomics, 2012, 13(5): 610-618.

[44] Chikina M D, Zaslavsky E, Sealfon S C. CellCODE: A robust latent variable approach to differential expression analysis for heterogeneous cell populations[J]. Bioinformatics, 2015, 31(10): 1584-1591.

[45] Tang D, Park S, Zhao H. NITUMID: Nonnegative matrix factorization-based Immune-TUmor microenvironment deconvolution[J]. Bioinformatics, 2020, 36(5):1344-1350.

[46] Dimitrakopoulou K, Wik E, Akslen L A, et al. Deblender: A semi-/unsupervised multi-operational computational method for complete deconvolution of expression data from heterogeneous samples[J]. BMC Bioinformatics, 2018, 19(1): 408-415.

[47] Talwar D, Mongia A, Sengupta D, et al. AutoImpute: Autoencoder based imputation of single-cell RNA-Seq data[J]. Scientific Reports, 2018, 8(1): 1-11.

[48] Wang L, Sebra R P, Sfakianos J P, et al. A reference profile-free deconvolution method to infer cancer cell-intrinsic subtypes and tumor-type-specific stromal profiles[J]. Genome

Medicine, 2020, 12(1): 24-32.

[49] Dong L, Kollipara A, Darville T, et al. Semi-CAM: A semi-supervised deconvolution method for bulk transcriptomic data with partial marker gene information[J]. Scientific Reports, 2020, 10(1): 5434-5443.

[50] Racle J, Gfeller D. EPIC: A tool to estimate the proportions of different cell types from bulk gene expression data[J]. Methods in Molecular Biology, 2020, 21(20): 233-248.

[51] Newman A M, Liu C L, Green M R, et al. Robust enumeration of cell subsets from tissue expression profiles[J]. Nature Methods, 2015, 2(5): 453-457.

[52] Newman A M, Steen C B, Liu C L, et al. Determining cell type abundance and expression from bulk tissues with digital cytometry[J]. Nature Biotechnology, 2019, 37(7): 773-782.

[53] Wang X, Park J, Susztak K, et al. Bulk tissue cell type deconvolution with multi-subject single-cell expression reference[J]. Nature Communications, 2019, 10(5): 380-388.

[54] Marzancola M G, Sedighi A, Li P C. DNA microarray-based diagnostics[J]. Methods in Molecular Biology, 2016, 1368(7): 161-178.

[55] Sarwat M, Yamdagni M M. DNA barcoding, microarrays and next generation sequencing: Recent tools for genetic diversity estimation and authentication of medicinal plants[J]. Critical Reviews in Biotechnology, 2016, 36(2): 191-203.

[56] Wilhelm B T, Landry J R. RNA-seq-quantitative measurement of expression through massively parallel RNA-sequencing[J]. Methods, 2009, 48(3): 249-257.

[57] Lowe R, Shirley N, Bleackley M, et al. Transcriptomics technologies[J]. PLoS Computational Biology, 2017, 13(5): e1005457.

[58] Parekh S, Ziegenhain C, Vieth B, et al. The impact of amplification on differential expression analyses by RNA-seq[J]. Scientific Reports, 2016, 6: 25533.

[59] Lieberman B, Kusi M, Hung C N, et al. Toward uncharted territory of cellular heterogeneity: Advances and applications of single-cell RNA-seq[J]. Journal of Translational Genetics and Genomics, 2021, 5(3): 1-11.

[60] Hwang B, Lee J H, Bang D. Single-cell RNA sequencing technologies and bioinformatics pipelines[J]. Experimental and Molecular Medicine, 2018, 50(8): 1-14.

[61] Haque A, Engel J, Teichmann S A, et al. A practical guide to single-cell RNA-sequencing for biomedical research and clinical applications[J]. Genome Medicine, 2017, 9(1): 75-84.

[62] Ilicic T, Kim J K, Kolodziejczyk A A, et al. Classification of low quality cells from single-cell RNA-seq data[J]. Genome Biology, 2016, 17(6): 29-35.

[63] Cao J, Packer J S, Ramani V, et al. Comprehensive single-cell transcriptional profiling of a multicellular organism[J]. Science, 2017, 357(6352): 661-667.

[64] Stephenson W, Donlin L T, Butler A, et al. Single-cell RNA-seq of rheumatoid arthritis synovial tissue using low-cost microfluidic instrumentation[J]. Nature Communications, 2018, 9(1): 791-799.

[65] Larsson A J M, Johnsson P, Hagemann-Jensen M, et al. Genomic encoding of transcriptional burst kinetics[J]. Nature, 2019, 565: 251-254.

[66] Lieberman B, Kusi M, Hung C N, et al. Toward uncharted territory of cellular heterogeneity: Advances and applications of single-cell RNA-seq[J]. Journal of Translational Genetics and Genomics, 2021, 5(2): 1-21.

[67] Bacher R, Kendziorski C. Design and computational analysis of single-cell RNA-sequencing experiments[J]. Genome Biology, 2016, 17(6): 63-71.

[68] Vallejos C A, Risso D, Scialdone A, et al. Normalizing single-cell RNA sequencing data: Challenges and opportunities[J]. Nature Methods, 2017, 14(6): 565-571.

[69] Hicks S C, Townes F W, Teng M, et al. Missing data and technical variability in single-cell RNA-sequencing experiments[J]. Biostatistics, 2018, 19(4): 562-578.

[70] Venet D, Pecasse F, Maenhaut C, et al. Separation of samples into their constituents using gene expression data[J]. Bioinformatics, 2001, 17(Suppl 1): S279-S287.

[71] Avila C F, Vandesompele J, Mestdagh P, et al. Computational deconvolution of transcript-omics data from mixed cell populations[J]. Bioinformatics, 2018, 34(11): 1969-1979.

[72] Kim J, He Y, Park H. Algorithms for non- negative matrix and tensor factorizations: A unifi edview based on block coordinate descent frame-work[J]. Journal of Global Optimization, 2013, 58(2): 285-319.

[73] Gaujoux R, Seoighe C. Semi-supervised nonnegative matrix factorization for gene expression deconvolution: A case study[J]. Infection, Genetics and Evolution: Journal of Molecular Epidemiology and Evolutionary Genetics in Infectious Diseases, 2012, 12(5): 913-921.

[74] 樊磊. 对异质性肿瘤样本的基因表达数据反卷积计算方法的综合评价[D]. 哈尔滨: 哈尔滨工业大学, 2020.

[75] Aran D, Hu Z, Butte A J. xCell: Digitally portraying the tissue cellular heterogeneity landscape[J]. Genome Biology, 2017, 18(1): 220-227.

[76] Miao Y R, Zhang Q, Lei Q, et al. ImmuCellAI: A unique method for comprehensive T-cell subsets abundance prediction and its application in cancer immunotherapy[J]. Advanced Science, 2020, 7(7): 190-197.

[77] Tsoucas D, Dong R, Chen H, et al. Accurate estimation of cell-type composition from gene expression data[J]. Nature Communications, 2019, 10(1): 2975-2982.

[78] Ting G, Szustakowski J D. DeconRNASeq: A statistical framework for deconvolution of

heterogeneous tissue samples based on mRNA-Seq data[J]. Bioinformatics, 2013, 29(8): 1083-1085.

[79] Shen-Orr S S, Tibshirani R, Khatri P, et al. Cell type-specific gene expression differences in complex tissues[J]. Nature Methods, 2010, 7(4): 287-293.

[80] Glass E R, Dozmorov M G. Improving sensitivity of linear regression-based cell type-specific differential expression deconvolution with per-gene vs. global significance threshold[J]. BMC Bioinformatics, 2016, 17(Suppl 13): 334.

[81] Kiselev V Y, Andrews T S, Hemberg M. Challenges in unsupervised clustering of single-cell RNA-Seq data[J]. Nature Reviews Genetics, 2019, 20(5): 273-282.

[82] 南四威. 有部分参考信号的肿瘤异质性反卷积算法研究[D]. 上海: 上海师范大学, 2020.

[83] Chen Z, Huang A, Sun J, et al. Inference of immune cell composition on the expression profiles of mouse tissue[J]. Scientific Reports, 2017, 7: 40508.

[84] Chen Z, Ji C, Shen Q, et al. Tissue-specific deconvolution of immune cell composition by integrating bulk and single-cell transcriptomes[J]. Bioinformatics, 2020, 36(3): 819-827.

[85] Frishberg A, Peshes-Yaloz N, Cohn O, et al. Cell composition analysis of bulk genomics using single-cell data[J]. Nature Methods, 2019, 16(4): 327-332.

[86] Erdmann-Pham D D, Fischer J, Hon J, et al. Likelihood-based deconvolution of bulk gene expression data using single-cell references[J]. Genome Research, 2021, 31(10): 1794-1806.

[87] Menden K, Marouf M, Oller S, et al. Deep learning-based cell composition analysis from tissue expression profiles[J]. Science Advances, 2020, 6(30): eaba2619.

[88] Tsoucas D, Dong R, Chen H, et al. Accurate estimation of cell-type composition from gene expression data[J]. Nature Communications, 2019, 10(1): 2975-2981.

[89] Jew B, Alvarez M, Rahmani E, et al. Accurate estimation of cell composition in bulk expression through robust integration of single-cell information[J]. Nature Communications, 2020, 11(1): 1971-1979.

第 8 章　基于带权多粒度扫描的转录因子结合位点预测算法

8.1　研究背景与意义

20 世纪初期，随着人类基因工程的实施，生物分子的序列、结构和功能等方面的研究数据呈现出了指数级的增长趋势。传统的生物试验在时间、人力、物力、财力等方面已不能适应人类对生命科学的研究需求，这就促使了生物信息学这一学科的诞生。生物信息学是一门跨学科的新兴交叉性学科，它的核心内容是利用生物计算技术对海量的生物数据进行分析，以期找到隐藏在生物数据中的生物形态及其相关信息，并对这些信息进行深入的分析，从而有助于深入地了解生物的运作机理[1]。生物信息学与高通量测序技术的迅速发展极大地帮助了我们进一步了解基因中表达功能的生物信息，同时也为多种疾病的研究提供了理论依据和方法[2]。近年来，有关专家及学者运用生物信息学相关技术，对肿瘤突变、宫颈癌、乳腺癌、IgA 肾病、鼻咽癌等疾病进行了深入的探索与研究[3-6]。生物信息学的实质就是对海量的生物数据进行处理和分析，并从中获取所需的信息，这对医学、药学、生物学等学科都产生了巨大的影响。

随着基因组时代的到来，有关的研究重点开始转移到后基因组学，从分子水平上探讨微观分子生物学的作用。其中，基因的表达与调控的课题一直是基因组学的核心研究内容。在真核生物中，基因的表达是受很多调控因子调控的，这种对生物体内基因的调节和控制称为基因表达调控[7]。基因的表达调控决定了生物适应环境变化的能力及能否实现自我调控[8]。基因的表达过程为 DNA 转录成 RNA，再将其翻译成蛋白质，转录是基因表达过程中不可或缺的一部分。基因表达受转录发生时间及速率的控制，所以转录调控与基因表达的调控有着密不可分的关系。转录因子(transcription factors，TF)作为一种特殊的 DNA 结合蛋白，可以与 DNA 模板链相结合，进而调控转录过程[9]。生命活动各个阶段的许多生物学过程都有转录因子的身影，细胞的增殖、生长、分化、凋亡等过程都离不开转录因子的调控作用[10]。很多生命活动异常都是转录因子功能异常导致的，进而导致多种疾病的发生[11]。例如，常见的神经系统疾病、冠心病、糖尿病、高血压甚至癌症都与转录因子的变化密切相关[12,13]。

转录因子在基因表达中扮演着非常重要的角色，而其作为反式调控因子又与基因调控息息相关[14]。转录因子结合位点(transcription factor binding sites，TFBS)是一种 DNA 片段，与转录因子相结合的这些 DNA 片段可以作为许多疾病治疗的靶点，对药物设计和疾病治疗有着极其重要的意义[15]。全基因组的转录因子结合谱可以为药物设计提供参考依据，能大大地降低其研究周期和开发成本，是药物研发不可或缺的重要工具之一[16]。DNA 结合位点的相关研究还可以加速对生物学信息的积累，对研究物种进化、基因调控、结构和功能关系等生命本质现象具有重大的推动作用[17]。因此，针对转录因子结合位点的预测与研究是一项非常有意义的课题。由于生物体系的复杂和基因数量的庞大，转录因子结合位点的预测仍然是生物信息科学中一个具有挑战性的难题。尽管多年前就已经存在了通过生物实验测定转录因子结合位点的算法，但仍不能满足人们构建基因表达调控网络的需要。

目前，在转录因子结合位点领域，专家和学者都在努力地利用机器学习等先进技术对已有的转录因子结合位点预测算法展开研究和优化，期望能够研究出性能更优越的转录因子结合位点预测模型。因此，对旧算法的优化和对新模型的探索仍是转录因子结合位点预测领域的一个研究热点。

8.2　国内外研究现状

理解和构建基因表达调控网络对帮助人们理解生命活动是非常有意义的。其中，转录因子这个特殊的蛋白质是基因表达调控中不可缺少的一环。所以对于转录因子相互结合的位点进行预测始终都被认为是现代计算生物学研究领域的一个热点课题。转录因子结合位点预测的研究已经取得了长足发展，有许多的算法被开发出来用于转录因子结合位点的预测[18]。本章从基于序列计算的预测算法和基于机器学习的预测算法来介绍与本书相关的国内外研究现状，这些针对转录因子结合位点的预测研究对人们了解细胞发育和基因表达具有很大的帮助。

传统生物实验方法对转录因子结合位点研究所做出的贡献是不可忽视的，如常用的电泳迁移率变化分析(electrophoretic mobility shift assays，EMSA)、DNase 足迹(DNase footprinting)法和结合位点分析(binding site assays)法。直到现在，人们仍经常使用 ChIP-seq 技术来寻找转录因子结合位点[19]。ChIP-seq 技术是染色质免疫共沉淀技术和第二代测序技术相结合而产生的，其主要原理是通过甲醛将转录因子及转录因子所结合的 DNA 片段固定起来，再对所富集到的 DNA 片段进行高通量测序[20]。从 ChIP-seq 实验中得到的数据不仅包含转录因子结合位点的序列特征，还包含非序列特征，如侧翼 DNA 和序列 GC 偏差[21]。ChIP-seq 方法得到的结果分辨率可以达到 100bp。然而，该实验往往需要难以获得的试剂和材料，如针对特定目标转录因子的抗体[22]。同时，由于实验的客观因素和人力财力的消耗，其仍然难以实现较高通量、大规模的转录因子结合位点测定。

为了解决这类问题，人们利用计算生物学技术研究出许多种转录因子结合位点的预测算法，通过计算算法预测潜在的结合位点被认为是一种可替代的解决方案，使其摆脱实验的限制以实现大规模的预测。

8.2.1　基于序列计算的预测算法

不同 DNA 片段的共有序列通常是全部位点中相似度最高的序列。在最初的研究中，共有序列可以较为粗略地描述转录因子结合位点的特征。通过识别共有序列来确定转录因子结合位点的算法便被研究出来，常见的算法有 YMF 算法和 MobyDick 算法[23,24]。这种算法看似最为简单，但共有序列的寻找往往没有那么容易，有时候还会出现表达特征不强的情况。同时基于共有序列的预测方法往往只能粗略地找到转录因子结合位点，精确度不高。

图 8.1 为转录因子结合位点表示算法。

1	TACGAT
2	TATAAT
3	GATACT
4	TATAGA
5	TATGTT
	TATAAT

(a)共有序列

	1	2	3	4	5	6
A	0.0	1.0	0.0	0.6	0.4	0.2
C	0.0	0.0	0.2	0.0	0.2	0.0
G	0.2	0.0	0.0	0.4	0.2	0.0
T	0.8	0.0	0.8	0.0	0.2	0.8

(b)位点权重矩阵

图 8.1　转录因子结合位点表示算法

在早期，位点权重矩阵(position weight matrix，PWM)是一种被高度认可的转录因子结合位点的表示方法，与使用共有序列的表示方法相比，位点权重矩阵更能准确地表示出位点的特征信息[25]。位点权重矩阵是一个 $n\times4$ 的矩阵，n 为转录因子结合位点所对应的 DNA 片段的长度，主要代表每个位点上 4 种核苷酸出现的概率。根据位置权重矩阵，可以采用最大期望(expectation maximization，EM)、贪婪思想算法和 Gibbs 采样法等经典算法对特定的 DNA 序列片段进行评分。经典的方法有 MEME 算法，它以较高的灵敏度著称，但是整个算法用时较长[26]。Bailey 和 Elkan[27]提出了基于 Gibbs 采样的 Gibbs Motif Sampler 方法，它的计算速度相对较快，但是结果并不会很理想，需要重复多次实验来弥补这个缺陷。文献[28]提出了多对齐的 Gibbs 采样策略。

Hertz 和 Stormo[29]提出的系统进化足迹法也经常被用于转录因子结合位点的预测。该方法有基本假设：基因表达过程受转录因子结合位点的调控作用，而具有调控功能的基因片段在进化过程中会相对保守，所以其发生基因突变的概率也会较低。因此可以通过识别直系同源序列片段中的保守位点来预测转录因子结合位点。一般情况下，识别得到的保守 DNA 片段就是我们需要找的转录因子结合位点[30]。Yan 等[31]在很早之前便通过系统进化足迹法成功地预测了地杆菌(geobacter)的转录因子结合位点，主要是通过识别保守操纵子的调控区，再从调控区中找出保守的DNA片段，这些 DNA 片段序列极有可能就是结合位点。但是，当同源调控序列有很大的相似率时，这种方法会识别出许多非结合位点，所以需要对序列的权重进行一定的设置以降低假阳性。系统进化足迹法一般会使用 DNA 序列比对算法，所以结果的好坏取决于 DNA 序列对比算法的选择，且算法耗时较长，没有实现自动预测。

8.2.2 基于机器学习的预测算法

随着近几年各门类数据量的增多、计算机运算能力的增强，机器学习的发展也越来越迅速。当前转录因子结合预测面临着很大的挑战，而机器学习技术的兴起则给这一困境带来了希望。近年来，机器学习开始应用到生物信息学领域，如利用信息科学技术研究 DNA 到基因、基因表达、生理表现等一系列环节中的现象和规律[31,32]。在基于机器学习的预测算法中，有监督的学习算法是转录因子结合位点预测中的主要算法，即输入的数据都是已经经过标记的。

1. 基于传统机器学习的预测算法

除了结合位点序列本身，其他序列特征也会影响蛋白质的结合，如侧翼 DNA 和序列 GC 偏差[33,34]。这些序列特征自然包括在 ChIP-seq 数据中。为了更好地建立蛋白质-DNA 结合特异性模型，一些基于 ChIP-seq 的模型实现了更高的 DNA 结合位点预测的模型精度。Pique-Regi 等[35]基于贝叶斯预测模型和经典的最大期望算法，利用位点权重矩阵、转录起始位点数据和 DNaseI 数据等，提出了 CENTIPEDE 算法。Khamis[36]从转录因子结合位点的长度出发，利用 DNA 片段、转录因子的结构特征、蛋白质和 DNA 结合信息，以及高通量测序获得的 ChIP-Seq 数据，融合随机森林分类模型，构建了转录因子结合位点预测算法。由于转录因子结合位点的长度并不相同，所以根据长度不同 DNA 片段被划分为 14 个预测模型。模型输入的特征向量是由对应长度的转录因子结合位点编译成的二进制特征向量得到的，并且将转录因子结合位点序列的信息与转录因子-DNA 域的理化性质结合起来，最终的预测准确度相较于之前的研究也有了很大的提升。这类算法通过实验或计算得到的 DNA 序列的先验信息，例如，位点权重矩阵、转录因子起始位点数据、DNaseI 数据等。基于实验数据的预测缺点可知，一旦缺少实验数据便无法进行预测，因此具有很大的局限性。此外，这些先验信息本身有一定程度的误差，所以算法结果的可靠性还有待提高。

DNA 序列的结构信息对于识别转录因子结合位点同样有深刻的影响。基于结构模型的预测方法依赖蛋白质-DNA 结构和实验测得的结合位点去构建模型。由于真实实验测得的蛋白质-DNA 复合物结构的数据量并不理想，在大多数情况下，基于结构模型的预测方法会先通过分子对接或同源建模等方法建立蛋白质-DNA 复合物模型，再利用机器学习的技术进行转录因子结合位点的预测[37,38]。由 Liu 等[39]提出的基于分子对接的预测模型，采用了 141 个非冗余的转录因子和其对应的 DNA 序列复合物，并通过计算对接后复合物结构的总能量来判断该结构是否稳定。Pujato 等[40]利用类似的数据和机器学习技术构建了基于同源建模的 TF2DNA 模型，这一创新提高了原始模型的预测性能。基于蛋白质-DNA 结构的转录因子结合物很少，因此不能实现大规模的转录因子结合位点的预测。但是这种预测算法相比单纯基于实验数据的预测算法，预测率更高，然而对输入数据的要求较高，难以实现。

2. 基于深度学习的预测算法

深度学习作为机器学习的一种，近几年已经渗透到各个领域，计算生物学也不例外。有许多研究者尝试通过深度学习的算法预测转录因子结合位点，并取得了较为理想的成绩。基于深度学习的预测可以从 DNA 序列直接预测到结果，深度神经网络会自动学习特征并生成预测方法。此外，在编码方面，基于深度学习的转录因子结合位点预测方法一般使用 Python 代码进行编写，并可以使用集成好的包，如 Tensorflow、Keras 等，使得编码更加快速和方便。输入样本一般为被 one-hot 编码过的 1000 个 DNA 序列矩阵，矩阵大小为 1000×4，4 列分别对应 DNA 的 4 种核苷酸。

由 Alipanahi 等[41]提出的 DeepBind 是最早将深度学习应用到生物信息学的成功案例。DeepBind 的输入为被 one-hot 编码的与转录因子结合的 DNA 序列片段，利用 CNN 对模型进行训练，实现了真正意义的自动预测。不仅如此，通过各种数据的测试和指标的对比，DeepBind 在当时被提出时是优于其他较为先进算法的，而且也可以很好地应用到大型的数据集中。但由于是深度学习应用的初始版本，自然存在这样或那样的改进空间，需要做进一步的改进。

DeeperBind 便是基于 DeepBind 做了进一步的改进，它不再局限于单纯的 CNN，它在卷积层之后加入了两层循环神经网络中的 LSTM，以获取序列上下文的有用信息[42]。加入循环神经网络后的 DeeperBind 在体外和体内数据的测试中的性能明显地高于仅单纯使用 CNN 的 DeepBind，并且 DeeperBind 不需要池化层以避免池化导致的特征丢失。同时 DeeperBind 也可以处理长短不一的序列，具有更好的鲁棒性。

由 Quang 和 Xie[43]提出的 DanQ 使用了卷积神经网络网络和双向循环神经网络(bidirectional recurrent neural network，BiLSTM)的结合来对数据进行训练。DanQ 包含了一个卷积层和一个最大池化层，在最大池化层之后是 BiLSTM 层，最后加了全连接层和使用 Sigmoid 激活函数的多任务输出层。DanQ 的参数优化使用了流行的 RMSprop 算法，并且采用了多任务学习的方式。此外，将最大池化层加入模型当中以减少输出矩阵的大小。DanQ 的输入是一个由 1000 个 DNA 序列编码后形成的矩阵，矩阵的大小为 1000×4，4 列分别对应 DNA 的 4 个核苷酸。DanQ 的训练时间为 15d，其实现了对 690 个转录因子结合位点(transcription factor blinding sites，TFBS)的同时预测。DanQ 具有很强的可移植性，它不仅可以实现 TFBS 的预测任务，还可以实现蛋白质修饰位点的预测任务和 DNA 超敏感位点(DNase I hypersensitive site，DHS)的预测任务。

Zhou 等[44]使用多任务学习技术提出了一种预测方法 MTTFsite。除了 DNA 序列，还结合组蛋白修饰特征进行特征融合，以充分地表示转录因子结合位点的特征，并使用 CNN 进一步地提取特征。该模型的平均准确率达到了 82.05%。不仅如此，Zhou 等[44]还提出了基于 MTTFsite 预测的利用 TFBS 方法组蛋白修饰特征预测基因表达的方法，并且也取得了一定的进展。

FactorNet 模型是 Quang 和 Xie[45]在 DanQ 的基础上提出的，并在 DanQ 上做了扩展。FactorNet 模型不仅在对输入数据的特征中增加了额外的特征 DNase-seq 数据，而且考虑了 DNA 序列的反向互补，并将其扩展成 Siamese 架构，该架构的两条路径的权重是共享的，以保证输出相同。FactorNet 模型同样可以适用于大型数据集，并且较之前的模型的训练效率和准确率都有很大的提升。

通过分析现有的预测算法发现，越来越多的先进技术被应用在转录因子结合位点预测领域。不同于传统的生化实验，利用机器学习等技术实现转录因子结合位点的预测更准确、高效，并且具有高度的灵活性和可移植性，成为目前的研究热点。然而，相关的研究也会存在一些问题。基于传统的机器学习的转录因子结合位点预测算法依赖于特征选择提取和算法的高效运算，因此算法选择不当就容易导致预测准确度不高。基于深度学习的转录因子结合位点预测算法的效率和准确度都有所提高，但也会存在耗时长、过拟合等不足之处。因此，亟须进一步优化完善转录因子结合位点预测算法，寻找高效的 DNA 序列特征表示算法，搭建能充分地提取特征信息的模型，进而实现高精度高效率的转录因子结合位点预测。

8.3 研究内容

转录因子结合位点预测的主要组成要素有特征选择和融合、特征提取方法、DNA序列结构及预测模型构建，其中的关键成分是特征选择和融合与预测模型构建。本节通过对目前较为先进的转录因子结合位点预测算法进行优劣势分析，确定了如今转录因子结合位点预测算法难以满足人们对于高精度预测的需求，在特征提取能力和模型架构方面存在进一步的优化空间。针对目前算法存在的问题，本节从特征表示和算法设计两个角度对转录因子结合位点预测问题进行进一步研究。在特征表示方面，本节设计组合特征编码算法，融合了 DNA 形状数据。在算法设计方面，本节提出带权多粒度扫描策略，并进一步探索注意力机制在转录因子结合位点预测领域的应用。转录因子结合位点预测算法的研究内容框架如图 8.2 所示。

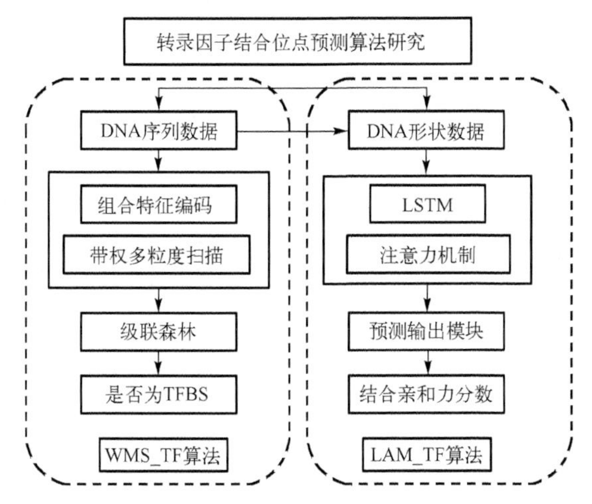

图 8.2　转录因子结合位点预测算法的研究内容框架

8.4 转录因子结合位点简介

8.4.1 基因表达与转录调控

基因是一个储存生物遗传数据的 DNA 核苷酸片段，它是一段功能性的 DNA 序列[45]。在生物体中，遗传信息的传递过程可以分为三个部分：DNA 生成 RNA，RNA 生成蛋白质，而蛋白质可以反过来协助前两者的生成过程，并且可以协助 DNA 和 RNA 实现自我复制[46]。如图 8.3 所示，基因表达是将基因中的遗传信息转化成有生物功能蛋白质的过程，也就是 DNA 首先通过转录过程生成 RNA，再将所得到的 RNA 翻译成蛋白质。其中，DNA 转录阶段是基因表达中不可或缺的一部分。

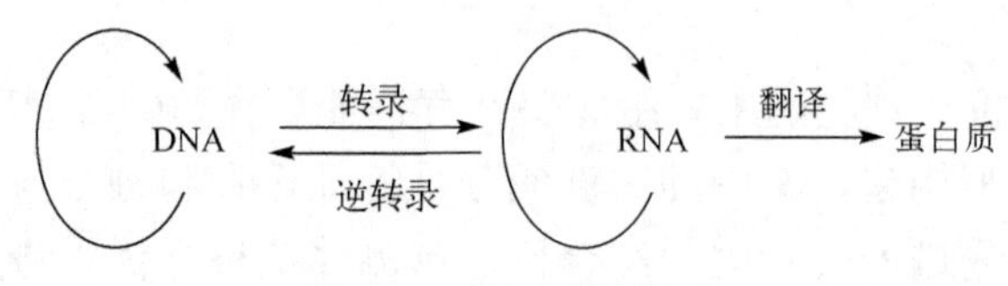

图 8.3 基因表达过程

转录过程作为基因表达的第一步，主要分为三个步骤：首先，RNA 聚合酶与 DNA 中用作转录起始的启动子结合[47]。然后，打开 DNA 分子的双链，与新来的碱基按照规则进行配对，从而形成一条新的 RNA 链。最后，RNA 聚合酶沿着模板链的方向不断移动，使 RNA 链继续增长，直至碰到终止子，整个转录过程结束。

基因的表达过程是受严密调控的，这对生物能否适应环境变化、实现自我调节有着决定性的影响。在真核生物中，基因的表达是受很多调控因子调控的，如 RNA 结构、蛋白质和酶，这种通过调控因子对生物体内基因的调节和控制称为基因表达调控[48]。基因表达的管理与控制对生物体适应环境变化和实现自我调节有着重要的影响[49]。

转录水平的调节和控制是基因表达调节的一种。在真核生物中，转录发生的时间和转录的速度都会影响基因的表达过程，所以转录调控与基因表达的调控有着密不可分的关系[50]。转录阶段的调控与一系列不同的调控形式和调控因子有关。这些调控因子由顺式作用模块(cis-regulatory module，CRM)和反式作用模块(trans-acting module)组成，它们通过与 RNA 聚合酶合作完成对转录阶段的调节和控制[51]。顺式作用模块是 DNA 序列中可以作用于转录过程的 DNA 片段，包括启动子、沉默子、终止子等。顺式作用模块自身并不进行任何的编码过程。反式作用模块是一种蛋白质分子，它能够与顺式作用模块相结合，常见的有转录因子、miRNA 等。在各种反式作用模块中，链式特异性转录因子具有各种各样的作用，它们在各种基因的转录过程中都发挥着不可替代的作用[52]。

8.4.2 转录因子

DNA 结合蛋白质属于一类可以与 DNA 特定序列相互结合并具有一定作用的特殊蛋白质。它在生物蛋白质占很大的比重，并且在大部分细胞的生长、分化和发育过程中都扮演着相当重要的角色，同时也是保证表达基因信息的关键[53]。如图 8.4 所示，转录因子作为一种特殊的 DNA 结合蛋白，通常为 5～30bp，它可以与 DNA 模板链结合以调节转录过程的频率。具体来说，就是转录因子与 DNA 模板链结合后，可以吸引 RNA 聚合酶到 DNA 模板链上游的启动子片段上，然后进行转录调控[54]。转录因子是基因表达的关键因素，是细胞信号传导过程中一个不可或缺的中间节点。它能够将下游调控因子所发出的信号进行适当的处理，从而实现基因的表达调控。转录因子的相关分析和研究对于理解基因表达过程非常重要。

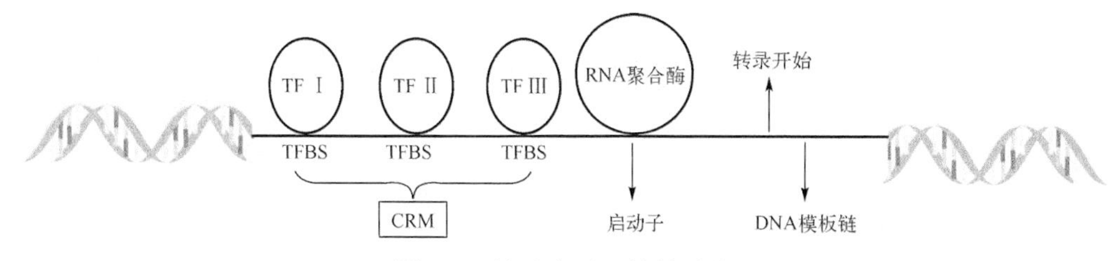

图 8.4 转录水平调控的过程

由于转录因子自身就是通过转录和翻译过程而形成的特殊蛋白质，所以它也是通过基因表达进行管理和控制的，也就是说，一些转录因子有调整其自身基因表达的功能[55]。许多研究人员对转录因子的作用进行了相关探索。这些研究表明，转录因子是基因表达调控的一个重要元素，在基因表达的控制中起着转折性作用[56]。转录因子在生命活动的各个阶段都或多或少地参与了各种生物过程。细胞增殖、发育、分化、凋亡都离不开转录因子的调控[57]。转录因子的功能异常往往会导致生物的生命活动也发生异常，从而导致一些疾病的出现。例如，神经系统疾病、冠心病、糖尿病、高血压等常见疾病，甚至癌症都与转录因子的变化密切相关[58-60]。转录因子的结构、功能及表达水平的变化会对细胞生长、分化及代谢产生影响，因此其相关研究成为现代分子生物学的研究热点之一。

8.4.3 转录因子结合位点及其预测

研究转录因子结合位点可以帮助研究由突变引起的一系列疾病[61]。在一些癌症治疗中，转录因子结合位点被考虑为药物靶点，对药物的开发和创新有很大的帮助[62]。因此，准确预测转录因子结合位点是理解和研究基因功能、揭示生物分子调控机制和癌症等疾病发病机理的关键环节之一。

由于全基因组碱基数量庞大，单纯实验技术已经满足不了构建转录因子结合谱的需求，基于序列的转录因子结合位点预测算法的结果并不精准。转录因子结合位点的预测将会更多地使用机器学习和深度学习等先进技术，去挖掘数据内潜在的联系，学习数据中重要的特征，以实现结合位点的自动预测。

转录因子结合位点预测最主要的两个方面：一方面，使用与转录因子结合位点相关度较高的数据并采用合适的方式提取数据特征；另一方面，搭建合适的模型使其充分地学习这些特征。目前相关研究中主要使用 DNA 序列来实现结合位点的预测，并且使用独热编码技术来提取序列特征，缺乏充分地提取特征的方法，也缺少与转录因子结合位点相关的数据。同时，目前研究使用的预测模型难以有效地捕捉远距离碱基对基因的调控作用，也没有区别某些特征对预测结果影响的重要程度。因此，可以考虑从这两个方面对转录因子结合位点预测进行进一步的研究。

8.5 传统机器学习简介

8.5.1 传统机器学习基本知识

机器学习(machine learning，ML)是机器运用若干统计算法，利用自身的优势，从海量的历史数据中，学习出一套可以用来完成人类需求的经验模式[63]。ML 广泛地应用于各个领域，它通过计算机对人类的学习行为进行近似模拟，并不断地优化学习效果以获取强大的预测功能，还可以对现有的知识结构进行重新组织和持续改进[64,65]。

ML 是为了使机器能够自主地从数据中获取知识并进行分析，主要分为以下几类。

(1)有监督学习：在样本输入时，除了特征数据 X，还有明确的标签 Y。机器可以在学习的同时根据标签 Y 的反馈来随时地调整自己的学习策略和学习方法。具有代表性的此类算法包括决策树、Adaboost、XGBoost、支持向量机等。

(2)无监督学习：在样本输入时只有特征数据 X，没有任何可以表示该条数据的标签。这就要求模型必须通过自身的学习来捕捉数据间的相关性，完成分类或回归。这类算法一般被用来进行聚类分析，如常用的 K-means 聚类。

(3)半监督学习：是介于有监督学习与无监督学习之间的一种学习方式，可以输入两个数据集，第一个数据集中的样本输入包含特征数据 X 和该条数据的标签 Y，第二个数据集中仅包含特征数据 X。这种学习方式不要求所有的数据都包含标签，可以有效地降低人力等成本。

8.5.2 决策树与随机森林

决策树是一种典型的机器学习模型，它是树形结构，可以通过已知的概率信息来判断未知的决策信息[66]。决策树的节点可以分为两类：一类是内部节点，另一类是叶子节点。内部节点表示一个特性，可以根据这个特征对该节点进行分裂；叶子节点表示某种类别。尽管决策树能够给出理想的结果，但它的灵活性并不强，难以预测连续的字段。

在决策树中，ID3、C4.5 和 CART 算法是三种常用的特征选取算法。ID3 是基于信息增益值的算法，当决策树中的某一个节点需要分裂时，通过比较每个特征的信息增益值来选取分裂特征。决策树从根节点出发，不断地进行节点分裂，直至全部特征的信息增益值都非常小或没有可供选取的特征时结束分裂。C4.5 算法基于信息增益率进行分裂特征的选取，它的构建过程和 ID3 算法极为相似，但它增加了剪枝操作，并且能对连续属性进行离散化操作。CART 算法基于基尼系数，它的预测结果更加准确，并且对于越是复杂的数据和变量，该算法的优势就越明显。

随机森林(random forest，RF)是将多棵决策树结合起来进行集成学习而组成的一种分类器，它不仅可以执行分类任务，还可以执行回归任务[67]。在 RF 算法中，每棵决策树都会输出一个决策结果，最后取所有类别结果中占比较大的那个类别作为最终结果。与决策树模型相比，随机森林模型的抗干扰性强，同时还能实现多个决策树的并行生成，提高了模型的学习效率。

8.5.3　深度森林

深度森林是一种基于集成森林模型的算法[68]。在传统森林的基础上，深度森林在深度和宽度上都有所扩展。为了防止过拟合的发生，深度森林采用 k 折交叉验证法来构建每个森林产生的类向量。深度森林具有参数少、训练消耗低、可并行、使用方便等优点，在分类预测任务中具有独特的优势，因此本节期望使用深度森林来进行转录因子结合位点预测算法的优化。深度森林的结构可以分为两部分：多粒度扫描模块和级联森林模块。

1)多粒度扫描模块

多粒度扫描模块可以对特征进一步处理，是一种能够提高级联森林性能的技术方法。在一维的 DNA 序列数据的处理中，该模块使用长度不一的滑动窗口扫描预处理后的 DNA 序列数据，也就是对预处理后的特征数据进行局部提取，由此得到一组局部低维特征向量，再通过森林的集合(随机森林和完全随机森林)训练得到类向量。如图 8.5 所示，多粒度扫描方法首先利用长度为 m 的窗口在长度为 n 的一维的特征向量上滑动，滑动的步长为 1。窗口遍历整个特征向量后将得到 $n-m+1$ 个长度为 m 的特征向量。滑动窗口的大小不同，扫描得到的特征向量的个数也就不同。将扫描所得到的特征向量分别输入到随机森林和完全随机森林中，并分别通过训练产生 $2\times(n-m+1)$ 个类向量。再将得到的类向量进行拼接，当问题为二分类问题时，形成长度为 $2\times2\times(n-m+1)$ 的类向量，即得到级联森林的预输入特征数据。

2)级联森林模块

级联森林模块是一种能够在原有特征基础上添加新的特征，实现了对原有特征扩展的模块。如图 8.6 所示，级联森林模块包含了多个级联层，每个级联层包

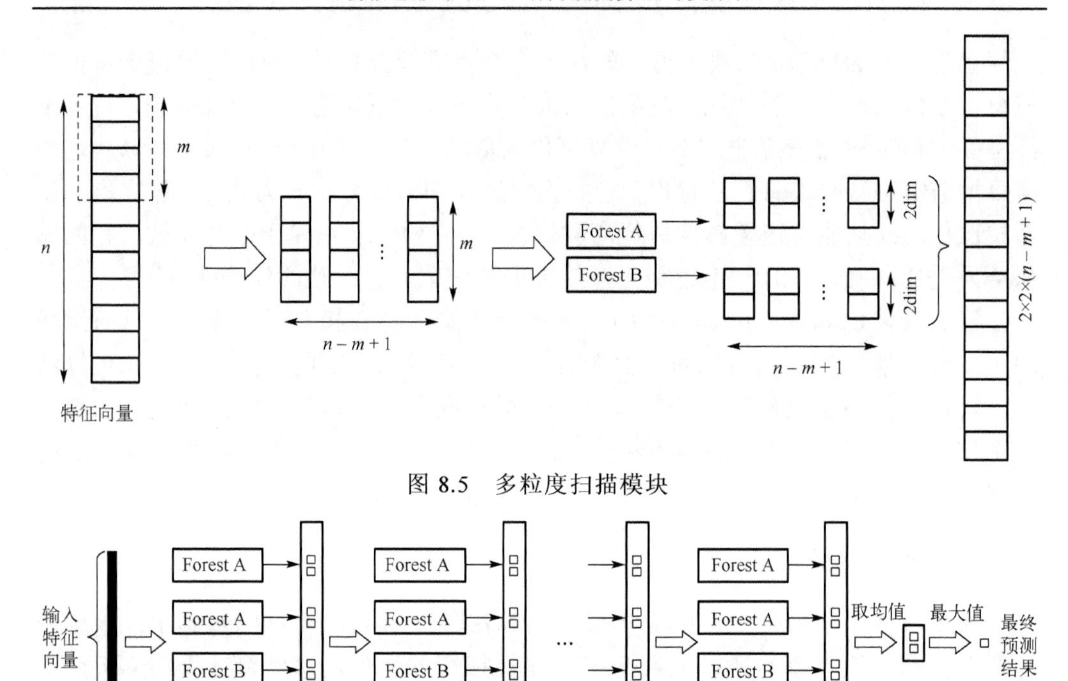

图 8.5　多粒度扫描模块

图 8.6　级联森林模块

含了两个随机森林和两个完全随机森林。级联森林中每一级都会将输出与接收到的特征信息进行拼接，再将其输入到下一级联层。级联森林在每一级训练完成后，会对其进行一次分类能力检验，再产生下一级。在新的级联层次上，使用验证集对模型的整体表现进行检验，若无明显的性能提升，则停止训练，并决定级联层次数。在最后一层训练结束后，将四个类向量进行取均值操作，选择均值最大的那个类别作为最终的预测结果。级联森林方法在不引入任何额外参数的情况下，提高了模型的深度，并在评价各层的性能时，可以自适应地决定级联层的层数，从而减少了所需的超参数，提高了模型的稳定性和鲁棒性。

8.6　深度学习简介

尽管传统的机器学习算法在很多领域都得到了很好的运用，但因为图像、结构等数据具有多维度的特点，所以使用传统的机器学习方法来处理这类数据难以达到理想的效果。深度学习(deep learning，DL)的出现为解决这一问题提供了可能性[69]。深度神经网络是一类机器学习的分支，它可以被看作由许多隐含层构成的神经网络结构模型[70]。通过调节神经元的连接，改变激活函数，增大网络模型的深度，可以对深层神经网络进行优化。

8.6.1 CNN

CNN 在训练时引入了视觉感受野机制，是一种以卷积结构为基础的前馈神经网络[71]。它可以通过误差进行反向传播以更新模型训练时的权重。其中神经元的感受野指的是视觉神经系统中视网膜上的一小片区域，只有当受到外界的刺激时，这个神经元才会被激活，众多的感受野相互交错、重叠，最后形成一个完整的视野域。

相对于全连接网络，卷积神经网络可以实现空间平移和旋转等操作，在保持数据之间的相关性的同时，也可以有效地减少网络中的训练参数，并且可以有效地降低模型中的过拟合的概率。在卷积神经网络中，卷积层、池化层和全连接层都是其最基本的结构。

1)卷积层

卷积层利用固定大小的卷积核在原始特征上滑动，以提取局部特征。如图 8.7 所示，卷积核中的权值会与对应位置的特征值进行相乘，并将结果相加以得到该次卷积的输出。同一层卷积所使用的卷积核的权值共享，这很大程度上减少了模型训练时所需要的时空资源。

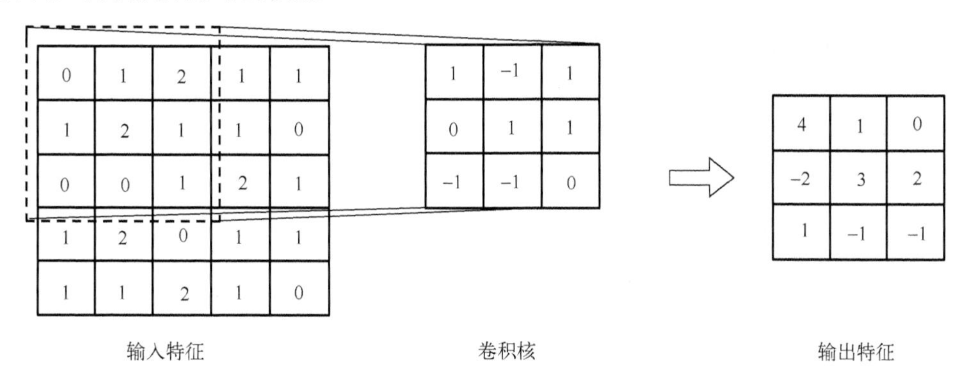

图 8.7　卷积层计算输出特征值示意图

2)池化层

由于卷积核的尺寸和计算得到的数据维度都不一样，因此在卷积之后，需要使用一个池化层来对其输出的特征进行降维。池化层的目的就是去除冗余的数据，保留最有价值的数据，避免出现过拟合现象。池化层不仅可以有效地减小特征矩阵的维度，而且可以减少 CNN 训练时的参数个数，由此在一定程度上提升算法的运算效率。池化层还具有平移或旋转时保持特征不变的特点，该特点使得卷积神经网络可以对局部特征偏移进行学习。

池化操作分为最大池化、混合池化、均值池化及随机池化等，其中均值池化和最大池化最为常见，本节所提出的模型使用了最大池化，以提取最重要的位点特征数据。

3)激活函数

激活函数(activation function)的主要目的是引入非线性。实际生活中的大部分系统都不是线性的，只有利用具有非线性特征的激活函数，才可能对一个复杂的系统进行模拟仿真。常用的激活函数包括 ReLU 函数、Sigmoid 函数、tanh 函数、Softmax 函数等[72]，其计算公式如下：

$$\mathrm{ReLU}(x)=\max(0,x) \tag{8.1}$$

$$\mathrm{Sigmoid}(x)=\frac{1}{1+\mathrm{e}^{-x}} \tag{8.2}$$

$$\tanh(x)=\frac{(\mathrm{e}^{x}-\mathrm{e}^{-x})}{(\mathrm{e}^{x}+\mathrm{e}^{-x})} \tag{8.3}$$

$$\mathrm{Softmax}(x_i)=\frac{\exp(x_i)}{\sum\exp(x_j)} \tag{8.4}$$

模型的结构和卷积层的数量都对卷积网络的性能有很大的影响。在对卷积神经网络进行优化时，在保证卷积核数不变的前提下，增大网络深度可以提高网络的整体性能，但如果过度地增大网络的深度，那么会使模型的性能趋于饱和，甚至预测精度会降低。要使网络模型达到最佳的状态，就必须使这几种参数达到最佳均衡。

8.6.2 注意力机制

注意力机制是一种可以从大量的输入内容中提取出关键部分的神经网络，这些关键部分对于预测任务更为重要，从而减少了在无关部分浪费掉的资源，提高了网络模型的训练和预测效率[73]。在计算机运算能力受限的情形下，注意力机制利用有限的运算资源去处理更多有价值的数据，是一种有效解决信息过载的算法。

注意力机制利用计算注意力分数来确定哪些部分是关键的。注意力分数的计算过程如图 8.8 所示，Source(X)中的资源由 Key(k)和 Value(v)两部分组成。给定目标 Query(q)，分别计算 q 与每个 k 之间的相似度，将其结果作为对应 v 的权重系数，再将 v 与其相应的权重系数加权求和，得出最后的注意力分数。

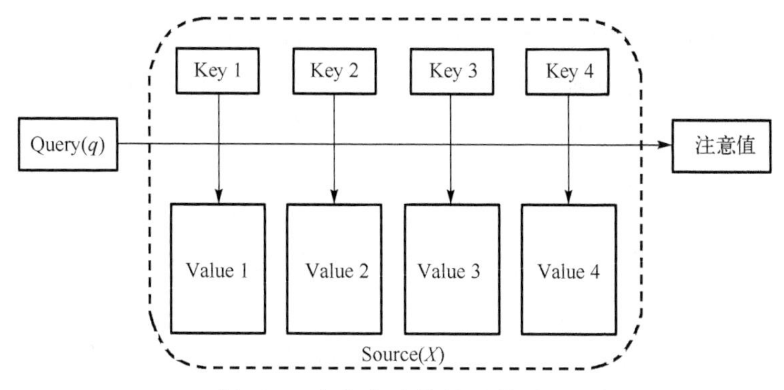

图 8.8　注意力分数的计算过程

注意力机制中注意力分数的计算可以分为两步。第一步要计算注意力分布，即计算选择第 n 个输入向量 k_n 的概率 α_n，也就是计算输入向量 k_n 注意力得分占所有输入向量注意力得分的比重，计算公式如下：

$$\alpha_n = \frac{\exp(s(q,k_n))}{\sum_{i=1}^{N}\exp(s(q,k_i))} \tag{8.5}$$

式中，$s(q, k_i)$ $(i=1,\cdots,n)$ 为注意力打分函数，使用了缩放点积模型来计算，计算方法如下：

$$s(q,k_n) = \frac{k_n^{\mathrm{T}} q}{\sqrt{D_k}} \tag{8.6}$$

式中，D_k 为输入向量 k 的维度。

第二步根据注意力分布对矩阵 v 进行加权平均计算，得到原始输入数据 $X(k, v)$ 的注意力得分 $\mathrm{att}(q,X)$。

$$\mathrm{att}(q,X) = \sum_{n=1}^{N} \alpha(q,k_n) x_n \tag{8.7}$$

在 DNA 位点预测领域中，注意力机制可以用于对 DNA 序列的处理，快速地捕获 DNA 序列中的重要信息。首先对 DNA 序列进行序列处理得到预输入数据，然后将其输入到构建好的神经网络模型中，根据不同碱基或者 DNA 序列段对 DNA 结合位点的影响程度不同，通过注意力权重矩阵来计算所有碱基或者 DNA 序列段的重要程度，最后注意力权重矩阵和 DNA 序列特征相乘后得到最终的 DNA 序列特征值。

8.6.3　RNN

RNN 是一种基于序列建模的神经网络，它克服了 CNN 仅仅处理上下文长度的限制，可以轻松地捕捉 DNA 序列数据中远端碱基间的依存关系[74]。RNN 的结构较为简单，而且运行的速度很快，因此被广泛地应用于 DNA 序列特征的提取。但是，在 RNN 进行反向传播训练时，激活函数的存在导致输出的绝对值小于 1 或大于 1，使得 RNN 在进行训练时表现出梯度爆炸问题。

为了解决该问题，相关研究人员提出了一种 RNN 变体神经网络，即 LSTM[75]。LSTM 网络提出了一个新的内部状态 $c(t)$ 并将其作为记忆单元来进行循环信息传递，t 代表当前时刻。并且引入了一种门控机制，包括控制当前时刻候选状态 $\tilde{c}(t)$，保存哪些信息的输入门 $i(t)$；控制上一个时刻的内部状态 $c(t-1)$ 需要遗忘哪些信息的遗忘门 $f(t)$；控制当前时刻内部状态 $c(t)$ 需要输出哪些信息给外部状态 $h(t)$ 的输出门 $o(t)$。每种门及各种状态的计算方法如下：

$$i(t)=\sigma(W_i(x(t),h(t-1))+b_i) \tag{8.8}$$

$$f(t)=\sigma(W_f(x(t),h(t-1))+b_f) \tag{8.9}$$

$$o(t)=\sigma(W_o(x(t),h(t-1))+b_o) \tag{8.10}$$

$$\tilde{c}(t)=\tanh(W_c(x(t),h(t-1))+b_c) \tag{8.11}$$

$$c(t)=f(t)\otimes c(t-1)+i(t)\otimes \tilde{c}(t) \tag{8.12}$$

$$h(t)=o(t)\otimes \tanh(c(t)) \tag{8.13}$$

上述公式中的 $\sigma(\cdot)$ 为 Logistic 函数；$x(t)$ 表示当前时刻的输入；$h(t)$ 表示当前时刻的外部状态；$t-1$ 代表上一时刻；W 与 b 分别为权重和偏置。

如图 8.9 所示，LSTM 首先运用上一时刻的外部状态 $h(t-1)$ 和当前时刻的输入 $x(t)$，分别计算得到输入门 $i(t)$、遗忘门 $f(t)$ 和输出门 $o(t)$ 的内容，以及候选

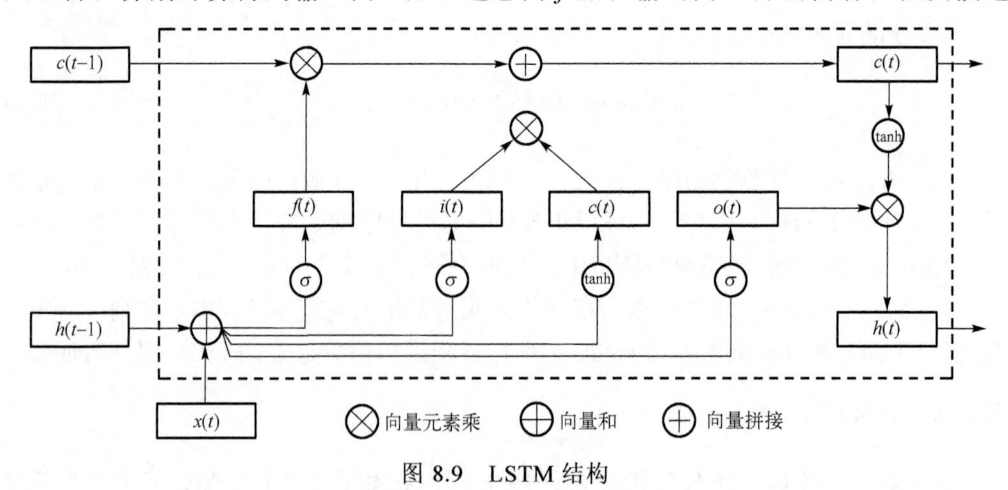

图 8.9　LSTM 结构

状态 $\tilde{c}(t)$。再使用输入门 $i(t)$ 和遗忘门 $f(t)$ 来更新记忆单元 $c(t)$，最后利用记忆单元 $c(t)$ 结合输出门 $o(t)$，将内部状态所包含的信息传递给外部状态 $h(t)$。

在 DNA 位点预测领域中，LSTM 不仅可以捕捉 DNA 序列中上下文碱基间的信息，也可以获取到较远碱基间的信号特征，能够实现充分的特征提取和模型训练。因此，本节在模型构建时加入了 LSTM，获得精度更高的转录因子结合位点预测算法。

8.7　转录因子结合位点预测算法

目前转录因子结合位点预测领域中流行的算法仍有某些缺陷。一方面，大多数算法使用独热编码来提取 DNA 的单碱基特征，不注重相邻碱基之间的联系。另一方面，基于深度学习的算法存在训练时间长、不适用于小数据集等问题，而基于机器学习的算法一般准确率较低[76]。尽管存在一些问题，但机器学习、深度学习仍然是预测转录因子结合位点的最有效的算法，并且具有很大的潜力[77]。自从深度森林被提出以来，它已经被广泛地用于数据挖掘、生物信息学、自然语言处理和图像分类[78]。它在模型的训练中不需要大量的样本，具有可调参数少、速度快的优点。深度森林在处理具有特定特征的一维数据方面具有很大的潜力，因此适合处理 DNA 序列数据[79-84]。

为了应对转录因子结合位点预测领域的挑战，本节设计并实现了 WMS_TF 算法，这是一种基于带权多粒度扫描的转录因子结合位点预测算法。WMS_TF 算法采用单碱基特征编码和多碱基特征编码相结合的方式来提取 DNA 序列的特征，它不仅可以充分地挖掘 DNA 序列之间的内在联系，从中提取隐藏的特征，而且可以有效地减小噪声数据对预测结果的影响。此外，WMS_TF 算法通过结合加权多粒度扫描和级联森林法，提高了预测的准确度，在训练中表现出模型对重要特征有更多的关注。结果表明，WMS_TF 算法的预测性能优于目前其他的模型。更重要的是，它解决了现有算法只关注单碱基特征、训练时间长、预测精度低等问题。同时，WMS_TF 算法具有高度的稳健性和可移植性。

8.7.1　WMS_TF 算法的设计与实现

1. 算法的设计

1) 数据集

数据集中的转录因子数据来源于 Kaggle 网站，所使用的数据集为人类 1 号染色体的转录因子 SP1 结合位点数据集。SP1 是一种持续激活的转录因子，它对细胞组织和周期起着至关重要的作用。图 8.10 展示了转录因子 SP1 的 DNA 结合域溶液结构的 3D 视图，并且标记了每个氨基酸的位置。该数据集中包含转录因子 SP1 的阳性样本和阴性样本各 1200 个。所有的数据记录在文件当中，每条数据都包含一个长度为 14 个碱基的 DNA 序列数据和该 DNA 序列数据对应的标签数据(即 binding site 和 non-binding site)。

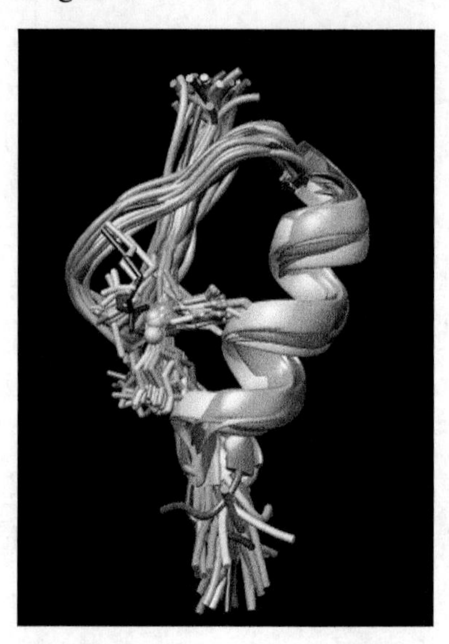

图 8.10　转录因子 SP1 的 DNA 结合域溶液结构的 3D 视图

表 8.1 展示了四个原始数据的示例。考虑到数据量较小，本节扩展了数据集。即根据 DNA 序列与转录因子结合时的特征，将阳性和阴性样本的数量，按 DNA 片段的逆向片段、互补片段和互补逆向片段三类标准分别扩展到 4800 个。

表 8.1　原始数据的示例

DNA 序列	标签
ATCCGTTTCCGGGT	binding site
GGCTTTTCGGGCTA	binding site
GTGGGCGGTGCAGG	non-binding site
TTGGATTTATATGT	non-binding site

2)组合特征编码

目前大多数转录因子结合位点预测算法在提取序列特征时都使用单碱基特征编码。该编码算法只能提取到单一碱基对低阶信号间的依存关系特征，并没有联系到上下文碱基间信号特征，以至于忽略了 DNA 序列中潜在的特征，这将导致预结果度低。因此，现有转录因子结合位点预测算法中，利用单一特征提取算法来预测是限制模型精度的一个重大问题。

为了增强特征提取能力，本节采用单碱基特征编码和多碱基特征编码相结合的组合特征编码算法，该算法可以提取单个碱基和多个相邻碱基的特征。将独热编码作为单碱基特征编码方式，它可以将任何特征转换为二进制特征，因此可以用于提取 DNA 序列中的单碱基特征。多碱基特征编码是为了获取相邻碱基间信号特征所提出的编码方式。在多碱基特征编码中，首先需要将 DNA 序列划分成多个小片段，这就需要确定用于划分片段的滑动窗口的长度和步长。一般来说，计算长度为 n 的 DNA 序列可以采用分别计算多个较短片段的方法：

$$\text{number} = n - k + 1 \tag{8.14}$$

式中，n 是 DNA 序列的长度；k 是滑动窗口的长度。

如果对分割得到的所有片段进行独热编码，那么所获得的特征矩阵将会是稀疏的，这对特征提取和模型学习极为不利。因此，将四种碱基 A、T、C 和 G 以 k 个为一组进行随机组合，形成一个集合。如果 DNA 序列所划分的片段中存在集合中的元素，那么该元素所对应集合中的特征列将被标记为 1，否则标记为 0。计算集合长度的函数如下：

$$\text{length} = 4^k \tag{8.15}$$

最后，对两种编码算法得到的结果进行前后拼接，得到组合特征编码的结果。对所有的碱基及碱基间信号特征进行综合提取，这极大地提高了对 DNA 序列特征识别的能力，可以更有效地识别出 DNA 序列中碱基间的潜在特征，从而提取出高质量的特征数据。

3) 数据预处理

由于 DNA 序列样本的数量有限，本章利用 DNA 序列的特征对数据集进行了扩充。首先，如图 8.11(a)所示，根据 DNA 结合位点的片段特征，将阳性和阴性样本的数量按 DNA 序列的逆序列、互补序列和互补逆序列三个标准分别扩展到 4800 个。也就是说，计算每个 DNA 序列的逆序列、互补序列和互补逆序列，得到的三个新的 DNA 序列将被看作一个新的数据。新数据的 label 与原始 DNA 序列相同。

经过上述操作，转录因子结合位点数据集中的阳性和阴性样本的数量都从 1200 个扩大到 4800 个。所有的 DNA 序列按照 4:1 的比例随机地分为训练集和测试集，其中 7680 条 DNA 序列数据用于训练，1920 条 DNA 序列数据用于验证。编码方法采用独热编码和多碱基编码相结合的方式，最后将两串二进制数据进行拼接，得到最终特征。核苷酸的单碱基特征编码规则见表 8.2，每个 DNA 序列的二进制编码长度为 56。然后将每个碱基与上下文碱基联系起来，进行多碱基特征编码。这种编码方法首先将四种碱基 A、T、C 和 G 以三个为一组进行随机组合，形成的集合的长度为 64(即碱基 A、T、C、G 可以组成长度为 3bp 的序列集合 C，为{AAA, AAT, AAG, AAC, ATA, ATT, ATG, ATC, AGA, AGT, AGG, AGC, ACA, ACT, ACG, ACC, TAA, TAT, TAG, TAC, TTA, TTT, TTG, TTC, TGA, TGT, TGG, TGC, TCA, TCT, TCG, TCC, GAA, GAT, GAG, GAC, GTA, GTT, GTG, GTC, GGA, GGT, GGG, GGC, GCA, GCT, GCG, GCC, CAA, CAT, CAG, CAC, CTA, CTT, CTG, CTC, CGA, CGT, CGG, CGC, CCA, CCT, CCG, CCC})；其次使用长度为 3bp 的窗口以长度 1 的步长在 DNA 序列数据上滑动，同时将窗口中 3 个碱基组对应的特征列标记为 1，多碱基特征编码最终得到的特征数为 64。对于每个数据，如果集合中包含某个元素，那么与该元素相对应的特征列就被记录为 1；如果没有，那么就被标记为 0。

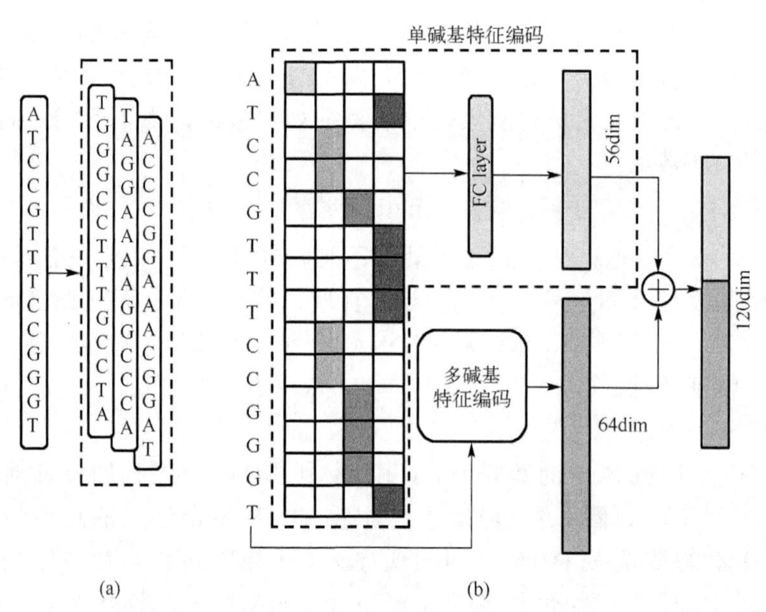

图 8.11　DNA 序列预处理过程

表 8.2　核苷酸的单碱基特征编码规则

核苷酸	单碱基特征编码
A	1000
T	0001
C	0100
G	0010

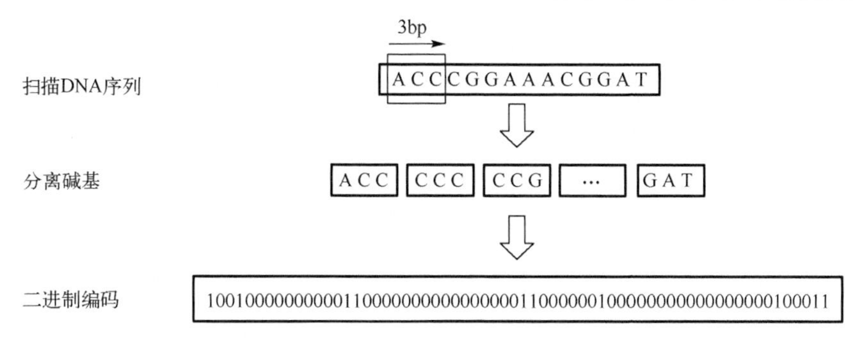

图 8.12　DNA 序列使用多碱基编码的过程

如图 8.12 中所示，最终得到的每条数据的特征是单碱基特征编码和多碱基特征编码的结合。编码后，每个 14bp 的 DNA 序列将被转换成一个 120 维的特征向量。每个数据有两类标签：binding site 和 non-binding site，分别用 1 和 0 表示。

4) 带权多粒度扫描策略

转录因子结合位点预测算法瓶颈的另一个方面就是训练模型的搭建，尽管当前已经存在基于深度森林的转录因子结合位点预测算法，其预测结果也很好。然而，其也存在精度不够理想等缺点。通过深入研究发现，在原始的深度森林算法的多粒度扫描阶段中，每个特征都被平等对待。然而，不同的特征影响结果的重要程度不同，这就造成那些相对更有用的特征得不到模型的重视，限制了模型的预测精度。因此模型在学习的过程中应更多地关注对结果有较大影响的特征，这样才能保证预测结果的准确度。

为了区分不同的特征，本章采取为每个特征定义一个值的策略，以形成一个权重向量。本章通过建立若干个决策树来计算每个节点的基尼指数，然后归一化得到特征的权重来衡量特征对于结果的价值，最终形成一个权重矩阵。每个特征权重的计算公式如下：

$$W_i = \frac{\mathrm{Score}_i}{\sum_{j=1}^{d} \mathrm{Score}_j} \tag{8.16}$$

式中，d 为特征总数；Score_i 为权重向量 W 中第 i 列特征的重要性得分，其计算方法如下：

$$\mathrm{Score}_i = \sum_{t=1}^{T} \mathrm{Score}_{\mathrm{node}}(t) \tag{8.17}$$

式中，$\mathrm{Score}_{\mathrm{node}}(t)$ 为第 t 个决策树节点的重要性得分；T 为决策树的数量。每个节点的重要性得分的计算方法如下：

$$\mathrm{Score}_{\mathrm{node}} = G_{\mathrm{node}} - G_{\mathrm{node},0} - G_{\mathrm{node},1} \tag{8.18}$$

式中，$G_{\mathrm{node},0}$ 与 $G_{\mathrm{node},1}$ 分别代表节点分支下类别为 0 的节点的基尼指数和节点分支下类别为 1 的节点的基尼指数；G_{node} 为该节点指数的基尼系数，具体公式如下：

$$G_{\mathrm{node}} = 1 - \left(\frac{N_{\mathrm{node},0}}{N}\right)^2 - \left(\frac{N_{\mathrm{node},1}}{N}\right)^2 \tag{8.19}$$

式中，N 为训练集中的训练样本数；$N_{\mathrm{node},0}$ 为节点中类别 0 的数量；$N_{\mathrm{node},1}$ 为节点中类别 1 的数量。

基于上述概念，本章提出一种带权多粒度扫描策略。在对特征矩阵进行多粒度扫描时，同时也对权重矩阵进行扫描，并将扫描到的两个矩阵进行相乘得到预输入矩阵。如图 8.13 所示，首先，用一个大小为 m 的滑动窗口，分别在特征向量 $F(n)$ 和权重向量 $W(n)$ 上进行滑动。滑动的步长为 1。将滑动得到的特征矩阵 $f^{(1,n-m+1,m)}$ 和权重矩阵 $w^{(1,n-m+1,m)}$ 相乘，得到预输入矩阵 $\mathrm{tf}^{(1,n-m+1,m)}$，其计算公式如下：

$$\mathrm{tf}^{(i,j,k)} = f^{(i,j,k)} \times w^{(i,j,k)} \tag{8.20}$$

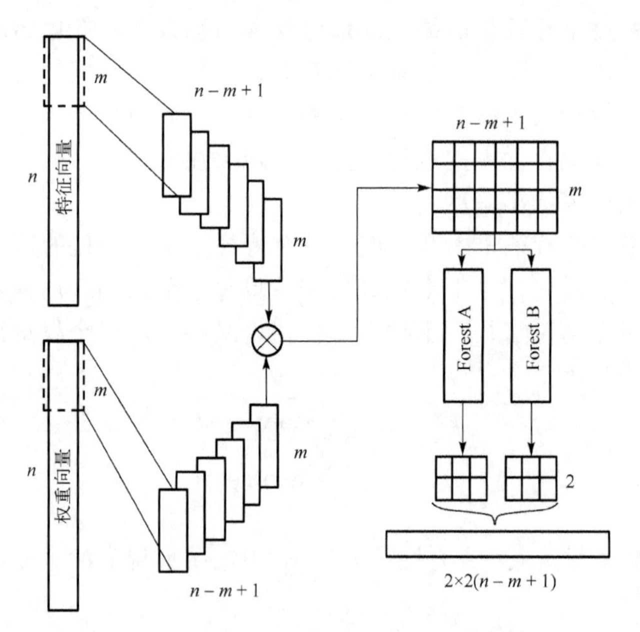

图 8.13　带权多粒度扫描策略的流程图

然后将预输入矩阵 $\mathrm{tf}^{(1,n-m+1,m)}$ 输入到完全随机森林和随机森林中。通过上述操作可以得到特征矩阵 $\mathrm{fa}^{(n-m+1,2)}$ 和 $\mathrm{fb}^{(n-m+1,2)}$。最后，将两个通过随机森林捕获的特征矩阵分别展开，并进行拼接以得到一个长度为 $2\times2(n-m+1)$ 的一维特征向量

$F^{(2\times 2(n-m+1))}$。带权多粒度扫描策略使网络模型学习过程中更加重视那些重要的特征。

2. 算法描述

本章采用组合特征编码算法、带权多粒度扫描策略等手段提升模型的学习能力，实现了转录因子结合位点预测算法，并将该算法命名为 WMS_TF 算法。算法的输入包括包含人类 1 号染色体的转录因子 SP1 结合位点样本的 CSV 类型文件、计算权重向量时使用的决策树数量 T、多粒度扫描窗口的长度 S；WMS_TF 算法的输出为该算法预测的各 DNA 序列是否为转录因子结合位点。WMS_TF 算法的详细说明如下所示。

(1) 使用组合特征编码对数据扩增得到的 9600 条数据进行预处理，将每条数据进行编码得到 120 个特征类和 1 个结果类。

(2) 将预处理后的数据集随机分成五部分，其中四部分被选为模型的训练集，剩下一部分为模型的验证集。

(3) 通过权重向量计算方式计算各特征的权重，并将特征向量和权重向量输入带权多粒度扫描算法，得到预输入矩阵。

(4) 将预输入矩阵输入级联森林，通过级联森林训练得到转录因子结合位点的分类预测模型。

(5) 最后，将测试数据输入训练完成的分类预测模型，以获得测试数据的预测分类结果，并根据分类预测结果使用不同的评价指标对算法的性能进行评价。

WMS_TF 算法的流程图如图 8.14 所示。

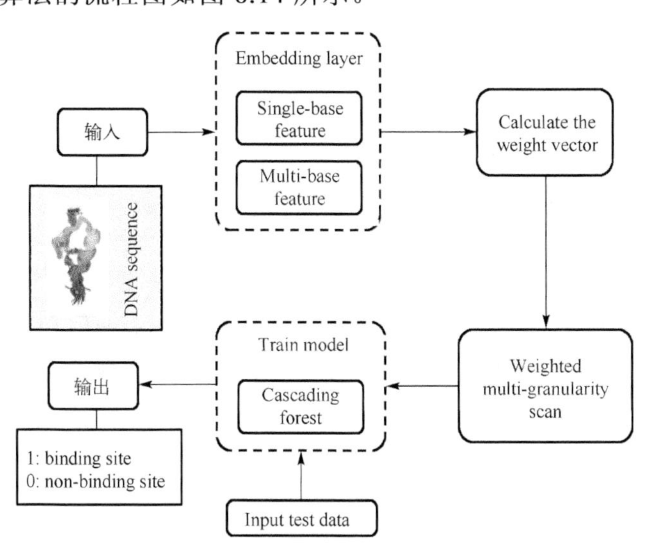

图 8.14　WMS_TF 算法的流程图

基于带权多粒度扫描的 WMS_TF 算法的算法描述如算法 8.1 所示。

算法 8.1　WMS_TF(D, T, S)

输入：数据集 $D = \{(x_1, y_1), (x_2, y_2), \cdots, (x_i, y_i), \cdots, (x_n, y_n)\}$, D 中的第 i 个样本是 $D_i = (x_i, y_i)$, $i = 1, 2, \cdots, n$, 第 i 个样本的真实值是 y_i。例如，D_1=(“ATCCGTTTCCGGGT”，“binding sites”)；计算权重向量时使用的决策树数量 T；多粒度扫描窗口的长度 S。
输出：表明该 DNA 序列是否为转录因子结合位点的布尔变量 R。

Begin
1.　D^* ← 使用逆序列、互补序列和互补逆序列扩展数据集 D, 将数据集 D^* 打乱；
2.　For $i = 1$ to $4 \times n$ do　　　　//数据初始化
3.　$F_1 \leftarrow$ one-hot 编码 $D^*(i)$；
4.　$F_1 \leftarrow$ 多碱基特征编码 $D^*(i)$；
5.　$F(i) \leftarrow F_1 + F_2$;
6.　End for
7.　特征数据集 F^* 按照 4∶1 的比例分为训练集 F_{train} 和测试集 F_{test};
8.　使用训练集 F_{train} 构建 T 个决策树；
9.　For $i = 1$ to len(F) do　　　　//计算权值向量 W;
10.　　For $j = 1$ to T do
11.　　　G(node) ← $F(i)$ 对应 node 的基尼指数；
12.　$S(\text{node}) \leftarrow G(\text{node}) - \sum G(C)$；　　　　//$C$ 是 node 的孩子节点；
13.　End for
14.　$S(i) \leftarrow \sum_{t=1}^{T} \text{Score}_i(\text{node})$ ；
15.　End for
16.　$W(i) \leftarrow S(i) \Big/ \sum_{j=1}^{\text{len}(F)} S(j)$;　　　　//归一化权重向量 W;
17.　For $i = 1$ to len(D_{train}) do　　　　//带权多粒度扫描操作过程；
18.　　$f(i) \leftarrow$ len$(F) - S + 1$ vectors;　　　　//带权多粒度扫描特征向量 $F(i)$；
19.　　$w(i) \leftarrow$ len$(W) - S + 1$ vectors;　　　　//带权多粒度扫描权重向量 $W(i)$；
20.　　tf$(i) \leftarrow f(i) * w(i)$；
21.　　fa(i), fb$(i) \leftarrow$ tf(i)；　　　　//将 tf(i) 分别输入全随机森林 fa 和随机森林 fb;
22.　　AF$(i) \leftarrow$ fa(i) + fb(i)；
23.　End for

24.　Model←AF;　//级联森林模型训练;

25.　R←将测试集 D_{test} 输入模型 Model;　//输出测试集转录因子结合位点的决策结果;

26.　Return R;

End

3. 评价指标

在类别预测领域，预测结果的可靠性通常使用三个评价指标来衡量：准确度、F1-Measure 和曲线下面积(area under the curve，AUC)。本章据此来评估转录因子结合位点预测算法的性能，并且有以下定义。

TP：DNA 位点为转录因子结合位点且被预测为转录因子结合位点的样本数量。

TN：DNA 位点为非转录因子结合位点且被预测为非转录因子结合位点的样本数量。

FP：DNA 位点为非转录因子结合位点但被预测为转录因子结合位点的样本数量。

FN：DNA 位点为转录因子结合位点但被预测为非转录因子结合位点的样本数量。

P：预测结果转录因子结合位点的样本数量。

N：预测结果非转录因子结合位点的样本数量。

准确率可以解释为算法预测结果正确的样本数所占样本总数的百分比，其数值范围为[0, 1]。算法的准确率越贴近 1，表示该算法的性能越好，其计算方式如下：

$$\text{Accuracy}=\frac{\text{TP}+\text{TN}}{P+N} \tag{8.21}$$

F1-Measure 是评估模型性能的一项重要指标。当 F1-Measure 较高时，可以说明该算法更接近于理想状态。F1-Measure 的计算需要用到精度和召回率两个指标。精度可以判断预测结果的质量，其表明模型预测为转录因子结合位点的样本中真正的转录因子结合位点所占的比例。召回率是针对的原始样本，其表示在转录因子的结合位点样本中，转录因子结合位点的样本所占的比例。计算公式如下：

$$\text{Recall}=\frac{\text{TP}}{\text{TP}+\text{FN}} \tag{8.22}$$

$$\text{Precision}=\frac{\text{TP}}{\text{TP}+\text{FP}} \tag{8.23}$$

$$F_1=\frac{2\times\text{Precision}\times\text{Recall}}{\text{Precision}+\text{Recall}} \tag{8.24}$$

ROC 曲线(receiver operating characteristic curve)是以 TP(真阳性)为 Y 轴，以

FP(假阳性)为 *X* 轴构成的坐标图。它可以很直观地让人辨别出模型的优劣。ROC曲线与其下方坐标轴包围的区域面积称为 AUC 值，它能更客观地反映算法的预测性能。一般来说，AUC 值越高，表明算法的预测能力越强。

8.7.2 实验结果及分析

1. 实验设置

本章中的所有实验都使用了Sklearn库和Python来实现，Python版本为3.6.19。本实验中使用了网格化寻优来为每个分类器寻找最优超参数。网格化寻优是最基本的超参数寻优方法，相对于手动调参，网格化寻优大大减少了人力成本。超参数优化的具体过程为：首先，估计超参数的可能取值，根据所有超参数的取值分别构建独立的模型，然后使用测试集对每个模型进行性能评估，最后选择产生最优结果的模型所对应的那组超参数。网格化算法超参数寻优范围如表 8.3 所示。

表 8.3　网格化算法超参数寻优范围

超参数	搜索空间
max_depth	range(5, 25, 1)
n_estimators	range(50, 500, 10)
learning_rate	range(0.005, 0.1, 0.005)

经过筛选和选取，本章实验中不同分类器对应的超参数如表 8.4 所示。

表 8.4　不同分类器对应的超参数

分类器	超参数
AdaBoost	n_estimators=50
Random forest	n_estimators=460, max_depth=13
KNN	k=3
LightGBM	learning_rate=0.08, max_depth=20
DeepForest	default parameters
WMS_TF	T=462, S=50

2. 消融实验

1)组合特征编码消融实验

不仅仅是单个碱基的特征对识别 DNA 序列中的转录因子结合位点很重要，每个碱基旁边的碱基及相邻碱基间的关系也可能很重要。本节为了验证这一思想的有效性，使用了五种机器学习算法分别针对单碱基编码得到的特征数据和多碱基编码得到的特征数据进行了实验。实验结果如图 8.15 所示，在所有算法中，使

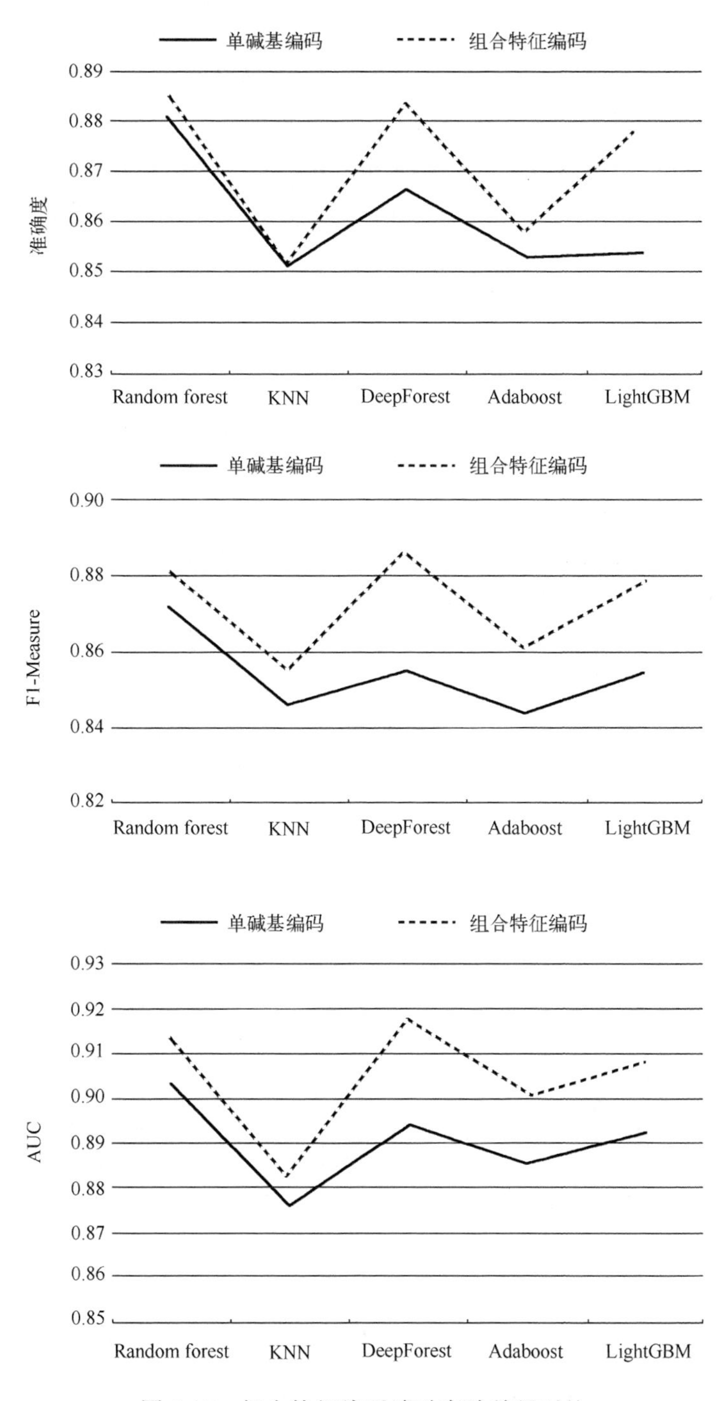

图 8.15　组合特征编码消融实验结果对比

用组合特征编码的算法预测结果的准确度、F1-Measure 和 AUC 都优于单碱基特征算法。尤其是 DeepForest 和 LightGBM 算法在使用组合特征表示算法后，预测结果的准确度得到明显提升，分别提高了 1.75% 和 2.54%。同时 DeepForest、Adaboost 和 LightGBM 算法的 F1-Measure 指标提升更是明显，分别增加了 3.14%、1.69%和 2.4%。因此，可以得出结论，组合特征编码改进了 DNA 序列特征的提取方式，可以捕获 DNA 序列碱基间信号中的更多特征信息。在实验中，当特征序列的提取窗口的长度设置为 3bp 时获得了最佳结果，这可能与氨基酸由三个碱基组成的事实有关。

2) 带权多粒度扫描策略消融实验

为了评估带权多粒度扫描策略对转录因子结合位点预测的影响，本节使用 WMS_TF 算法与 DeepForest 在相同的运行环境中进行了实验，并用评价指标来评估 WMS_TF 算法的能力。

带权多粒度扫描策略消融实验对比结果如图 8.16 所示，WMS_TF 算法在转录因子结合位点数据集上的预测结果与 DeepForest 相比有较好的改善。其中准确度、F1-Measure 和 AUC 指标分别增加了 0.0109、0.0056 和 0.0036。这是因为传统的 DeepForest 算法在进行多粒度扫描时，对于每种特征数据都同等看待，却忽略了不同特征对于分类结果的不同影响。WMS_TF 算法基于带权多粒度扫描策略，正好弥补了这一缺陷，从而提高了模型的分类预测能力。

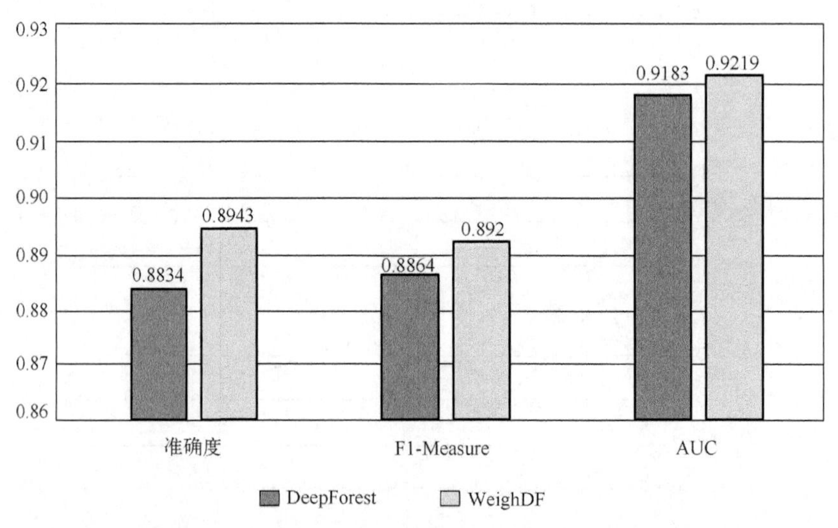

图 8.16　带权多粒度扫描策略消融实验对比结果

3. WMS_TF 算法基准测试

为了证明 WMS_TF 算法预测转录因子结合位点的有效性。除了算法 Deep

Forest，本章还使用传统的机器学习算法 Random forest、LightGBM、KNN 和 Adaboost 在相同的数据集和运行环境中进行了实验。表 8.5 显示了所有算法的平均性能结果。相比之下，WMS_TF 算法的准确度、F1-Measure 和 AUC 分别为 0.8943、0.8920 和 0.9219，在不同程度上高于其他分类算法。这表明 WMS_TF 算法具有更高的预测能力，基于带权多粒度扫描策略和组合特征编码的 WMS_TF 算法提高了转录因子结合位点分类预测器的准确度和性能。该算法解决了现有算法只注重单一碱基特征、训练耗时长、预测精度不高等问题，具有高度的鲁棒性和可移植性。

表 8.5　与基线算法的结果对比

分类器	准确度	F1-Measure	AUC
Random forest	0.8855	0.8813	0.9136
KNN	0.8514	0.8551	0.8819
DeepForest	0.8834	0.8864	0.9183
Adaboost	0.8579	0.8610	0.9001
LightGBM	0.8794	0.8785	0.9088
WMS_TF	0.8943	0.8920	0.9219

4. 重要特征权值分析

一个合适的权重向量可以使分类器更加关注相对重要的特征，从而提高分类器的分类性能。本章通过构建若干决策树并计算每个节点的基尼指数来获得每个特征的权重，最终形成特征对应的权重向量。此外，本章分析并比较了排名前 20 的权重所对应的特征。如表 8.6 所示，影响结果的特征全部是多碱基特征，并未出现单个碱基特征。这进一步说明了使用多碱基特征表示的必要性，也更加证明了组合特征编码方法的有效性。这些更高权重的特征可以提取相对重要的碱基组特征，以预测未来其他的转录因子结合位点。

表 8.6　排名前 20 的特征权重结果表

特征	权重	特征	权重
GCG	0.09033	ATT	0.02079
CGC	0.08998	GGG	0.02049
CGG	0.06119	TAT	0.01597
CCG	0.05986	ATA	0.01426
GCC	0.05981	AAA	0.01290
GGC	0.05754	GTA	0.01020
CCC	0.02732	ATG	0.01008
TAA	0.02347	TTT	0.00950
AAT	0.02219	TAC	0.00945
TTA	0.02171	CAT	0.00889

针对当前转录因子结合位点预测算法的预测准确度不理想、预测耗时较长等缺陷，本章设计了 WMS_TF 算法。WMS_TF 算法摒弃了仅提取单一碱基特征的思想，结合了多碱基特征编码来提取每个碱基上下文及相邻碱基间信号的特征。同时，基于特征具有不同重要性的思想，对多粒度扫描方法进行优化，以获得更好的性能，并使用级联森林进行模型的训练。

参考文献

[1] Aganezov S, Yan S M, Soto D C, et al. A complete reference genome improves analysis of human genetic variation[J]. Science, 2022, 376(6588): eabl3533.

[2] Kaplow I M, Lawler A J, Schäffer D E, et al. Relating enhancer genetic variation across mammals to complex phenotypes using machine learning[J]. Science, 2023, 380(6643): eabm7993.

[3] Seung E, Xing Z, Wu L, et al. A trispecific antibody targeting HER2 and T cells inhibits breast cancer growth via CD4 cells[J]. Nature, 2022, 603(7900): 328-334.

[4] Gu C, Li X. Prediction of disease-related miRNAs by voting with multiple classifiers[J]. BMC Bioinformatics, 2023, 24(1): 177.

[5] Filliol A, Saito Y, Nair A, et al. Opposing roles of hepatic stellate cell subpopulations in hepatocarcinogenesis[J]. Nature, 2022, 610(7931): 356-365.

[6] Choi J M, Chae H. moBRCA-net: A breast cancer subtype classification framework based on multi-omics attention neural networks[J]. BMC Bioinformatics, 2023, 24(1): 169.

[7] Caushi J X, Zhang J, Ji Z, et al. Transcriptional programs of neoantigen-specific TIL in anti-PD-1-treated lung cancers[J]. Nature, 2021, 596(7870): 126-132.

[8] Georgakopoulos-Soares I, Deng C, Agarwal V, et al. Transcription factor binding site orientation and order are major drivers of gene regulatory activity[J]. Nature Communications, 2023, 14(1): 1-16.

[9] Zrimec J, Fu X, Muhammad A S, et al. Controlling gene expression with deep generative design of regulatory DNA[J]. Nature Communications, 2022, 13(1): 1-17.

[10] Kumar A, Chan J, Taguchi M, et al. Interplay among transacting factors around promoter in the initial phases of transcription[J]. Current Opinion in Structural Biology, 2021, 71(6): 7-15.

[11] Deplancke B, Alpern D, Gardeux V. The genetics of transcription factor DNA binding variation[J]. Cell, 2016, 166(3): 538-554.

[12] Yesudhas D, Batool M, Anwar M A, et al. Proteins recognizing DNA: Structural uniqueness

and versatility of DNA-binding domains in stem cell transcription factors[J]. Genes, 2017, 8(8): 192.

[13] McCowan J, Fercoq F, Kirkwood P M, et al. The transcription factor EGR2 is indispensable for tissue-specific imprinting of alveolar macrophages in health and tissue repairs[J]. Science Immunology, 2021, 6(65): eabj2132.

[14] Shashar M, Belghasem M E, Matsuura S, et al. Targeting STUB1-tissue factor axis normalizes hyperthrombotic uremic phenotype without increasing bleeding risks[J]. Science Translational Medicine, 2017, 9(417): eaam8475.

[15] Hobert O. Gene regulation by transcription factors and microRNAs[J]. Science, 2008, 319(5871): 1785-1786.

[16] Santpere G. Genetic variation in transcription factor binding sites[J]. International Journal of Molecular Sciences, 2023, 24(5): 5038.

[17] Guy J L, Mor G G. Transcription factor-binding site identification and enrichment analysis[J]. Methods in Molecular Biology, 2021, 2255(3): 241-261.

[18] Beyes S, Andrieux G, Schrempp M, et al. Genome-wide mapping of DNA-binding sites identifies stemness-related genes as directly repressed targets of SNAIL1 in colorectal cancer cells[J]. Oncogene, 2019, 38(40): 6647-6661.

[19] Li D, Liu Z, Chen X, et al. Predicting methods of transcription factor binding sites[C]. 17th International Conference on Computational Intelligence and Security, Chengdu, 2021: 60-64.

[20] Schmidt D, Wilson M D, Ballester B, et al. Five-vertebrate ChIP-seq reveals the evolutionary dynamics of transcription factor binding[J]. Science, 2010, 328(9): 1036-1040.

[21] Deng S P, Zhu L, Huang D S. Mining the bladder cancer-associated genes by an integrated strategy for the construction and analysis of differential co-expression networks[J]. BMC Genomics, 2015, 16(Suppl 3): S4.

[22] Yu C P, Kuo C H, Nelson C W, et al. Discovering unknown human and mouse transcription factor binding sites and their characteristics from ChIP-seq data[J]. Proceedings of the National Academy of Sciences of the United States of America, 2021, 118(20): e2026754118.

[23] Brdlik C M, Niu W, Snyder M. Chromatin immunoprecipitation and multiplex sequencing (ChIP-Seq) to identify global transcription factor binding sites in the nematode caenorhabditis elegans[J]. Methods in Enzymology, 2014, 539(8): 89-111.

[24] Sinha S, Tompa M. YMF: A program for discovery of novel transcription factor binding sites by statistical overrepresentation[J]. Proceedings of the National Academy of Sciences of the United States of America, 2003, 31(13): 3586-3588.

[25] Bussemaker H J, Li H, Sigga E D. Building a dictionary for genomes: Identification of presumptive regulatory sits by statistical analysis[J]. Proceedings of the National Academy of Sciences of the United States of America, 2000, 97(18): 10096-10100.

[26] Ali O, Farooq A, Yang M, et al. abc4pwm: Affinity based clustering for position weight matrices in applications of DNA sequence analysis[J]. BMC Bioinformatics, 2022, 23(1): 83.

[27] Bailey T L, Elkan C. The value of prior knowledge in discovering motifs with MEME[J]. International Confercence on Intelligent System for Molecular Biology, 1995, 3(2): 27-29.

[28] Lawrence C E, Altschul S F. Detecting subtle sequence signals: A Gibbs sampling strategy for multiple alignment[J]. Science, 1993, 262(10): 208-214.

[29] Hertz G Z, Stormo G D. Identifying DNA and protein patterns with statistically significant alignments of multiple sequences[J]. Bioinformatics, 1999, 15(7): 563-577.

[30] Liu B, Zhang H, Zhou C, et al. An integrative and applicable phylogenetic footprinting framework for cis-regulatory motifs identification in prokaryotic genomes[J]. BMC Genomics, 2016, 17(1): 578.

[31] Yan B, Lovley D R, Krushkal J. Genome-wide similarity search for transcription factors and their binding sites in a metal-reducing prokaryote Geobacter sulfurreducens[J]. Biosystems, 2007, 90(2): 421-441.

[32] Lu W, Huang J, Shen Q, et al. Identification of diagnostic biomarkers for idiopathic pulmonary hypertension with metabolic syndrome by bioinformatics and machine learning[J]. Scientific Reports, 2023, 13(1): 615.

[33] Zhang F, Xia M, Jiang J, et al. Machine learning and bioinformatics to identify 8 autophagy-related biomarkers and construct gene regulatory networks in dilated cardiomyopathy[J]. Scientific Reports, 2022, 12(1): 15030.

[34] Yan J, Qiu Y, dos Santos R A M, et al. Systematic analysis of binding of transcription factors to noncoding variants[J]. Nature, 2021, 591(201): 147-151.

[35] Pique-Regi R, Degner J F, Pai A A, et al. Accurate inference of transcription factor binding from DNA sequence and chromatin accessibility data[J]. Genome Research, 2011, 21(3): 447-455.

[36] Khamis A M. A novel method for improved accuracy of transcription factor binding site prediction[J]. Nucleic Acids Research, 2018, 46(11): e72.

[37] Siggers T W, Honig B. Structure-based prediction of C_2H_2 zinc-finger binding specificity: Sensitivity to docking geometry[J]. Nucleic Acids Research, 2007, 35(4): 1085-1097.

[38] Guo J T, Lofgren S, Farrel A. Structure-based prediction of transcription factor binding sites[J]. 清华大学学报(自然科学英文版), 2014, 19(6): 568-577.

[39] Liu Z, Guo J T, Li T, et al. Structure-based prediction of transcription factor binding sites using a protein-DNA docking approach[J]. Proteins, 2008, 72(4): 1114-1124.

[40] Pujato M, Kieken F, Skiles A A, et al. Prediction of DNA binding motifs from 3D models of transcription factors; identifying TLX3 regulated genes[J]. Nucleic Acids Research, 2014, 42(22): 13500-13512.

[41] Alipanahi B, Delong A, Weirauch M T, et al. Predicting the sequence specificities of DNA- and RNA-binding proteins by deep learning[J]. Nature Biotechnology, 2015, 33(8): 831-838.

[42] Hassanzadeh H R, Wang M D. DeeperBind: Enhancing prediction of sequence specificities of DNA binding proteins[C]. IEEE International Conference on Bioinformatics and Biomedicine, Shenzhen, 2016: 178-183.

[43] Quang D, Xie X. DanQ: A hybrid convolutional and recurrent deep neural network for quantifying the function of DNA sequences[J]. Nucleic Acids Research, 2016, 44(11): e107.

[44] Zhou J, Lu Q, Gui L, et al. MTTFsite: Cross-cell type TF binding site prediction by using multi-task learning[J]. Bioinformatics, 2019, 35(6): 5067-5077.

[45] Quang D, Xie X. FactorNet: A deep learning framework for predicting cell type specific transcription factor binding from nucleotide-resolution sequential data[J]. Methods, 2019, 166: 40-47.

[46] Lu Y, Chen F, Zhao Q, et al. Modulation of MRSA virulence gene expression by the wall teichoic acid enzyme TarO[J]. Nature Communications, 2023, 14(1): 1594.

[47] Ng K Y, Lutfullahoglu B G, Richter U, et al. Nonstop mRNAs generate a ground state of mitochondrial gene expression noise[J]. Science Advances, 2022, 8(46): eabq5234.

[48] 李素芬, 王唯斯, 杨娜, 等. 哺乳动物线粒体DNA的转录过程及其机制[J]. 生物技术通讯, 2019, 30(6): 840-844.

[49] 张道玉. 6-TG和DMOG对乳腺癌细胞生长抑制作用及基因表达调控机制的研究[D]. 长春: 吉林大学, 2019.

[50] Strober B J, Elorbany R, Rhodes K. Dynamic genetic regulation of gene expression during cellular differentiation[J]. Science, 2019, 364(6447): 1287-1290.

[51] Bruno L, Ramlall V, Studer R A, et al. Elective deployment of transcription factor paralogs with submaximal strength facilitates gene regulation in the Immune system[J]. Nature Immunology, 2019, 20(1): 1372-1380.

[52] Amarjeet K, Justin C, Masahiko T, et al. Interplay among transacting factors around promoter in the initial phases of transcription[J]. Current Opinion in Structural Biology, 2021, 71(1): 7-15.

[53] Wong E S, Schmitt B M, Kazachenka A, et al. Interplay of cis and trans mechanisms driving transcription factor binding and gene expression evolution[J]. Nature Communications, 2017, 8(1): 1092.

[54] Ray D, Laverty K U, Jolma A, et al. RNA-binding proteins that lack canonical RNA-binding domains are rarely sequence-specific[J]. Scientific Reports, 2023, 13(1): 5238.

[55] Bruno L, Ramlall V, Studer R A, et al. Selective deployment of transcription factor paralogs with submaximal strength facilitates gene regulation in the immune system[J]. Nature Immunology, 2019, 20(1): 1372-1380.

[56] Chen C H, Zheng R, Tokheim C, et al. Determinants of transcription factor regulatory range[J]. Nature Communications, 2020, 11(1): 2472.

[57] Todeschini A L, Georges A, Veitia R A. Transcription factors: Specific DNA binding and specific gene regulation[J]. Trends in Genetics, 2014, 30(6): 211-219.

[58] Heltberg M L, Krishna S, Jensen M H. On chaotic dynamics in transcription factors and the associated effects in differential gene regulation[J]. Nature Communications, 2019, 10(1): 71.

[59] Chen C, Meng Q, Xia Y, et al. The transcription factor POU3F2 regulates a gene coexpression network in brain tissue from patients with psychiatric disorders[J]. Science Translational Medicine, 2018, 10(472): eaat8178.

[60] Kumarasamy S, Waghulde H, Gopalakrishnan K, et al. Mutation within the hinge region of the transcription factor Nr2f2 attenuates salt-sensitive hypertension[J]. Nature Communications, 2015, 6(2): 6252.

[61] Reshef Y A, Finucane H K, Kelley D R, et al. Detecting genome-wide directional effects of transcription factor binding on polygenic disease risk[J]. Nature Genetics, 2018, 50(10): 1483-1493.

[62] Papavassiliou K A, Papavassiliou A G. Transcription factor drug targets[J]. Journal of Cellular Biochemistry, 2016, 117: 2693-2696.

[63] Jetten A M. GLIS1-3 transcription factors: Critical roles in the regulation of multiple physiological processes and diseases[J]. Cellular and Molecular Life Sciences, 2018, 75(19): 3473-3494.

[64] Ling H, Guo Z Y, Tan L L, et al. Machine learning in diagnosis of coronary artery disease[J]. Chinese Medical Journal, 2021, 134(4): 401-403.

[65] Parekh V S, Pillai J J, Macura K J, et al. Tumor connectomics: Mapping the intra-tumoral complex interaction network using machine learning[J]. Cancers, 2022, 14(6): 1481.

[66] Aiken E, Bellue S, Karlan D, et al. Machine learning and phone data can improve targeting of humanitarian aid[J]. Nature, 2022, 603(12): 864-870.

[67] 许召召, 申德荣, 聂铁铮, 等. 融合信息增益比和遗传算法的混合式特征选择算法[J]. 软件学报, 2022, 33(3): 1128-1140.

[68] Breiman L. Random forests[J]. Machine Learning, 2001, 45(1): 5-32.

[69] Zhou Z H, Feng J. Deep forest[J]. National Science Review, 2019, 61: 74-86.

[70] Fan Y J, Tzeng I S, Huang Y S, et al. Machine learning: Using xception, a deep convolutional neural network architecture, to implement pectus excavatum diagnostic tool from frontal-view chest X-rays[J]. Biomedicines, 2023, 11(3): 760.

[71] Simonyan K, Zisserman A. Very deep convolutional networks for large-scale image recognition[J]. Computer Science, 2014, 1556(12): 1409.

[72] 周飞燕, 金林鹏, 董军. 卷积神经网络研究综述[J]. 计算机学报, 2017, 40(6): 1229-1251.

[73] Zhu H, Zeng H, Liu J, et al. Logish: A new nonlinear nonmonotonic activation function for convolutional neural network[J]. Neurocomputing, 2021, 9(458): 490-499.

[74] Vaswani A, Shazeer N, Parmar N, et al. Attention is all you need[J]. Advances in Neural Information Processing Systems, 2017, 30(4): 6000-6010.

[75] Meng P, Jia S, Li Q. An innovative network based on double receptive field and recursive bi-directional long short-term memory[J]. Scientific Reports, 2021, 11(1): 1-9.

[76] Hochreiter S, Schmidhuber J. Long short-term memory[J]. Neural Computation, 1997, 9(8): 1735-1780.

[77] 刘振栋, 李冬雁, 戴琼海, 等. 一种基于带权多粒度扫描的转录因子结合位点预测方法[P]. 中国专利: ZL202210535743.3, 2022-08-05.

[78] Liu Z, Li D, Chen X, et al. Predicting algorithm of transcription factor binding sites based on weighted multi-grained scanning[C]. IEEE International Conference on Bioinformatics and Biomedicine, Changsha, 2022: 3085-3092.

[79] 卢喜东, 段哲民, 钱叶魁, 等. 一种基于深度森林的恶意代码分类方法[J]. 软件学报, 2020, 31(5): 1454-1464.

[80] Zhou T, Yang L, Lu Y, et al. DNAshape: A method for the high-throughput prediction of DNA structural features on a genomic scale[J]. Nucleic Acids Research, 2013, 41(3): W56-W62.

[81] Sielemann J, Wulf D, Schmidt R, et al. Local DNA shape is a general principle of transcription factor binding specificity in Arabidopsis thaliana[J]. Nature Communications, 2021, 12(1): 6549.

[82] Hu S S, Liu L, Li Q, et al. Intrinsic bias estimation for improved analysis of bulk and single-cell chromatin accessibility profiles using SELMA[J]. Nature Communications, 2022, 13(1): 5533.

[83] Deng S, Zhang J, Su J, et al. RNA m6A regulates transcription via DNA demethylation and chromatin accessibility[J]. Nature Genetics, 2022, 54(9): 1427-1437.

[84] Liu H, Doke T, Guo D, et al. Epigenomic and transcriptomic analyses define core cell types, genes and targetable mechanisms for kidney disease[J]. Nature Genetics, 2022, 54(7): 950-962.

第 9 章　基于注意力机制的转录因子结合位点预测算法

9.1　引　　言

尽管目前深度学习技术在转录因子结合位点预测领域取得了很大的成功，但仍然存在一些缺点，如忽略了 DNA 是一种复杂的三维大分子。最近的研究表明，添加 DNA 形状在预测转录因子和 DNA 的结合亲和力方面起着重要作用。鉴于此，本章在原始数据选取时融合 DNA 的形状数据。同时，现有的神经网络模型在进行学习训练时，都忽略了高价值碱基对于结合位点预测的影响。因此本章设计一个基于注意力机制的转录因子结合位点预测算法，并利用 LSTM 捕获 DNA 序列之间的长期依赖性，实现高效率、高准确度的结合亲和力得分预测。

9.2　LAM_TF 算法设计与实现

9.2.1　算法设计

1. 数据集

本章实验所用 DNA 序列数据集来源于 DREAM5(dialogue for reverse engineering assessments and methods 5)，它是由序列技术 PBM(protein binding microarray)提供的转录因子和 DNA 相互作用的生化特征数据。

本章从 DREAM5 下载了 25 种转录因子，它们来自不同的蛋白质家族。实验使用的 25 种转录因子分别为 Nfil3_pTH3041，Nr2f6_pTH2193，Nr4a2_pTH3467，Oct1_pTH4325，P42pop_pTH3456，Pit1_pTH4326，Ar_pTH1739，Srebf1_pTH0914，Tbx2_pTH3751，Tbx20_pTH3777，Tbx4_pTH3973，Tbx5_pTH3775，Tfec_pTH2885，Xbp1_pTH2852，Dbp_pTH3831，Klf9_pTH2353，Mlx_pTH2882，Mzf1_pTH3984，Mzf1_pTH3991，Prdm11_pTH3455，Rorb_pTH3469，Sox10_pTH1729，Sox3_pTH3087，Foxo6_pTH3477，Klf12_pTH0977。每种转录因子作为一个单独的数据集，每个单独的数据集包含 40329 条样本数据。所有的数据记录在 txt 文件当中，

每条样本数据包含一个长度为 35 个碱基的 DNA 序列数据和其对应的结合亲和力得分。表 9.1 展示了四类原始 DNA 序列数据的示例。

表 9.1　四类原始 DNA 序列数据的示例

转录因子	DNA 序列	结合亲和力得分
Nfil3_pTH3041	AAAAAACAACAGGAGGGCATCATGGAGCTGTCCAG	4.1241
Ar_pTH1739	AAAAAACAACAGGAGGGCATCATGGAGCTGTCCAG	5.5993
Dbp_pTH3831	AAAAAACAACAGGAGGGCATCATGGAGCTGTCCAG	6.4410
Srebf1_pTH0914	AAAAAACAACAGGAGGGCATCATGGAGCTGTCCAG	7.9339

本章实验所使用的 DNA 形状数据来源于全原子蒙特卡罗(Monte Carlo，MC)模拟。使用全原子蒙特卡罗模拟五聚体的 DNA 形状特征包括小凹槽宽度(minor groove width，MGW)、滚动(roll)、螺旋桨扭曲(propeller twist，ProT)和螺旋扭曲(helix twist，HelT)，以形成原始的 DNA 形状数据表。图 9.1 展示了 DNA 形状特征类型的可视化图示。

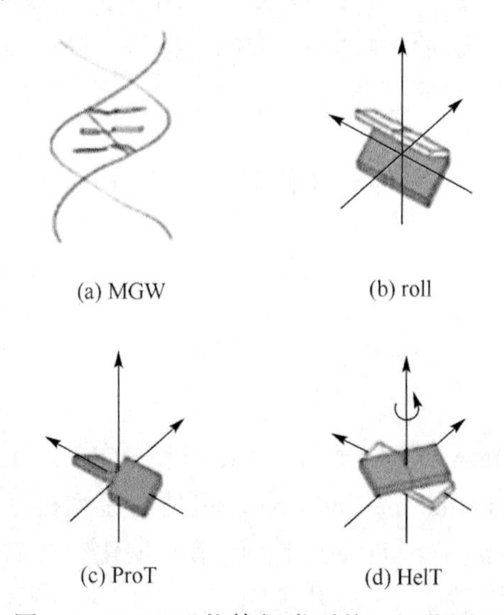

(a) MGW　(b) roll

(c) ProT　(d) HelT

图 9.1　DNA 形状特征类型的可视化图示

2. 数据预处理

本章使用了两种数据作为算法的输入，即 DNA 序列数据和 DNA 形状数据。对于 DNA 序列数据，仍然使用传统的独热编码，编码规则如表 9.2 所示。本章所使用的数据集中 DNA 序列的长度为 35bp，所以一条 DNA 序列经过独热编码后特征矩阵的大小为 35×4。

表 9.2　核苷酸的独热编码规则

核苷酸	独热编码
A	1000
T	0010
C	0100
G	0001

DNA 形状数据是通过滑动窗口法和匹配原始 DNA 形状数据表获得的。原始 DNA 形状数据中一个五聚体的特征包括一个 MGW 值、一个 ProT 值、两个 roll 值和两个 HelT 值，取其中的 MGW 值、ProT 值、两个 roll 值的平均值和两个 HelT 值的平均值作为每个五聚体 DNA 形状的四个最终特征。如图 9.2 所示，使用长度为 5bp 的窗口在长度为 n 的 DNA 序列上以步长 1 滑动，并且使用滑动窗口内的五个碱基匹配 DNA 形状数据表以获取四个特征，在滑动结束后获得大小为 $(n-4)\times4$ 的二维矩阵。最后，为了统一输入数据的形状，在特征的两侧分别填充两个零，使形状特征矩阵的大小为 $n\times4$。由于 DNA 序列长度为 35bp，所以形状特征矩阵的大小也为 35×4。

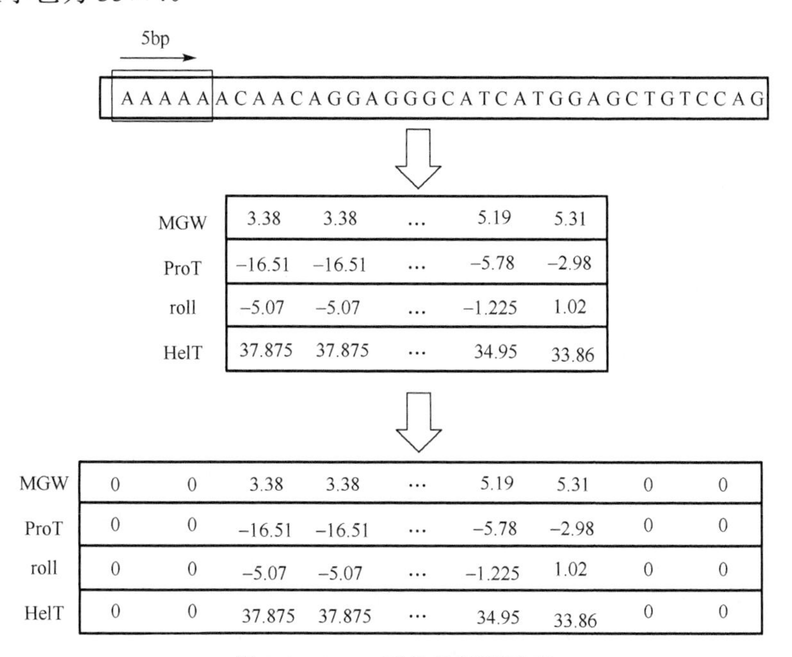

图 9.2　DNA 形状特征预处理

同时，为了避免由于不同特征的取值范围不同而引起的偏差，对每个特征都使用了 Z-score 标准化。标准化结果的计算方法如式(9.1)所示，其中，$\bar{x}$ 为单个

特征中所有 x 的平均值，σ 为单个特征中所有 x 的标准差。

$$x' = \frac{x - \overline{x}}{\sigma} \tag{9.1}$$

3. 特征提取和训练

该模块主要使用注意力模块和 LSTM 搭建。注意力模块旨在区分不同区域的重要性及实现顺序输入，假设其输入向量 h 的大小为 $l \times r$，首先使用一个大小为 $l \times l$ 的权重矩阵与输入向量 h 相乘来计算注意力分数 e，所得 e 的大小为 $l \times r$。将大小为 $l \times r$ 的偏置加到注意力分数 e 上，也就是对输入向量 h 进行了一次全连接操作 $f_{\text{att},r}$。然后，沿着 e 的第一维使用 Softmax 函数，以获得归一化的注意力权重 a。最后，基于注意力权重 a 来计算加权输出 Z。这些步骤所用公式如下：

$$e_r = f_{\text{att},r}(h_{1,r}, h_{2,r}, \cdots, h_{N,r}) \tag{9.2}$$

$$a_{i,r} = \frac{\exp(e_{i,r})}{\sum_{n=1}^{N} \exp(e_{n,r})} \tag{9.3}$$

$$a_i = \frac{\sum_{r=1}^{R} a_{i,r}}{D} \tag{9.4}$$

$$z_{i,r} = h_{i,r} \cdot a_i \tag{9.5}$$

式中，e_r 为维度为 r 的注意力得分；向量 $a_{i,r}$ 为通过 Softmax 函数进行归一化后的注意力权重。在转换过程中，模型中的注意力维度 r 将保持不变。通过在每个位置进行平均，可以将注意力权重的大小从 $N \times r$ 减少到 $N \times 1$。然后基于相应的注意力得分来计算最终输出 $z_{i,r}$。将 $z_{i,r}$ 输入 LSTM 网络以提取长距离碱基间的特征信息，形成特征矩阵并输出。

4. 预测输出模块

预测输出模块是为了将 DNA 序列数据和形状数据相结合，并进行训练得到最终的输出：结合亲和力 DNA。首先将经过处理的 DNA 序列特征 x_{seq} 与 DNA 形状特征 x_{shape} 进行拼接融合得到 x，使用批量归一化加速网络的收敛速度并防止产生过拟合现象。然后将 x 输入全连接层中进行训练。假设接收输入维数为 N。使用 Z 表示将输入信息的加权和作为净输入。计算方式如下：

$$Z = \sum_{i=1}^{N} w_i \cdot x_i + b \tag{9.6}$$

式中，w_i 为第 i 维的权重向量；b 为偏差。然后将净输入通过一个非线性激活函数 Softmax 来获得神经元的活动值 y。输出层后跟仅包含一个神经元的 Dropout 层，然后再使用全连接层实现预测转录因子结合位点和 DNA 的结合特异性。

9.2.2　算法描述

本章融合 DNA 形状特征，并采用注意力机制和 LSTM 融合模型来提升模型的学习能力，实现了转录因子结合位点预测算法，并将此算法命名为 LAM_TF 算法。算法的输入包括包含 DNA 序列数据、DNA 形状数据、batch 的大小、交叉验证的折数及 Dropout 的值；LAM_TF 方法的输出为该算法预测的各 DNA 序列的结合亲和力得分。

(1) 分别对 DNA 序列数据和形状数据进行数据预处理，得到输入序列矩阵 seq[40329, 35, 4]和形状矩阵 shape[40329, 35, 4]。

(2) 将预处理后的数据集分成五部分，其中一部分被选为模型的测试集 D_{test}，另外四部分组成一个整体后再随机分为五部分，取其中的四部分组成一个整体作为模型的训练集 D_{train}，剩下的一部分作为模型的验证集 D_{val}。

(3) 分别针对 seq 和 shape 输入数据，计算注意力分数，并对其进行归一化，之后将其结果与输入数据相乘，以获得注意力机制输出结果；再将其输入 LSTM 网络中进行长短碱基距离特征提取，得到两组输出结果。

(4) 将序列特征和形状特征连接起来，并通过 BatchNormalization 进行批量归一化操作，使用两个全连接层获得最终的结合亲和力得分，并使用 Adadelta() 进行模型中的参数优化。

(5) 最后，将测试数据输入训练完成的结合亲和力得分预测模型，以获得测试数据的结合亲和力得分，并根据结果使用多种评价指标对算法进行评价。

LAM_TF 算法的流程图如图 9.3 所示。

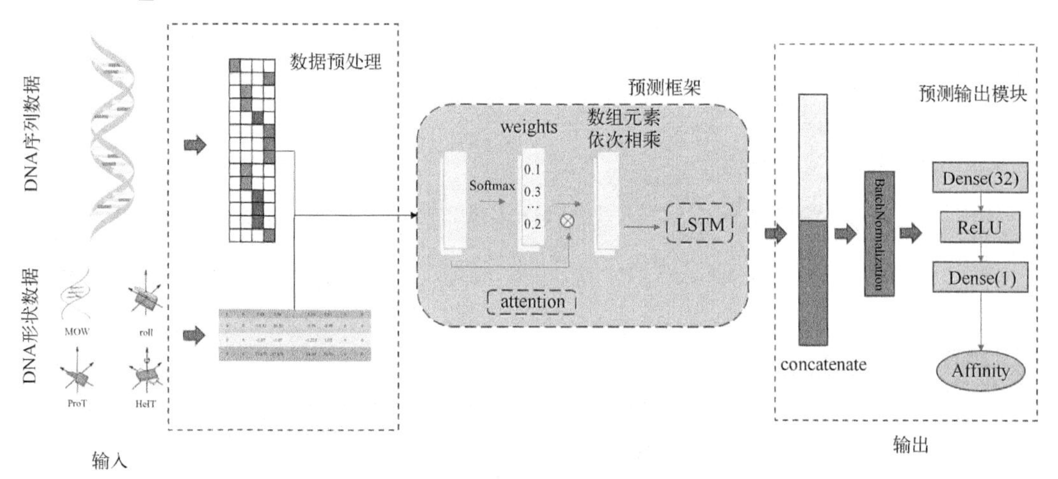

图 9.3　LAM_TF 算法的流程图

基于注意力机制的 LAM_TF 算法如算法 9.1 所示。

算法 9.1　LAM_TF（D_1, D_2, B, K, Drop）

输入：DNA 序列数据及其对应的结合亲和力 D_1；DNA 的形状数据 D_2；模型训练过程中 batch 的大小 B；交叉验证的折数 K，Dropout 的参数 Drop。
输出：该 DNA 序列的结合亲和力得分。

Begin
1. for i = 1 to len(D_1) do
2. 　　D_1^* ← one-hot 编码 $D_1(i)$；
3. 　　D_2^* ← 对 $D_2(i)$ 使用滑动窗口法匹配原始 DNA 形状数据表；
4. end for
5. 数据集 D_1 和 D_2 按照 15:6:4 的比例分成训练集 D_{train}、测试集 D_{test} 及验证集 D_{val}；
6. for c=1 to Epoch do
7. 　　for s =1 to B do
8. 　　　　S_1, S_2←计算 Z_1, Z_2 的注意力权重向量；
9. 　　　　Z_1←multiply(D_1，S_1)；
10. 　　　　Z_2←multiply(D_2，S_2)；
11. 　　　　Model←{Cov1D(13), ReLU(), MaxPooling()}；
12. 　　　　Z_1, Z_2←LSTM(32)；
13. 　　　　Z←concatenate(Z_1, Z_2)；　　//集成特征；
14. 　　　　Model←{Dense(32), ReLU(), Dropout(Drop), Dense(1)}；
15. 　　　　$\text{MSE} \leftarrow \frac{1}{n}\sum_{i=1}^{n}(y_i - \overline{y}_i)^2 + \lambda \cdot L_2$；　　//计算损失函数；
16. 　　　　Model←Adadelta()；　　//模型参数优化；
17. 　　end for
18. end for
19. Score←将测试集 D_{test} 输入模型 Model; //输出测试集所对应的结合亲和力得分；
20. Return Score;

End

9.2.3　评价指标

在本章中，算法预测输出结果为某个转录因子结合位点的结合亲和力得分，属于回归预测任务。预测结果的可靠性通常使用两个评价指标来衡量：R^2 和皮尔逊相关系数(Pearson correlation coefficient，PCC)。本章据此来评估转录因子结合位点预测算法的性能，并且有以下定义。

y_i：第 i 条数据真实的结合亲和力得分。

$\overline{y}$：所有数据真实的结合亲和力得分平均值。

y_i'：算法预测的第 i 条数据的结合亲和力得分结果。

$\overline{y}'$：算法预测的所有数据的结合亲和力得分结果的平均值。

R^2 表达了回归平方与其所占总平方和之比，PCC 表示两个预测结果和真实结果之间的相关程度。两者的数值通常在[0, 1]。数值越接近于 1，预测结果和真实结果之间的相关性越强，就意味着该算法的预测精度更高、预测性能更好。计算公式如下：

$$R^2 = 1 - \frac{\sum_{i=1}^{n}(y_i - y_i')^2}{\sum_{i=1}^{n}(y_i - \overline{y})^2} \tag{9.7}$$

$$\text{PCC} = \frac{\sum_{i=1}^{n}(y_i - \overline{y})(y_i' - \overline{y}')}{\sum_{i=1}^{n}\sqrt{(y_i - \overline{y})^2}\sqrt{(y_i' - \overline{y}')^2}} \tag{9.8}$$

9.3　实验结果及分析

9.3.1　实验设置

本章中所有的实验都使用了 Keras、TensorFlow 和 Python 语言来实现，并在 Linux 操作系统环境下运行。其中，Python 版本为 3.8.10，Keras 版本为 2.9.0，TensorFlow 版本为 2.9.1+nv22.6。本章采用最小化均方误差(mean squared error，MSE)的合理损失函数来优化所构建的网络模型。损失函数定义如下：

$$\text{Loss} = \frac{1}{n}\sum_{i=1}^{n}(y_i - \overline{y}_i)^2 + \lambda \cdot L_2 \tag{9.9}$$

式中，$\overline{y}_i$ 与 y_i 分别为真实的结合亲和力得分和预测的结合亲和力得分；n 为每个训练数据集中的样本个数；同时，使用 L_2 正则化避免模型过拟合，L_2 表示使用 L_2 范数；λ 表示正则化的权重参数。模型中使用 AdaDelta 来优化损失函数，它适合于高维情形，利用了一阶导数的信息，在一定程度上提高了模型的稳定性和动态适应性，减少了模型的计算量。由于无须人为调整学习率，因此 AdaDelta 在噪声梯度、模型结构、超参数选择等方面具有很好的鲁棒性能。AdaDelta 中的动量参数在[10^{-6}, 10^{-6}, 10^{-4}]内进行设置，Delta 参数在[0.9, 0.99, 0.999]内随机选用。神经网络中的 Dropout 率为[0.2, 0.3, 0.5, 0.7]，在训练过程中保留五个最优参数集并应用于整个训练数据集，将 epoch 设置为 100。为了使实验结果更具有可信性，实验不仅使用了五折交叉验证，而且针对每个数据集取五个最优模型的平均值作为最终的评价结果。

9.3.2 实验分析

为了研究将 DNA 形状信息添加到网络模型中是否可以提高转录因子结合亲和力的预测准确度，本章构建一个使用独立 DNA 序列的输入实验模型，称为 DS_LAM_TF 模型。然后分别分析了 LAM_TF 算法(将 DNA 序列+DNA 形状特征作为数据输入)和 DS_LAM_TF 算法(仅使用 DNA 序列并将其作为数据输入)预测结合亲和力的能力，以证明 LAM_TF 算法的优越性。

实验结果如图 9.4 和图 9.5 所示，两图中分别表示 DS_LAM_TF 算法的结果和 LAM_TF 算法的结果。由图 9.4 和图 9.5 中可以看出 LAM_TF 算法的中位数略高于 DS_LAM_TF 算法，且数据分布一致，表明算法的稳定性不受输入数据的影响。与 DS_LAM_TF 算法相比，LAM_TF 算法的性能也有所提高，R^2 与 PCC 的平均值分别增长了 1.29%和 0.96%，这体现了 DNA 形状特征在预测结合亲和力中的有效性。但同时也能看出性能增加并不明显，这种现象是因为 DS_LAM_TF 算法同样由注意力机制和 LSTM 层组成，其中注意力机制可以对所有潜在基序进行评分，LSTM 层用于学习序列中的局部结构信息和长期依赖性，而非完全依赖 DNA 形状数据。

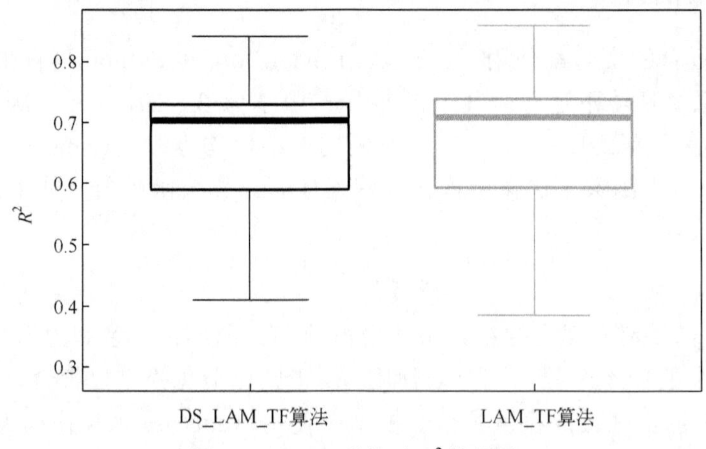

图 9.4　DNA 形状对 R^2 的影响

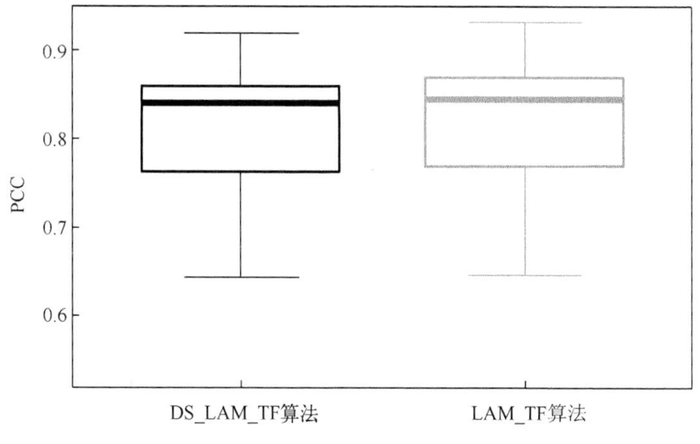

图 9.5　DNA 形状对 PCC 的影响

9.3.3　LAM_TF 算法基准测试

为了更综合地评估 LAM_TF 算法的性能，本章不仅将 LAM_TF 算法与仅使用原始 DNA 序列作为 CNN 模型输入的 DeepBind 算法进行了比较，而且还比较了较为先进的 DLBSS 算法和 CRPT 算法。其中，DLBSS 算法使用 DNA 序列和形状作为算法的输入，并且使用了 CNN 提取特征；CRPT 算法的输入为 DNA 序列特征，但是在特征提取阶段使用了 LSTM 层用于学习序列中的局部结构信息和长期依赖性。本节使用了 25 个体外转录因子结合位点数据集来比较 LAM_TF 算法与三种基线算法的性能，关于评价指标 R^2 和 PCC 的比较结果如图 9.6 和图 9.7 所示。很明显，LAM_TF 算法在 PCC 和 R^2 两个评价指标上比其他先进算法实现了更显著和稳定的性能。这表明结合 DNA 序列和 DNA 形状信息的深度学习模型对识别转录因子结合位点具有显著的影响。

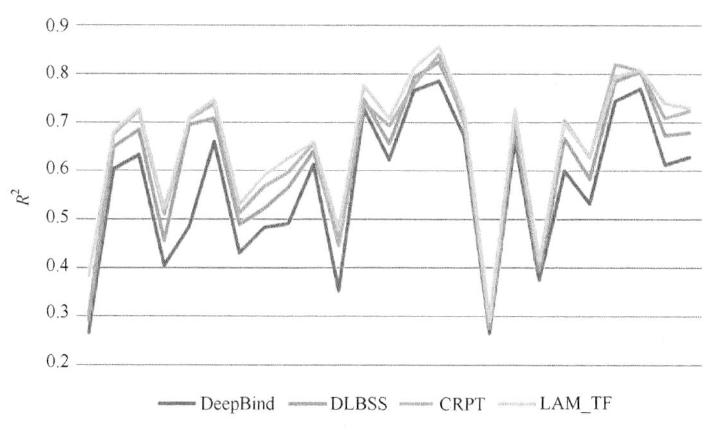

图 9.6　R^2 的算法性能比较结果

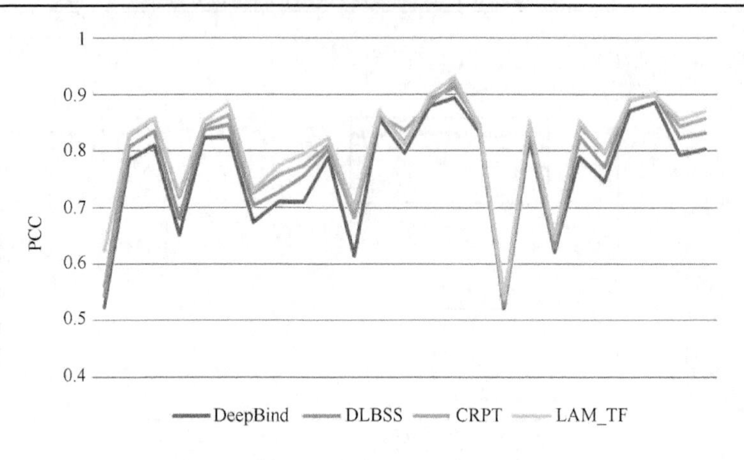

图 9.7 PCC 的算法性能比较结果

同时，本章也计算了 25 个转录因子数据集的平均性能，其结果如表 9.3 所示，LAM_TF 算法在 R^2 和 PCC 评价指标方面都有不同程度的提升。其中相较于 DeepBind 算法，LAM_TF 算法在两种指标上分别高出了约 8.76%和 4.55%，结合亲和力预测结果与实际结果的相关性实现了统计学上的显著改善。这表明 LAM_TF 算法在转录因子结合位点预测邻域比仅使用 CNN 算法具有明显的优势，实现了更高准确度的预测。LAM_TF 算法性能突出的原因在于 LAM_TF 算法明确地考虑了 DNA 序列中的形状特征，捕捉了更多与转录因子结合相关的特征。同时 LAM_TF 使用了注意力机制并根据碱基不同贡献分配权重，进一步强调了高价值碱基对的重要性。

表 9.3 使用 25 个转录因子数据集的平均性能结果

类型	R^2	PCC
DeepBind	0.5678	0.7608
DLBSS	0.6184	0.7834
CRPT	0.6404	0.7966
LAM_TF	0.6554	0.8063

本章提出了基于注意力机制的转录因子结合位点预测算法——LAM_TF。为了更好地表示结合位点的特征，除了使用 DNA 序列数据，本章还将 DNA 形状数据作为预测转录因子结合位点的初始数据，并且使用了 LSTM 捕获 DNA 序列之间的长期依赖性。同时，在 LAM_TF 算法中使用了注意力机制，使其能够自主地学习到 DNA 序列中单个碱基或片段的重要程度，解决了目前已有算法难以高效地捕捉高价值碱基对基因调控作用的难题。最后利用预测输出模块输出对应样本的结合亲和力得分。实验结果证明，LAM_TF 算法提高了转录因子结合位点的预测能力。

第 10 章　基于特征度量机制 attC 位点预测算法

10.1　研究背景及意义

自人类基因组计划启动以来，生物基因组的测序工作取得了飞速的进展，随之而来的就是生物数据的海量积累，如何从中挖掘医学和药物等方面的有效信息和知识成为一个亟须解决的问题[1]。因此，生物信息学应运而生。生物信息学是一门新兴的跨科学研究领域，主要通过综合运用数学、现代计算机工具和生物学手段来解决分子生物学问题[2]。生物信息学以理解和揭示大量数据背后隐藏的生物学意义为最终目的，通过快速发展的高通量测序技术提高人类探索生物运行机制的能力，为各类复杂疾病的研究提供了理论实践基础[3]。

生物信息学技术广泛地应用于基因组学研究，可以帮助鉴定基因、确定基因功能及理解基因调控网络[4]。这些研究可以为基因工程提供重要的基础和参考。基因工程是一种使用生物技术直接操纵有机体基因组以改变细胞遗传物质的技术，是改变生物原有的遗传特性从而获得新品种及生产新产品的重要工具[5]。科学研究表明，困扰人类健康的主要疾病，如心脑血管疾病、糖尿病、肝病和癌症等都与基因有关[6]。依据已经破译的基因序列及其功能，找出这些基因并针对相应的病变区域进行药物筛选，就能有选择地修补或替换这些病变基因，同时也为利用基因进行检测、预防和治疗疾病提供了可能。

DNA 特异性位点是指具有特定序列的短段 DNA 序列，其在基因组中的位置通常是固定的[7]。在基因工程中，DNA 特异性位点被广泛地应用于基因克隆、基因敲除、基因表达及基因诊断等方面[8]。例如，在基因克隆中，DNA 特异性位点可以用作引物，用来扩增特定的基因序列。在基因敲除中，DNA 特异性位点可以用于选择正确的位点进行基因敲除。在基因表达中，DNA 特异性位点可以用于识别和定位启动子及转录因子结合位点，从而调控基因表达水平。在基因诊断中，DNA 特异性位点可以用于检测遗传病变或鉴定人员身份等。此外，DNA 特异性位点的特性还被广泛地应用于分子生物学实验中的重要技术，如聚合酶链式反应(polymerase chain reaction，PCR)和 Southern 印迹等。

物体内很多复杂的运行机制都依赖于 DNA 特异性位点，如调节基因表达、控制转录及促进生物进化等，这对研究 DNA 的活动机制至关重要，因此越来越多的人开始重视DNA特异性位点的功能[9]。研究DNA特异性位点的特征序列是功能研究的重要前提，具体来说，DNA特异性位点的功能主要取决于其序列特征、结构特征及特征的理化性质，研究DNA特异性位点特征与功能的关系可以进一步地揭露DNA活动机制，这对消除位点的序列级约束、维护生物遗传多样性和促进生物进化等具有重要的意义。

DNA特异性位点涉及多个细分领域，但由于生物信息序列的独特性，各领域通常存在迁移空间，因此针对某个位点细分领域的研究对其他位点预测领域同样具有实践意义。其中，DNA重组位点是位点特异性重组系统实现的重要元件，研究表明该部位与基因治疗和药物开发密切相关。DNA甲基化位点的功能研究对于理解DNA修复、DNA复制和调控基因表达等具有重要的意义。因此，实现对DNA特异性位点的准确预测可以为基因调控和药物设计的研究提供坚实的基础。

目前，关于DNA特异性位点的研究主要集中在分类预测和回归预测两个方向。通过分类预测可以对特异性位点和非特异性位点进行快速识别，回归预测可以对某一位点的生物特性进行精准预测，如重组率、结合率等。这些快速便捷的轻量实验可以满足高通量的信息需求，但由于特征提取难、生物特性复杂等因素的影响，目前针对DNA特异性位点的预测效果不尽如人意。因此，实现更高精度的DNA特异性位点预测是目前基因工程领域的专家和学者所重点关注的方向，而实现DNA特异性位点高精度预测的重要方式之一就是优化现有方法及探索新的预测模型。

10.2 国内外研究现状

位点预测问题目前是生物信息学研究的热点领域，该领域包含了针对不同功能位点的预测方向，例如，转录因子结合位点方法、蛋白质结合位点方法、DNA甲基化位点方法和DNA重组位点方法等。本节主要针对DNA重组位点和DNA甲基化位点进行研究，并从传统的生化实验算法及与生物信息学相结合的预测算法两方面对上述两个位点预测领域进行详细的介绍。

针对不同位点，基于传统生物学实验方法发现和预测位点的技术也不相同，如荧光标记法、核酸凝胶电泳技术、DNA序列分析技术、基因定点突变技术和聚合酶链反应技术等传统算法，这些实验得到的结果也非常可靠[10]。然而，随着基因测序技术的快速发展和各类数据的不断增加，传统的生物实验在预测问题上需要耗费更多的时间和经济成本，同时工作强度更高，难以满足高通量和大规模位点预测的需求。

面对庞大的数据量，有必要研究这些数据背后的生物学意义和价值。因此，许多研究者选择通过生物信息学来实现对 DNA 特异性位点的快速预测。有效的生物信息学手段不仅可以摆脱实验环境的约束，实现便捷轻量的预测，还能提高预测效率。

10.2.1 基于机器学习的预测技术

随着基因测序技术的迅猛发展，计算机强大的性能优势在生物学领域得到展现，这强有力地推动了生物信息学、生物数据分析等领域的发展[11]。作为计算机技术的主流算法，机器学习具有从数据中获取信息的学习能力，并在学习过程中不断完善自身性能，实现自我学习[12]。机器学习能够从海量的生物数据中提取信息，实现基于数据的预测，在解决生物信息学的相关问题中，发挥着越来越重要的作用。近年来，机器学习被应用于生物信息学的各个领域，如利用信息科学技术研究 DNA 到基因、基因表达及生理表现等一系列联系中的现象和规律[13,14]。目前，DNA 特异性位点预测面临着巨大的挑战，机器学习在生物学中的强大性能优势为位点预测提供了新思路。

作为细菌整合子系统开展位点特异性重组的主要元件，attC 可以通过与其他位点进行 DNA 片段交换来帮助细菌获得有益的特性，如增加细菌的耐药性。针对 attC 位点，Pereira 等[15]提出了一种可以快速准确地识别 DNA 序列数据中的 attC 位点的新算法 HattCI。HattCI 基于隐马尔可夫模型构建，并对每个 attC 位点的所有核心组件都进行了详细描述，这意味着可以直接在片段数据中识别 attC 位点，而不需要任何关于整合子结构的额外信息。实验证明，HattCI 在保持令人满意的假阳性率(false positive rate，FPR)的同时，实现了 91.9%的高敏感性。

同时，也有许多程序可以识别 attC 位点。XXR 程序使用模式匹配技术来识别寻常弧菌整合子中的 attC 位点，而 ACID 程序和 Attacca 被设计用来搜索 1 类到 3 类的移动整合子[16-18]。然而，这些基于序列的识别程序只能在有限的整合子类别中识别 attC 位点，而识别包含高度不同序列的 attC 位点的难度较大。Cury 等[19]提出的识别程序旨在准确地识别属于整合子的任何整合酶和 attC 位点。该程序利用 291 个人工管理的 attC 位点建立了 attC 位点的协方差模型，并利用协方差模型在 2484 个完整的细菌基因组上搜索 attC 位点。该程序在确保位点最大多样性的同时，达到了 96%的灵敏度。

随着合成生物学的不断发展，新的生化途径策略的探索及相应工具的开发变得越来越有价值[20]。David 等[21]提出了一种用于体内基因重组的合成整合子，提供了一种利用基因重组活性来构建和优化代谢的算法。该算法首次证明了位点特异性重组可以在体内产生大量有效的基因组合和排列。这表明通过研究 attC 位点的结构，合成一个重组高效的 attC 位点，这将有效地改进整合子系统。

基于 attC 位点结构特征的高度保守性，Nivina 等[22]设计了一个高效的位点特异性重组系统并构建了一个低重组率的 $attC_{r0}$ 位点的大规模突变库。通过分析并量化库中 attC 位点的结构特征，实现了基于随机森林的预测方法并获得了更高的 attC 位点重组预测精度。该系统也适用于其他基于序列特征的特定位点和其他遗传元件，它们具有良好的可移植性。但是，该系统中使用的模型相对单一，因此可能存在数据偏差。

DNA 甲基化是通过向 DNA 的特定区域添加甲基，从而导致基因表达发生遗传变化的过程，该过程可以在不改变 DNA 序列的情况下实现对基因表达的调控。基因活性可以通过控制 DNA 甲基化过程来调控，因此，它与研究衰老、癌症或原核生物毒力和抗生素耐药性的调控密切相关。最常见甲基化位点有三种，分别是 N4-甲基胞嘧啶(4mC)位点、DNA 5-甲基胞嘧啶(5mC)位点和 N6-甲基腺嘌呤(6mA)位点，它们通常在真核生物和原核生物中广泛存在[23-25]。其中 4mC 作为一种新型有效的表观遗传修饰位点，可以通过修饰机制保护自身 DNA 以防被限制性内切酶降解。

针对 DNA 4mC 位点，Chen 等[26]提出了一种用来判断原核生物和真核生物中的 4mC 位点的预测算法——iDNA4mC，这是针对 4mC 位点的首个机器学习预测算法。在 iDNA4mC 中，不仅利用核苷酸频率对 DNA 序列进行编码，充分地考虑了基于序列的信息，还考虑了三种核苷酸的化学性质(环结构、氢键和化学功能)，用于训练基于支持向量机的预测模型。研究结果表明，iDNA4mC 能够准确地从非 4mC 位点中识别出真正的 4mC 位点。

He 等[27]提出的 4mCPred 算法是基于 iDNA4mC 算法的训练样本数据实现的。为了充分地获取样本数据中的信息，4mCPred 利用三核苷酸的位置特异性偏好和电子-离子相互作用的伪电位值将 DNA 序列转化为对应的数值向量。同时，为了提高预测模型的效果，4mCPred 使用最优特征选择技术(F-score)来筛选最优特征子集，并通过支持向量机来构建分类模型。结果表明，与 iDNA4mC 算法相比，4mCPred 算法具有更好的整体性能。

基于前两个预测算法，Wei 等[28]提出了基于多个物种的 DNA 4mC 位点的预测算法——4mcPred-SVM。4mcPred-SVM 集成了基于序列的 4 种特征表述来生成特征空间，然后使用两步特征优化策略来获得效果最优的特征。针对不同的生物物种，4mcPred-SVM 可以基于所得到的特征使用支持向量机来自适应地训练最优模型。结果表明，与现有的工具相比，4mcPred-SVM 能够在五个物种的基准数据集中获得更好的预测结果，整体性能良好。

Manavalan 等[29]首次提出了用于识别小鼠基因组中 4mC 位点的算法——4mCpred-EL。4mCpred-EL 综合使用了 4 类不同的机器学习算法和当下流行的 7

种主要特征编码方式。在训练过程中，4mCpred-EL 将这些特征编码的预测概率值作为特征向量重新输入，并集成了机器学习模型。通过在基准数据和独立数据集上的性能比较可以看出，4mCpred-EL 在识别 4mC 位点预测方面拥有更显著的性能。

Wang 等[30]提出了一种新的预测模型——XGB4mcPred，这是一种利用极端梯度增强算法(XGBoost 算法)和 DNA 序列信息训练的 4mC 位点预测模型。该模型首先将原始 4mC 位点序列的相邻和间隔核苷酸、二核苷酸及三核苷酸的 one-hot 编码作为特征向量，然后将 XGBoost 算法预训练的特征向量的重要值作为阈值，对冗余特征进行过滤。相比于传统的实验手段，构建的 XGB4mcPred 预测器大大提高了识别 4mC 位点的精确度。

10.2.2　基于深度学习的预测技术

深度学习作为机器学习领域的新兴热门学科，在众多研究领域得到应用，并在自然语言处理、信息检索、语音识别和图像识别等方面取得了许多成就[31]。深度学习模型区别于传统的机器学习模型，其包含更深层结构，强调基于数据自动学习特征而不是过度依赖人工构建的特征，因此基于深度学习的预测算法可以直接预测 DNA 序列的结果[32,33]。

如上所述，4mC 位点与细胞增殖和基因表达的发展密切相关。为了了解其不同的生物学功能，需要准确地检测 4mC 位点。但是现有的实验技术十分耗时，在性能方面有较大的提升空间。Khanal 等[34]首次提出基于深度学习的 4mC 位点预测算法——4mCCNN。4mCCNN 利用 one-hot 编码作为输入并进行两个卷积操作。该模型的优点在于使用卷积神经网络从原始 DNA 序列中自动提取特征，模型预测的结果优于目前最先进的基于其他物种的预测算法。

Abbas 等[35]提出的 4mCPred-CNN 模型，是首次利用 CNN 来预测小鼠基因组中 4mC 位点的算法。与传统的基于机器学习的技术不同，4mCPred-CNN 只使用 one-hot 编码和核苷酸化学性质(非胶原蛋白(non-collagenous proteins, NCP))进行特征提取，并使用神经网络体系结构学习高级抽象特征。实验结果显示，与现有预测算法(i4mC-Mouse)相比，4mCPred-CNN 的准确率达到 87.50%，具有更高的预测精度[36]。

Zeng 和 Liao[37]提出了一个基于多层深度学习的预测模型——Deep4mcPred，用于识别 DNA 4mC 位点。Deep4mcPred 首次将残差网络和递归神经网络相结合，搭建基于多层深度学习的预测模型。与现有的预测算法相比，Deep4mcPred 在训练预测时不需要指定特征，能够通过自动学习高水平的特征以捕获 4mC 位点内特征的特异性。结果表明，Deep4mcPred 在基准比较性能上优于传统的机器学习算法。

Liu 等[38]提出了一种基于深度学习的方法——DeepTorrent，用于从 DNA 序列中预测 4mC 位点。DeepTorrent 结合了四种不同的特征编码方案对原始 DNA 序列进行编码，并采用多层卷积神经网络和一个集成了双向长短期记忆的初始模块，以有效地学习高阶特征表示。此外，DeepTorrent 还采用注意机制和迁移学习技术来训练鲁棒预测器。大量基准测试实验表明，DeepTorrent 中 6 个物种的平均 AUC 值均大于 0.86，平均 AUC 值为 0.94，准确率为 87%。

Xu 等[39]设计了一种基于 DNA 4mC 位点进行系统评估和计算预测的深度学习算法——Deep4mC。Deep4mC 将四个具有代表性特征作为输入，然后对两个没有池化函数的卷积层进行特征提取和表示，并添加了一个注意力层来连接最后一个卷积层和输出层。对于样本数量较少的物种，Deep4mC 用自举算法扩展了深度学习框架。综合实验表明，Deep4mC 在所有物种中，AUC 的值均大于 0.9，具有较高的精度和鲁棒性能。

Rehman 等[40]提出了一种基于神经网络的工具——DCNN4mC，并将其用于 4mC 位点的预测。DCNN4mC 基于 CNN 使用带跳跃连接及 one-hot 编码对原始 DNA 序列进行编码，这有助于解决之前提出的框架中缺乏的概化问题。DCNN4mC 中的跳跃连接有助于了解不同物种的基因组学特征，实验表明该算法不仅在现有数据库上取得了不错的效果，而且在更新后的数据集上表现良好。

通过分析现有的预测方法发现，目前已经有越来越多的算法将计算机技术应用在位点预测领域，克服了传统实验的耗时长、数据量大及资源消耗大等缺陷，机器学习在生物信息学领域的优势越来越明显，不仅能有效地提高预测精度，还具有高度的灵活性和可移植性，有很大的发展空间。

然而，以上的研究总有不尽如人意的地方。基于机器学习的 DNA 特异性位点预测算法依赖于特征表示和算法的高效运算，单一的机器学习算法在预测方面存在不足，导致应用受限。基于深度学习的 DNA 特异性位点预测算法往往依赖于大规模的数据集，而目前针对位点的特征序列表示较为复杂，无法针对高通量数据集确立合适的特征表示算法，这导致 DNA 特异性位点预测算法建模精度通常偏低。因此，亟须对 DNA 特异性位点预测算法进行下一步的改进，寻求行之有效的 DNA 特异性位点的特征表示策略和高精度预测算法，优化低效率的位点预测任务。

10.3 主要研究内容

DNA 特异性位点预测的主要组成有 DNA 序列和结构、特征筛选和融合、特征表示算法及模型构建，其中特征筛选和融合及算法模型的构建最为关键。首先，本节对当前流行的 DNA 特异性位点预测算法的优劣势进行分析，明确当前 DNA

特异性位点预测算法无法满足人们对高精度预测的需求，并确定目前位点预测的瓶颈在于有效特征的选择，以及预测模型的构建。针对目前存在的问题，本节在特征选择和算法设计方面对 DNA 特异性位点预测算法做了进一步的研究。在特征选择方面，本节设计特征重要性度量和特征融合策略，以筛选高权重特征，并融合序列数据和理化性质数据。在算法设计方面，本节提出组合优化策略，综合考虑多个机器学习算法，寻求最佳性能。此外，本节进一步探索了神经网络在 DNA 特异性位点预测领域的应用。主要研究内容如下所示。

(1)本节提出基于特征度量机制和组合优化策略的 DNA 特异性位点预测算法——FMCO。为了获取可靠的特征子集，FMCO 采用特征度量机制来实现特征筛选。同时，为了使特征筛选和模型预测达到良好的平衡状态，FMCO 采用三种算法分别对特征序列进行评分，并采用十轮特征打分机制保证结果的稳定性和可靠性。此外，FMCO 算法采用组合优化策略进行建模预测，交叉结合三种传统机器学习算法，避免了单一模型的缺陷。最后，输出了最终特征评分序列，进一步证明特征度量机制的必要性。本节构建的组合算法是对训练策略的改进，相较于传统的机器学习算法，FMCO 算法具有更好的预测性能。

(2)本节提出基于特征融合策略和卷积神经网络的 DNA 特异性位点预测算法——FFCNN。为了保证特征描述的全面性，本节设计的 FFCNN 算法充分地考虑位点序列特征和理化特性以实现基于多个融合特征的预测，寻求最优的特征编码方案。同时，FFCNN 算法使用注意力机制获取重要的特征信息，强调对重要特征的关注。此外，FFCNN 算法采用卷积神经网络来解决小样本问题，并使用双向门控循环单元捕捉序列中的双向上下文信息，实现对综合特征的学习。最后，在六个测试物种的数据集上进行大量基准试验，实验证明 FFCNN 能进一步地提高预测模型的精度，为寻找抗病基因提供更多的可能性。

在 DNA 特异性位点预测算法领域的主要工作内容如图 10.1 所示。

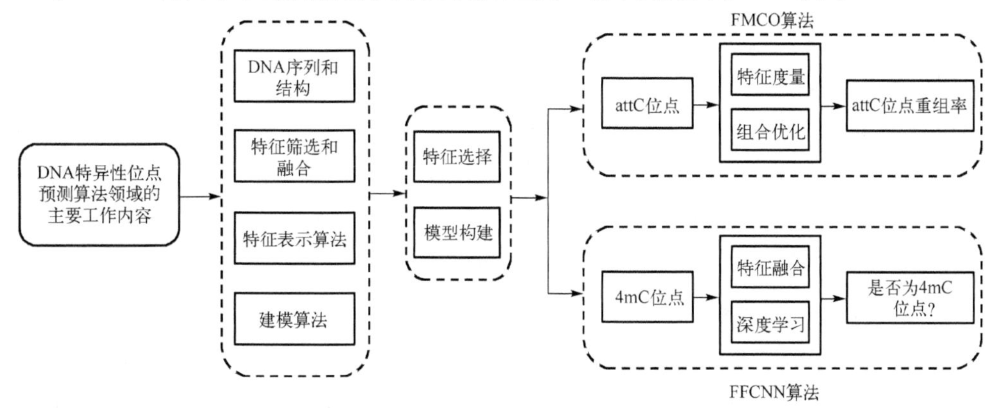

图 10.1　在 DNA 特异性位点预测算法领域的主要工作内容

10.4　DNA 特异性位点简介

DNA 特异性位点是在 DNA 序列中表达特定功能的区域，通常由单个或多个碱基组成。由于基因测序技术的不断发展，各种生物数据持续增加，针对 DNA 特异性位点的传统生化实验无法满足庞大的数据规模。因此，如何结合计算机技术实现对 DNA 特异性位点的有效预测，已成为生物信息学中的一个热点问题。DNA 特异性位点涉及多个应用领域且位点种类繁多，本节主要研究 DNA 重组位点和 DNA 甲基化位点，基于上述两个位点的研究可以迁移到其他特异性位点的预测领域。

10.4.1　DNA 重组位点

1. DNA 重组

DNA 重组是指在重组酶的催化下，不同生物的基因重新组合在一起，以产生新个体的方式。DNA 重组多存在于原核生物中，具有促进生物进化及保持生物多样性等重要意义[41]。常见的重组包括位点特异性重组、同源重组和转座重组。其中，位点特异性重组能在重组酶的参与下进行特异性位点间的 DNA 切除、整合或易位。

DNA 重组技术是基因工程中经常使用的工具之一。它通过人工方法重组含有特定基因的 DNA 片段以改变生物基因类型，获得对生物有益的特定基因产物[42]。随着位点特异性重组系统的发展，位点特异性重组技术也在不断完善。由于位点特异性重组技术能够有效地克服转座重组和同源重组等类型重组技术的缺点，如重组效率低、随机整合不具有靶向性及容易被整合的位置效应所影响等，在各种生物的基因工程操作中被广泛地应用[43]。

位点特异性重组技术作为基因改造的一项重要手段，可以定点改造基因序列中某些特定的基因，实现细胞甚至个体水平上功能的改变，因此逐渐受到科研工作者的重视。然而，当前针对位点特异性重组系统的研究大多停留在生化实验阶段，实验结果受到实验环境等不定因素的影响。随着实验数据量的增加，传统的实验方法工程量大、耗时长的问题更加明显，因此，将计算机技术与传统实验相结合对开发一个高效的重组系统十分重要。

2. 细菌整合子系统

细菌整合子系统是 DNA 重组的重要应用。如图 10.2 所示，细菌整合子系统结构独特，作为一种运动型的 DNA 分子，它能实现对外源性基因的捕获和位点特异性的整合，进而将其转变为位点内的功能性基因[44]。通过位点间的 DNA 片段重组，细菌可以获取对自身有益的性质，如增加细菌的耐药性等。研究表明，细菌整合子在革兰氏阴性菌病原体的抗生素耐药基因传播中发挥了主要作用[45,46]。细菌整合子由三部分组成：酪氨酸重组酶的编码基因(整合酶 intI)，这是整合子内位点特异性重组所必需的；整合酶识别的相邻重组位点(attI)；位于整合位点上游的启动子(Pc)，这对整合子中基因盒的高效转录和表达至关重要[47]。

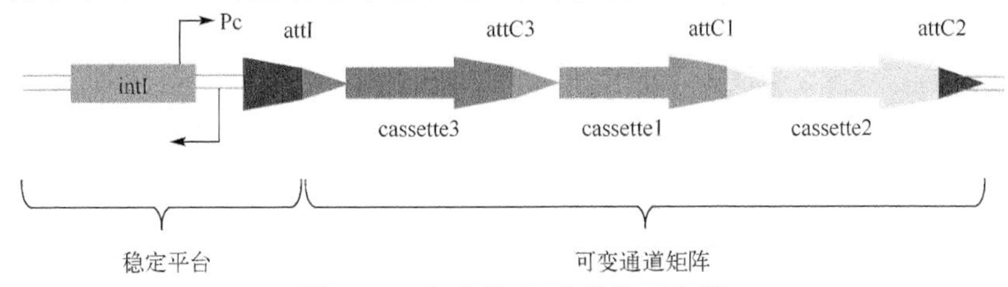

图 10.2　细菌整合子系统示意图

整合酶是一种位点特异性酪氨酸重组酶，它既可以通过位点特异性重组将外源基因盒插入整合子的可变序列中，也可以将基因盒从系统中切除[48]。盒切除发生在整合子内两个相邻的 attC 位点之间，而盒重组主要通过整合子平台上的 attI 位点与游离的基因盒上的 attC 位点实现[49]。

基因盒通常是只包含单一基因和一个重组位点(attC)的小型可移动元件，使它们能够被 IntI 识别，大多数基因盒中相关基因的转录表达都依赖于细菌整合子上游启动子的存在[50]。基因盒既可以以环的形式独立存在，也可以在整合酶识别催化作用下重组于细菌整合子中，成为细菌整合子结构的一部分[51]。细菌整合子中基因盒插入和切除的示意图如图 10.3 所示。

3. DNA 重组位点

在细菌整合子系统内实现位点特异性重组的主要位点为 attC 位点。如图 10.4 所示，attC 位点的 DNA 底部链被折叠成发卡状结构，这保证了重组的特异性。attC 位点的序列相似性较小，通常以单链形式重组，重组发生在 R 盒的一致序列 5-RYYYAAC-3 中的 A 和 C 之间[52]。

现有研究表明，酪氨酸重组酶对重组 attI 位点有较高的序列同源性要求，但是重组酶能有效地重组序列和结构高度可变的 attC 位点[53,54]。同时整合酶结合位点和重组主要由 attC 位点的三个不成对的结构特征驱动：外螺旋碱基(external spiral base，EHB)、不成对的中央间隔区(unpair central space，UCS)和可变末端结构(variable terminal structure，VTS)[55]。因此，本节针对 attC 位点的结构和功能之间的相关关系进行研究，不仅为合成高效率 attC 位点扩展新思路，还是改进重组系统的有效方式。

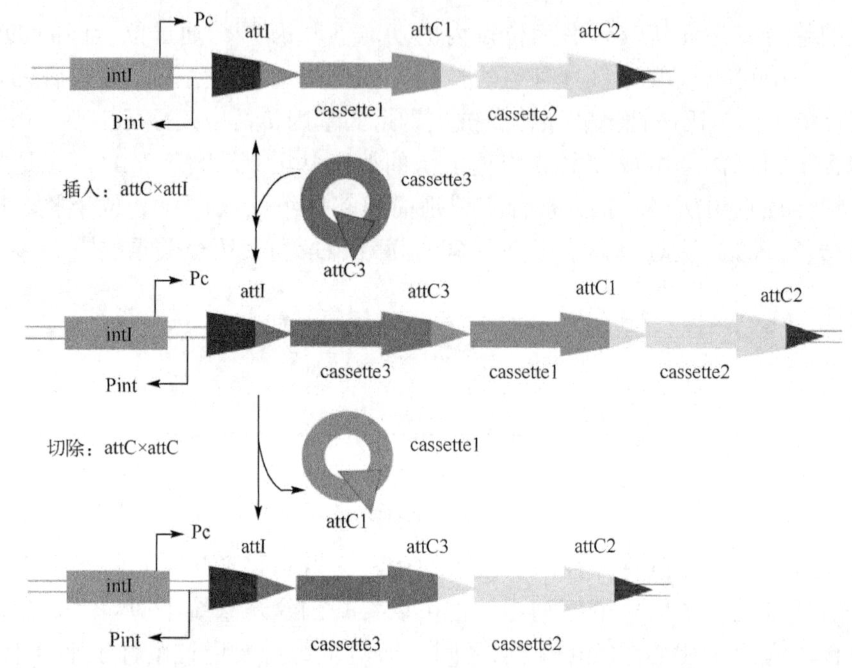

图 10.3　细菌整合子中基因盒插入和切除的示意图

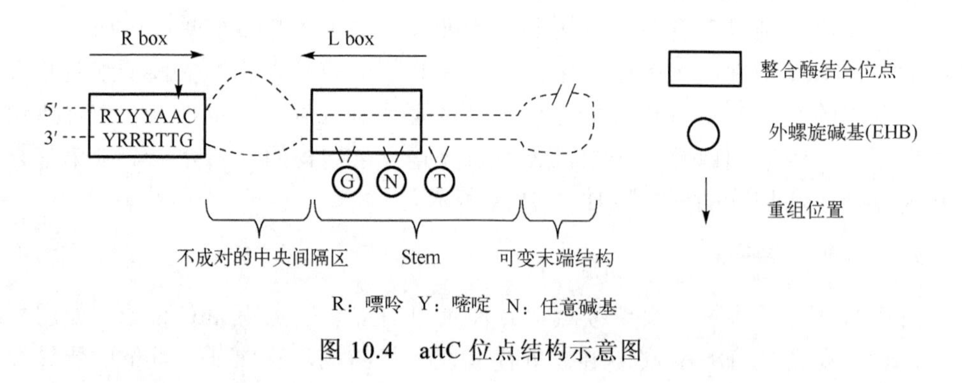

图 10.4　attC 位点结构示意图

10.4.2　DNA 甲基化位点

1. DNA 甲基化

表观遗传修饰是指对基因表达的调控，通过化学修饰改变染色体上的 DNA 和蛋白质，从而影响基因的表达。表观遗传修饰丰富了各种生物遗传过程中基因调控的多样性。常见的表观遗传修饰包括 DNA 甲基化、组蛋白修饰、非编码 RNA、RNA 修饰和染色质重塑等。其中，DNA 甲基化是最早的表观遗传修饰机制之一[56]。

甲基(—CH3)是一种化学基团，可以结合在 DNA 的特定位置，这一过程称为

DNA 甲基化。DNA 甲基化是一种化学修饰过程，它在 DNA 甲基转移酶(DNA methyltransferase，DNMT)的催化下发生。在这一过程中，DNA 序列上的特定碱基与甲基基团以形成共价键的方式获得一个新的甲基化修饰。

DNA 甲基化在人类生长发育过程中发挥着重要作用，如基因组印记、胚胎发育和转座子沉默等，与精神分裂症、肿瘤等多种疾病的发生也有着密切的关系[57]。现有研究表明，DNA 甲基化通过改变染色体结构、影响 DNA 稳定性及调节 DNA 和蛋白质相互作用，从而对基因表达产生影响[58]。由于 DNA 甲基化与人类生长发育密切相关，现已成为表观遗传学和基因组学研究中的重要内容。

甲基胞嘧啶是一个重要的表观遗传修饰，与染色体稳定性保护、细胞分化调控和细胞增殖密切相关。在真核生物和原核生物的基因组研究中，常见的胞嘧啶甲基化反应主要有三种，分别是 3-甲基胞嘧啶(3mC)、4-甲基胞嘧啶(4mC)和 5-甲基胞嘧啶(5mC)。其中，3mC 是在环境烷基化剂的作用下生成的，4mC 和 5mC 分别通过在 DNA 胞嘧啶的第 4 位和第 5 位添加一个甲基而生成[59-61]。胞嘧啶结构示意图如图 10.5 所示。

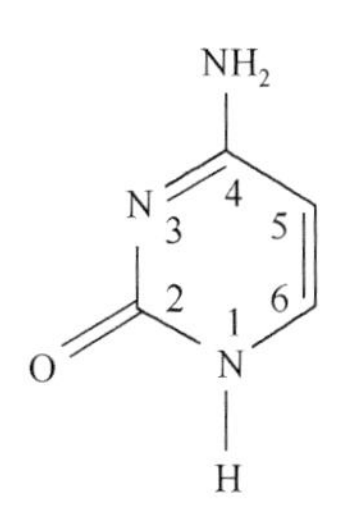

图 10.5　胞嘧啶结构示意图

5mC 是最常见的胞嘧啶甲基化类型，它分布较为广泛，能在多个生物学过程中发挥重要的作用，与糖尿病、神经系统疾病和癌症密切相关[62]。在真核基因组中，DNA 5mC 修饰已被广泛探索，研究证明 5mC 的动态调节在调节染色质结构和基因表达中起着关键作用[63]。然而，由于缺乏有效的鉴定方法，4mC 的实验研究相对滞后，针对 4mC 位点的表观遗传修饰和生物学功能的理论研究也很有限[64]。因此，加大对 4mC 位点的研究是对现有遗传表观修饰机制的有效补充。

2. DNA 甲基化位点

DNA 4mC 能够在限制性修饰体系中发挥重要作用，它作为一种有效的新型表观遗传修饰位点，可以通过修饰机制保护自身 DNA 以防被限制性内切酶降解[65]。4mC 位点涉及各种细胞过程，在细胞周期、DNA 复制、纠正 DNA 复制错误及基因表达水平的调节中起着重要作用，并参与基因组的重组和进化。如图 10.6 所示，

4mC 位点通过在 DNA 的胞嘧啶第 4 位添加一个甲基生成。其中 S 一腺苷甲硫氨酸(S-adenosyl methionine，SAM)为甲基供体。

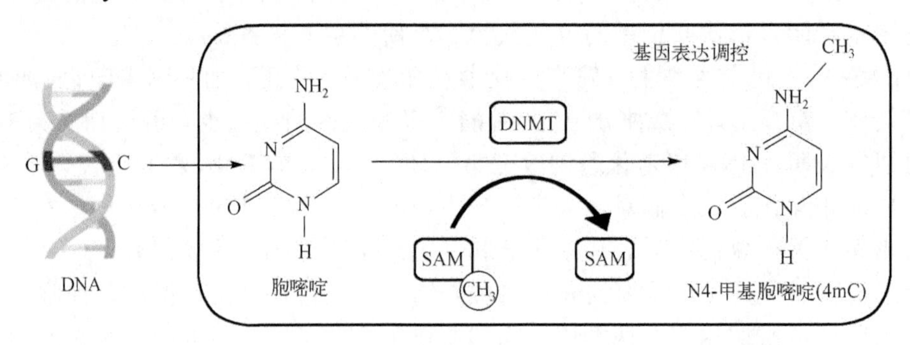

图 10.6　生成 4mC 修饰位点的示意图

到目前为止，对 4mC 修饰的识别和对它作用的理解仍然受到限制，尤其是在实验产生数据非常有限的情况下。精确识别基因组序列中的 4mC 位点对进一步了解表观遗传修饰的机制十分有帮助。因此，迫切需要开发一种能够有效地识别或预测基因组中 4mC 位点的算法。

10.4.3　DNA 特异性位点预测

DNA 特异性位点是基因工程中不可或缺的重要工具，它在基因克隆、基因敲除、基因表达和基因诊断等方面发挥着重要作用。近年来，一些研究表明，DNA 特异性位点还有促进基因水平转移等复杂功能，这引起了研究人员的广泛关注。然而，DNA 特异性位点中关于重组位点的相关预测研究仍处于初始阶段，与结合位点预测相关的研究进展相差较远。甲基化位点的研究也相对滞后，缺乏有效的理论和实验基础。因此对 DNA 特异性位点的进一步探索是对现有研究的有益补充，不仅可以帮助确定基因功能、理解基因调控，还可以为基因工程提供重要参考。

现有研究对位点预测技术进行了系统的阐述，包含与机器学习相结合的位点预测相关技术，综合表达了不同模型的特点。实验表明，相比于传统的位点预测技术，引入机器学习技术的预测精度和效率远远高于传统算法，所提出的模型对生物信息学的发展具有重要的应用价值。在 DNA 特异性位点预测中包含最为关键的两个方面：一方面，采用合适的特征处理机制生成特征矩阵，并考虑对多个单特征进行融合，全面表达位点信息；另一方面，采用合适的训练策略来充分地学习特征，提高预测精度。通常在 DNA 特异性位点预测算法中采用的都是基于序列和结构的特征表示，简洁、可表示性强的数据集可以对位点的预测结果起积极作用[66,67]。除此之外，训练策略的优劣也会在一定程度上影响预测结果。因此，本节考虑从这两方面对 DNA 特异性位点进行进一步研究。

综合分析当前典型的 DNA 特异性位点预测算法，发现相关位点的预测依赖于一系列的结构特征和序列特征。然而，传统研究算法基于的特征序列是不同的，且大多存在特征冗余、模型单一和预测精度不高等问题。因此，可以综合使用机器学习技术，强调对重要特征的关注，避免单一模型的缺陷，实现更优的预测性能和更低的时间消耗。总之，本书通过对 DNA 特异性位点预测技术的学习研究，寻找到一种将机器学习等技术与 DNA 特异性位点预测相结合的研究思路。

10.5　机器学习简介

机器学习(machine learning，ML)的核心是让机器分析和处理数据，并从数据中提取有用的信息，这在生物数据处理方面拥有广阔的应用前景。近年来，计算机技术的快速发展推动了研究学者利用生物信息学算法研究和分析数量庞大的基因数据。研究证明，机器学习在处理生物数据时有不可替代的优越性能，目前流行的 DNA 特异性位点预测算法都广泛地应用了机器学习的相关方法。

1. 数据预处理

在训练机器学习模型之前，数据预处理是一项关键环节，这虽然需要耗费大量的时间，但是合理的数据处理对于提高模型的预测能力具有显著的效果，能起到事半功倍的作用[68]。数据处理在机器学习中起着重要的作用，主要包含数据清洗和数据转换。

数据清洗被用于处理存在异常和错误的数据。当数据集中缺失数据时，有两种处理算法：一是将其直接删除，该算法适用于缺失数据较少且对总体数据影响不大的情况；二是通过平均数或中位数等算法对缺失值进行填充。当数据集中出现异常值时，可以利用异常检测算法检测出异常数据，用平均值进行替代或将其删除，从而保持数据的完整性和准确度。除此之外，当数据重复或者出现噪声数据时，对其进行删除处理。

除了数据清洗，数据转换也是一种常用的数据处理算法，有类型转换和数据标准化。类型转换是指将非数值类型转化为数值类型，然后对转化的数据进行标准化处理以消除数据本身差异而导致的影响[69]。数据标准化旨在将数据转换为同一范围内的数值，从而进行比较和分析[70]。常见的标准化算法有线性函数 Min-max 标准化和 *Z*-score 标准化。

本节对 $attC_{r0}$ 突变体库数据集采用了上述提到的 Min-max 标准化和 *Z*-score 标准化操作，使得数据集更加规范，同时本节还对该数据集中的缺失数据与重复数据进行了补齐和删除操作，为下一步的实验提供具有良好性能的数据集。

2. 特征选择

在机器学习中通常使用各类特征来描述样本的具体属性，这些特征可以是数值、文本、图像或其他形式的数据。模型通过学习这些特征，对特征进行提取分析并利用这些特征进行预测。在样本特征很少的情况下，预测效果就会受到影响，这种情况就需要构建新的特征。如果样本特征过多，那么就会造成冗余进而导致资源浪费，这就需要对特征进行选择[71]。一般来说，一个样本的特征可以分为以下三类。

第一类为相关特征(relevant feature)，具体指的是对模型的训练有帮助，能够提升模型的预测准确率的特征。

第二类为不相关特征(irrelevant feature)，该类特征对模型训练没有任何帮助，甚至还会对训练造成负面影响。

第三类为冗余特征(redundant feature)，具体指一些特征之间存在一定的相互关系，导致它们的信息重复或者存在某种依赖关系，使得它们无法独立存在。

在训练模型之前，需要评估每个特征对模型训练的贡献程度，剔除数据集中不相关特征或冗余特征。然而，仅凭人力难以判断特征之间的相关性及特征与目标值之间的相关性，这就需要借助数学方法或机器学习的相关算法来实现。其中，过滤法是较为常见的特征评价算法，它能够根据特征的相关性进行评分，并基于评分设定阈值进而选择出特征子集，最后利用特征子集对模型进行训练[72]。

在本节使用的 $attC_{r0}$ 突变体库数据集中存在一些对结果影响较小的特征，将这些特征进行删除可以获得有利于模型训练的特征子集。这不仅有助于提高最终预测模型的精准度，还能缩短训练的时间，节省计算资源，缓解计算压力。

3. 机器学习算法

机器学习算法是一种能够主动地从数据中学习规律，从而使计算机系统能够自动地进行任务决策和预测的算法。目前，机器学习算法被广泛地应用于生物信息学领域，如使用机器学习算法进行大规模的 DNA、RNA 和蛋白质等生物序列分析任务。这帮助科研人员从大量复杂的生物学数据中提取有价值的信息，从而促进生物信息学的发展和应用。

1)随机森林

随机森林是一种基于集成学习的机器学习算法，它通过汇总多棵决策树的预测结果来得到准确的预测值，具有较高的分类和回归性能[73]。以回归预测为例，随机森林能够从一组数据出发，通过确定某些变量之间的定量关系来建立数学模型，实现未知数据的结果输出[74,75]。

随机森林在处理生物学数据中具有独特优势，并逐渐在位点预测领域中广泛应用[76]。具体工作原理有以下几方面。

随机抽样：从原始训练集中通过有放回的抽样方式随机抽取一定比例的样本，形成多个不同的训练子集，保证每个决策树的训练集并不完全相同。这种方式不仅能有效地提高模型的训练效率，还能增加模型的多样性。

特征随机选择：指的是在构建每棵决策树的过程中，随机地从特征序列中选择一部分特征作为候选特征进行训练，这对于减少特征间的相关性、提高模型的泛化性能及降低模型过拟合的风险十分有效。

汇总预测结果：对于分类任务，随机森林通过投票的方式汇总每棵树的预测结果；对于回归任务，随机森林通过平均每棵树的预测结果来得到最终的预测值。

2) XGBoost

XGBoost(extreme gradient boosting)是一种基于梯度提升决策树(gradient boosting decision tree，GBDT)的集成学习算法。XGBoost能通过迭代的方式逐步训练多棵决策树，让每棵决策树都在前一棵决策树的残差上进行下一步训练，从而逐步减小残差，提高模型性能[77]。

XGBoost通过回归分类树(CART树)进行组合，其学习目标是使预测值与真实值尽可能地接近并且具有良好的泛化能力[78]。具体过程是通过建立K个回归树并训练，然后将K个树的结果进行累加计算得到输出预测值。预测函数如式(10.1)所示。

$$F=\{f(X)=w_{q(X)}\}(q:\mathbb{R}^m \to \{1,2,\cdots,T\}, w\in\mathbb{R}^T) \tag{10.1}$$

式中，q表示每棵树的结构；$q(X)$表示将样本映射到对应的叶子节点上；w为叶子节点权重；T为树的叶子节点个数；$f(X)$代表回归树对样本的预测值。从式(10.1)可以看出，XGBoost的预测结果为每棵树对应的叶子节点值的总和。对于回归任务，其输出就是预测值；对于分类任务，则需要将输出映射为概率。

在确定回归树时，XGBoost采用贪心算法，即每分裂一个节点都要计算其分裂前后的增益。随着增益的增加，损失值的减少也会增加，因此在决定如何分裂某个叶子节点时，应该选择具有最大增益的选项进行分割。增益计算方式如式(10.2)所示。

$$\text{Gain}=\frac{1}{2}\left[\frac{G_{\text{L}}^2}{H_{\text{L}}+\lambda}+\frac{G_{\text{R}}^2}{H_{\text{R}}+\lambda}+\frac{(G_{\text{L}}+G_{\text{R}})^2}{H_{\text{L}}+G_{\text{R}}+\lambda}\right]-\gamma \tag{10.2}$$

式中，G_{L}、G_{R}为当前节点左右子树的一阶导数和；H_{L}、H_{R}为当前节点左右子树的二阶导数和；γ为引入新叶子节点的复杂度代价。

总之XGBoost具有高效、灵活、便捷和准确等优点，在各类机器学习竞赛和数据挖掘领域中应用广泛。因此，本节期望用XGBoost来对DNA特异性位点预测算法进行改进和优化。

3) LightGBM

LightGBM (light gradient boosting machine) 作为轻量级的梯度提升算法，是 GBDT 模型的进化版本之一[79]。LightGBM 采用集成并行的学习方式，具有更快的训练速度和更高的效率，并具有处理大数据的能力。

在速度方面，LightGBM 进行了以下改进。

(1) 采用直方图算法将遍历样本转变为遍历直方图，其基本思想是将连续浮点特征值离散为 k 个整数，同时构造一个宽度为 k 的直方图来描述数据的分布，这极大地降低了时间复杂度。

(2) 在训练过程中采用单边梯度采样 (gradient-based one-side sampling，GOSS) 算法筛选掉梯度较小的样本，减少了大量的计算[80]。

(3) 采用带有深度限制的按叶子生长 (leaf-wise) 算法策略构建树。LightGBM 丢弃了大多数 GBDT 工具采用的按层生长 (level-wise) 的生长策略，而使用了 leaf-wise 算法，当分裂次数相同时，leaf-wise 可以减少更多的误差，并获得更好的预测结果。

(4) LightGBM 支持多线程和并行化计算，可以在多核 CPU 上进行高效的并行计算，同时也支持分布式计算，可以处理大规模数据集，加快了模型的训练速度。

在内存方面，LightGBM 进行了以下改进。

(1) 采用了直方图算法将存储特征值转变为存储箱值 (bin)，且不需要包含特征值的样本索引，降低了内存消耗。

(2) 在训练过程中采用互斥特征捆绑 (exclusive feature bundling，EFB) 算法减少特征数量，降低了内存消耗。

总的来说，LightGBM 是在直方图算法上实现的进一步优化，能够有效地降低计算复杂度和内存占用，提高模型的训练速度。因此，本节期望通过 LightGBM 来实现对 DNA 特异性位点的高效预测。

综上所述，随机森林、XGBoost 和 LightGBM 都是目前较为流行的机器学习算法，具有强大的性能优势。随机森林适合处理高维数据和离散型特征。XGBoost 在处理中小规模数据集时表现出色，同时支持分布式计算。LightGBM 可以高效地处理大规模数据集，并且具有不错的可扩展性。因此，为了充分地发挥各算法的优势，本节采用组合优化策略来综合考虑上述三种算法，根据具体问题和数据集自身特点选择不同的训练方式，进而实现对 DNA 特异性位点预测算法的改进。

10.6 深度学习简介

深度学习(deep learning，DL)本质是一种特征学习算法，基本思想是通过构建多层网络对目标进行表示，并利用多层次的高级特征，将数据进行抽象并提取语义信息，从而增强特征表达的能力和对数据的鲁棒性。目前，各种深度学习模型已被引入并用于基因组范围的预测，如分支点选择、选择性剪接位点预测、2-O-甲基化位点预测和启动子强度识别，实验效果可观[81-83]。

1. CNN

CNN 是一种被广泛地应用于工业界和学术界的深度学习算法，现已成为深度学习领域中的重要方法之一[84]。它专门用于处理类似网格结构的数据，通过卷积运算替代传统的矩阵乘法运算，实现特征提取和数据处理。

CNN 的基本结构由以下几个部分组成：输入层、卷积层、激活函数层、池化层、全连接层和 Dropout 层[85]。通常在 CNN 中会包含多个卷积层和池化层，它们之间交替连接并以卷积层、激活函数层、池化层的顺序进行堆叠，最后通过全连接层进行任务的输出。CNN 基本结构示意图如图 10.7 所示。

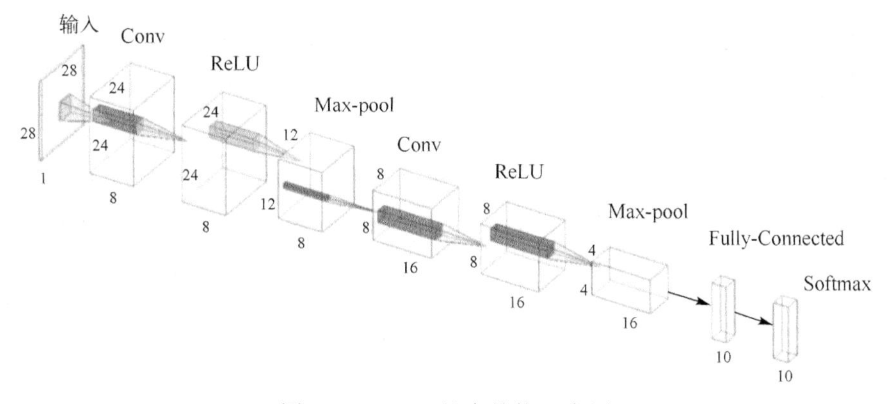

图 10.7 CNN 基本结构示意图

整体而言，CNN 非常适合处理大规模的生物序列数据，它能通过卷积操作和池化操作主动提取高层次的特征，了解上下文特征的内在联系，进而实现对分类、回归任务的高精度预测。在生物信息学领域，CNN 已成功地用于预测病毒整合位点、蛋白质的磷酸化位点和 RNA 修饰位点。因此，本节将用 CNN 对 DNA 特异性位点预测算法进行改进和优化。

2. 注意力机制

注意力机制是一种用于增强深度学习模型性能的技术[86]。在深度学习模型中，注意力机制可以用来选择模型输入中的重要部分，从而更好地预测输出。它通过对不同部分的输入分配不同的权重来实现这一点。具体而言，注意力机制通过计算输入与某个参考向量之间的相似度来为输入的不同部分赋予不同的权重。注意力的计算如式(10.3)所示。

$$\mathrm{Attention}(Q,K,V)=\mathrm{Softmax}\left(\frac{QK^{\mathrm{T}}}{\sqrt{d_k}}\right)V \tag{10.3}$$

对于 DNA 序列数据，注意力机制可以帮助深度学习模型更好地理解输入数据中的关键信息，有选择性地关注输入中的重要部分，实现高性能预测。同时，注意力机制还可以帮助模型处理长序列输入，这对 DNA 特异性位点的预测十分有帮助。总之，注意力机制是一种非常有用的深度学习技术，它通过赋予输入不同的权重来提高模型性能，在 DNA 特异性位点预测的研究中有很大的发展空间。

3. 双向门控循环单元

RNN 是一种被广泛地应用于分析某种顺序结构数据的神经网络模型。相比于 CNN，RNN 在预测值时考虑了时序数据的特征，其核心思想是通过隐藏层特征的时序传递，实现序列数据的融合并进行决策输出。换句话说，隐藏层之间的各节点不再是孤立的，而是相互连接的，这意味着隐藏层的输入不仅包括输入层的输出，还包括来自前一时刻隐藏层的输出。

RNN 的变种之一是双向门控循环单元(bidirectional gated recurrent unit，BGRU)。与传统的单向 RNN 不同，BGRU 通过在每个时间步同时考虑前向和后向的输入信息，在许多序列建模任务中表现出色[87]。BGRU 通常由两个独立的 GRU 层组成，一个用于处理前向序列，另一个用于处理后向序列。每个 GRU 层都有自己的权重参数和隐藏状态，可以独立地对输入进行处理。GRU 的结构示意图如图 10.8 所示。

GRU 通过上一个传输下来的状态 H_{t-1} 与当前节点的输入 x_t 来获取重置门和更新门的门控状态，重置门决定了如何将新的输入信息与前面的记忆相结合，更新门定义了前面记忆保存到当前时间步的量，其公式如下：

$$R_t=\sigma(x_tW_{xr}+H_{t-1}W_{hr}+b_r) \tag{10.4}$$

$$Z_t=\sigma(x_tW_{xz}+H_{t-1}W_{hz}+b_z) \tag{10.5}$$

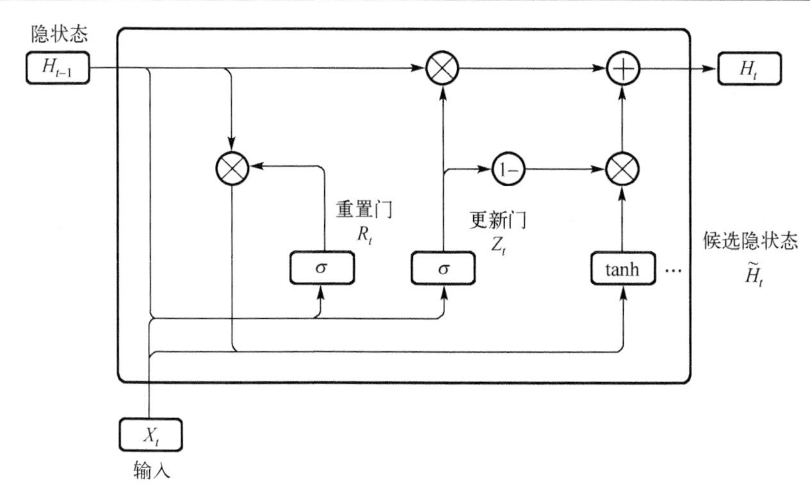

图 10.8　GRU 的结构示意图

σ 为 Sigmoid 函数，通过这个函数可以将数据变换为[0, 1]内的数值，从而来充当门控信号。在得到门控信号后，将重置门得到的数据 R_t 与 x_t 进行拼接，再通过一个tanh激活函数来将数据放缩到[−1, 1]内得到候选隐藏层状态，其计算如下：

$$\tilde{H} = \tanh(x_t W_{hx} + R_t \otimes H_{t-1} W_{hh} + b_h) \tag{10.6}$$

最后，使用更新门控状态进行更新得到最终隐藏状态，计算公式如下：

$$H_t = (1 - Z_t) \otimes H_{t-1} + Z_t \otimes \tilde{H}_t \tag{10.7}$$

通过前向和后向 GRU 层的组合，BGRU 能够捕捉到序列中的双向上下文信息，从而在许多序列建模任务中具有较强的性能。因此，本节期望用 BGRU 来构建 DNA 特异性位点的预测模型，实现高精准度预测。

位点特异性重组系统被广泛地应用于生物工程工具。然而，传统的位点特异性重组系统依赖于特异性位点的一致序列。这种位点间的序列级约束是影响位点特异性重组效率的主要因素，如果不能打破位点间序列的高度相似性，那么难以实现对位点特异性重组效率的高精度预测。目前，针对 DNA 重组位点的探索正在不断发展，将其与机器学习的技术进行结合是未来的发展趋势。然而，当下流行的 DNA 重组位点预测算法仍存在一些缺陷，如特征冗杂、不具有代表性、模型单一及预测精度不高等，存在较大改进空间。因此，为了开发一种高效的位点特异性重组系统，本章研究了细菌整合子系统的 attC 位点，并建立了一个预测模型来推断有助于重组的重要特征。

为了应对序列相似性带来的挑战，深入研究 attC 位点结构与功能的关系，本章设计并实现了 FMCO 算法，这是一种基于特征度量机制和组合优化策略的 DNA 特异性位点预测算法。FMCO 通过对 attC 位点结构特征进行分析和量化，建立对应的预测模型。同时，通过可视化度量位点特征重要性的方式，对数据集中的可靠特征进行筛选，并组建特征子集，保证了数据集对模型的最大促进作用。此外，FMCO 使用三种回归算法建立预测模型，避免了单一模型的不足，有效地提高模型的普适性。实验结果表明，FMCO 算法的预测性能优于现有预测算法。更重要的是，它还适用基于序列特征的其他特定位点和遗传元素，具有较高的灵活性和良好的可移植性。

10.7　FMCO 算法的设计与实现

10.7.1　算法设计

1. 数据集

为了确定哪些结构特征有助于提高 attC 位点的重组率，本章对 $attC_{r0}$ 突变体库进行分析。该文库包含 $attC_{r0}$ 位点恒定区具有单个突变的序列，以及包含两个突变的组合序列。实验选取包含两个突变的 attC 位点序列作为初始数据集，数据库部分数据展示如表 10.1 所示。在该数据集中共包含 12879 个 $attC_{r0}$ 突变体位点，每个位点的长度为 63 个碱基。所有数据被记录在 txt 文件中，每个序列包含 292 个结构特征(9 个全局特征和 283 个基本特征)和位点重组率，其中基本特征为每个位置(A，T，G 或 C)的碱基性质、每个核苷酸的位置熵及碱基配对概率等。

表 10.1　数据库部分数据展示

attC	MFE_dG_u	MFE_freq_u	Hbond_n_u	base_6	pos_entr_16_u	bp_proba_2_62_u	输出
1	0.4674	0.1193	0.6667	0.5	0.0268	0.931	0.3474
16	0.5819	0.081	0.625	0.5	0.1258	0.8865	0.2606
26	0.7079	0.0814	0.5	0.5	0.2958	0.9046	0.1876
66	0.5189	0.2245	0.6389	0.5	0.0426	0.9947	0.1877
211	0.4044	0.0672	0.7222	0.5	0.2648	0.997	0.6342
552	0.4444	0.0592	0.7083	0.5	0.2719	0.969	0.2964

2. 数据预处理

数据预处理是指在数据分析或训练模型之前对数据进行的一系列操作，目的是获取高质量的数据集，从而使算法获得预测的良好性能，因此在训练模型之前对数据集进行预处理操作尤为重要。首先，过滤去除数据集中的无效特征，包括取值全为零的特征、方差为零的特征及低方差的特征，其中低方差的特征是指单个特征中 80%以上的数字具有相同的值。这些特征不具有代表性且对结果影响不大。方差判断方法如式(10.8)所示。

$$S^2 = \frac{(\varepsilon - x_1)^2 + (\varepsilon - x_2)^2 + (\varepsilon - x_3)^2 + \cdots + (\varepsilon - x_n)^2}{m} \tag{10.8}$$

其次，对剩余的特征进行 *Z*-score 标准化和 Min-max 标准化，将特征的值缩放到[0, 1]。*Z*-score 标准化是指通过均值和标准方差的方式对原始数据进行标准化操作，使得转化之后的数据符合均值为 0、方差为 1 的标准正态分布。Min-max 标准化是指将原始数据进行线性变换，使得原始数据的最大值为 1，最小值为 0，其余数据分布在 0～1，这能够有效地减小极端值对模型的影响。*Z*-score 标准化和 Min-max 标准化的计算方式如式(10.9)和式(10.10)所示。

$$Z = \frac{X - \mu}{\sigma} \tag{10.9}$$

$$X_{\text{norm}} = \frac{X - x_{\min}}{x_{\max} - x_{\min}} \tag{10.10}$$

式中，Z 和 X_{norm} 为转换后的数据；X 为原始数据；μ 为被计算特征的平均值；σ 为被计算特征的标准方差；$x_{\min}$ 为被计算特征的最小取值；$x_{\max}$ 为被计算特征的最大取值。

最后，采用过采样操作构造平衡数据集。在实验中，设置数据集中各位点重组率的阈值为 0.46，并以此筛选阳性位点和阴性位点，即对这些位点进行分类，在数据集中添加类标签列，将大于阈值的位点标记为 1，归为阳性样本；小于阈值的位点标记为 0，归为阴性样本。最终共采集阳性样本 1762 份，阴性样本 11117 份。随后，对所选的阳性样本进行替换抽样，得到 11117 个阳性样本并与阴性样本进行组合，构成包含 22234 个样本的平衡数据集。本章将使用该数据集进行后续的实验操作。

本章实验中的验证集和训练集以 1∶4 的比例在 22234 个数据中随机选取，因此验证集与训练集的数量分别为 4447 个和 17787 个。

表 10.2 为被过滤掉的无效特征。

表 10.2　被过滤掉的无效特征

特征	描述
base_1	Nature of base 1
base_2	Nature of base 2

续表

特征	描述
base_3	Nature of base 3
base_4	Nature of base 4
base_5	Nature of base 5
base_6	Nature of base 6
base_7	Nature of base 7
base_8	Nature of base 8
base_9	Nature of base 9
bp_proba_29_32_u	Probability of base 29 and base 32 pairing
bp_proba_30_33_u	Probability of base 30 and base 33 pairing
bp_proba_30_32_u	Probability of base 30 and base 32 pairing
bp_proba_30_31_u	Probability of base 30 and base 31 pairing
bp_proba_31_32_u	Probability of base 31 and base 32 pairing

3. 特征度量机制

在传统的特征矩阵中，每个特征都被平等地分析和学习。然而，不同的特征对模型的训练有不同的影响。相关性高的特征有助于提高模型的预测精度，而不相关特征或冗余特征对模型训练帮助不大，甚至会削弱模型的预测性能。因此，在模型训练过程中，需要加强对特征矩阵中关键特征的关注，减少无关特征的干扰，使模型获得更好的预测性能。

基于上述概念，本章在传统数据集预测的基础上，引入特征重要性度量的思想。为了区分不同的特征，本章通过计算每个特征的重要性为每个特征分配不同的权重信息，这意味着重要的特征将获得更高的权重。具体来说，通过计算相关特征与目标值间的相关性来判断特征的可靠性，从而输出特征序列的评分。

为了保证结果的可靠性，本章分别对初始特征矩阵进行 m 轮的权重计算，取 m 轮累加结果的平均值作为最终的特征权重。第 i 个特征的权重计算方法如式 (10.11) 所示。对输出的多个特征权重序列进行累积，不仅降低了单一结果产生的随机性和不确定性，还使输出的特征评分获得了更高的可靠性和稳定性。特征度量机制的流程图如图 10.9 所示。

$$F_i = \sum_{i=1}^{m} S_i \tag{10.11}$$

4. 组合优化策略

随着机器学习的发展，DNA 特异性位点预测领域的实验探索也逐渐展开，许多预测算法被设计和提出。然而，现有研究无法实现对 DNA 特异性位点的高精

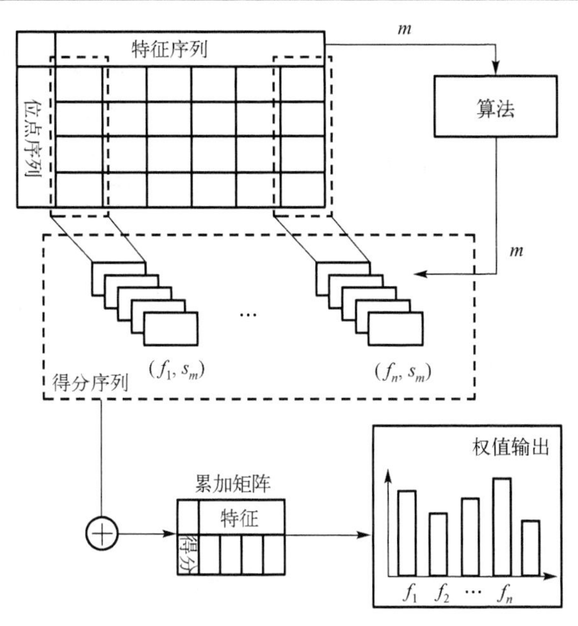

图 10.9　特征度量机制的流程图

度预测。通过深入分析发现，目前的预测算法大多使用单一模型，即利用单一算法执行全部预测任务。然而，单个预测算法不可避免地存在一定的局限性，无法满足不同的数据集对模型的喜爱偏向。因此，可以对若干个机器学习算法进行综合学习，在训练过程中充分地发挥各算法的优点，以获得具有更佳性能的预测模型。

为了综合利用各算法优势，充分地发挥其预测性能，本章基于算法优化和决策优化的思想构建组合优化算法。随机森林、XGBoost 和 LightGBM 作为目前流行的机器学习算法，具有强大的数据学习能力，常被用于各种预测任务。因此，本章将上述三种算法进行结合，搭建了组合预测模型。具体过程为：首先，依次对随机森林、XGBoost 和 LightGBM 算法的初始参数进行 $\boldsymbol{n}$ 轮寻优调整，保证单个算法的最佳性能；其次，在特征度量模块中采用随机森林算法、XGBoost 算法和 LightGBM 算法分别对平衡数据集进行学习，得到每个模型输出的 $\boldsymbol{m}$ 轮特征评分序列，分别为 S_r、S_x 和 S_l；然后，选择每个数据集中得分最高的前 20 个特征构建新数据集，分别为 D_r、D_x 和 D_l；最后，依次将 D_r、D_x 和 D_l 输入随机森林、XGBoost 和 LightGBM 算法中，进行组合预测学习。

组合后的算法关注每个算法输出的特征权重序列，并采用交叉实验的方式为每个数据集选择最优的学习算法，实现对训练策略的优化。与经典的机器学习算法相比，组合后的算法在预测精度方面有显著的改进，并具有较高的灵活性和可移植性。组合优化算法的流程图如图 10.10 所示。

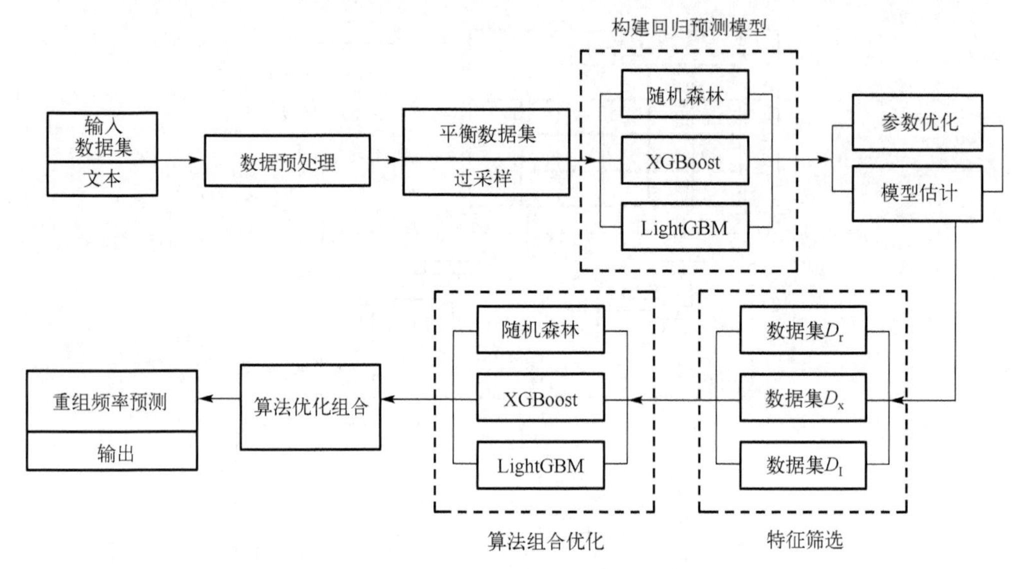

图 10.10　组合优化算法的流程图

5. 模型的参数优化

超参数是可以控制机器学习模型并在很大程度上影响模型性能的参数。对于大多数机器学习模型，超参数的优化训练对模型性能起着决定性的作用。然而，由于模型参数多，范围波动较大，手动调参耗费时间，且效率不高，因此采用便捷高效的超参数调整工具是十分必要的。Optuna 是一个高效的超参数优化框架，它允许用户根据自己的需要动态地设置超参数的搜索空间，具有高效、方便的优点。同时，Optuna 还提供了可视化窗口，将参数寻优过程可视化，可为寻找最优的超参数提供帮助。因此，本章使用了 Optuna 来获取每个模型的最优超参数。超参数优化的具体过程是估计超参数可能取值的空间，并在这个空间中寻找超参数的最优取值。当出现新结果时，更新区间并继续搜索，直至获取性能更好的超参数。每个模型的超参数均进行 4 次 100 轮的迭代实验，共计 4 组超参数组合。通过模型评价选择出具有最佳性能的超参数组合，建立最终的预测模型。每组超参数均采用五折交叉实验验证，通过重复搜索和评估寻优策略得出结果。超参数优化的流程图如图 10.11 所示。

10.7.2 算法描述

采用特征度量机制和组合优化策略构建 DNA 特异性位点的预测算法，并将该算法命名为 FMCO 算法。FMCO 组合了三种传统的机器学习算法，旨在对训练策略进行优化改进，以提高模型预测的精度。FMCO 算法的输入包括 attC 位点的

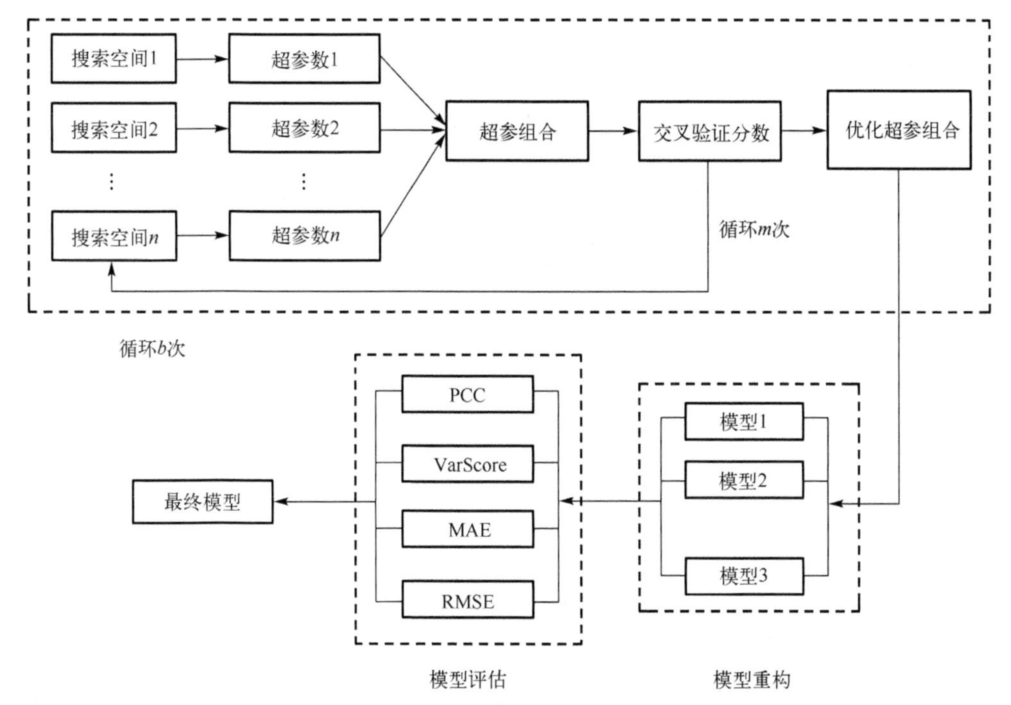

图 10.11　超参数优化的流程图

结构特征数据集 D、重组率阈值 w、超参数训练次数 c、超参数迭代次数 v、特征选择迭代次数 d 和待预测的 attC 位点数据集 Z。FMCO 算法的输出是数据集 Z 中每个位点的重组率。FMCO 算法的详细说明如下所示。

(1) 首先设置重组阈值 $w = 0.46$，超参数训练次数 $c = 4$，超参数迭代次数 $v = 100$，特征选择迭代次数 $d = 10$。

(2) 对初始数据集进行数据预处理，去除原始数据噪声。根据重组率阈值将位点进行分类，并添加类标签列；通过过采样操作构建平衡数据集。

(3) 将平衡数据集随机分成五部分，其中四部分作为模型的训练集，另一部分作为模型的验证集。

(4) 对初始随机森林、XGBoost 和 LightGBM 模型的超参数进行训练，采用交叉验证计算得分，然后重构各模型。

(5) 采用特征度量机制输出特征筛选序列，并分别将特征筛选数据集输入 Random forest、XGBoost 和 LightGBM 模型，进行算法的组合重构。

(6) 根据模型评价指标来选择最优的算法组合。将待预测的数据集输入训练完成的预测模型，输出各位点的重组率。FMCO 算法的流程图如图 10.12 所示。

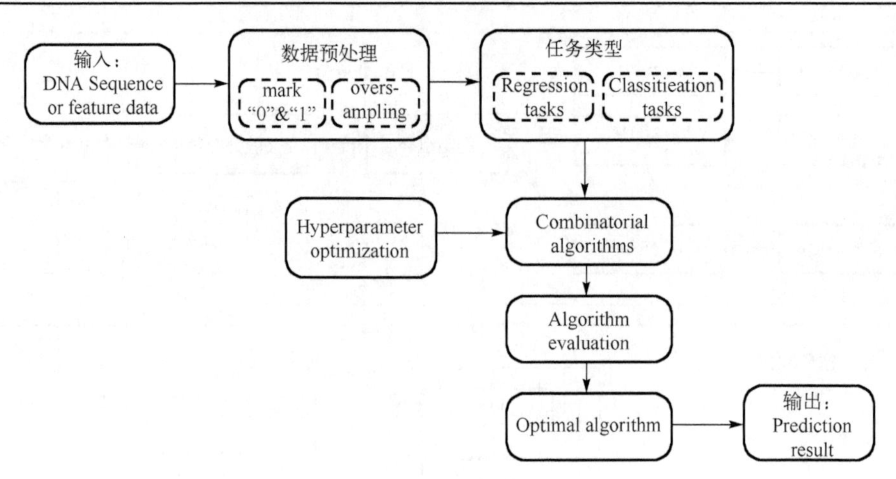

图 10.12　FMCO 算法的流程图

基于组合优化策略的 FMCO 算法如算法 10.1 所示。

算法 10.1　FMCO(D, n, w, c, v, d, Z)

输入: 初始结构特征数据集 $D = \{(x_1, y_1), (x_2, y_2), \cdots, (x_i, y_i), \cdots, (x_n, y_n)\}$, $D_i = (x_i, y_i)$, $i = 1, 2, \cdots, n$；重组率阈值 w；超参数训练次数 c；超参数迭代次数 v；特征选择迭代次数 d；待预测数据集 $Z = \{(r_1, t_1), (r_2, t_2), \cdots, (r_i, t_i), \cdots, (r_n, t_n)\}$。

输出: attC 位点的重组率 K。

Begin

1.　　$D \leftarrow D$;　　　　　　　　　　//预处理初始数据集；

2.　　for $i = 1$ to n do

3.　　　　if $y_i > w$

4.　　　　　　$\text{class}_i = 1$;

5.　　　　else

6.　　　　　　$\text{class}_i = 0$;

7.　　　　end if

8.　　end for

9.　　$D'' \leftarrow D$;　　　　　　　　　　//过采样；

10.　　$D_{\text{train}}, D_{\text{test}} \leftarrow D''$;　　　　　　//根据训练集:测试集 = 4:1 划分数据集；

11.　　$M_{\text{r1}}, M_{\text{x1}}, M_{\text{l1}} \leftarrow$ Random forest、XGBoost 和 LightGBM;

12.　　for $i = 1$ to c do

13.　　　　for $j = 1$ to v do

14.　　　　　　$P \leftarrow$ Optuna;

```
15.         end for
16.     end for
17.     M_r2 , M_x2 , M_l2 ← P ;                      //重建三种模型；
18.     M_r, M_x , M_l ← PCC, VarScore, MAE，RMSE;    //构建评分机制；
19.     for k = 1 to d do
20.         M_r, M_x , M_l ← D_train, D_test ;
21.         S_r^k, S_x^k , S_l^k ← M_r, M_x , M_l ;
22.         S_r ← S_r + S_r^k; S_x ← S_x + S_x^k; S_l ← S_l + S_l^k;   //输出特征评分集；
23.     end for
24.     D_r, D_x, D_l ← S_r, S_x, S_l;                //特征评分集均值化；
25.     M_r, M_x, M_l ← D_r, D_x, D_l;                //获得组合模型 M;
26.     K ← 将待预测数据集 Z 输入 M ;                 //获取重组率；
27.     Return K;
End
```

如 FMCO 算法所示，实验中共建立了 9 个算法组合模型，表明不同的算法组合之间存在顺序限制，不同的排列顺序可能会导致不同的模型结果。FMCO 算法将预测性能最好的组合算法作为最终的预测算法。

10.7.3 评价指标

评价指标能直观地反映模型的性能。本章使用了四种不同的评价指标来对该模型进行评价，分别是平均绝对误差(MAE)、均方根误差(RMSE)、皮尔逊相关系数(PCC)和解释性方差分数(VarScore)。MAE 通过将预测值与真实值的差进行求和，然后进行算术平均而得到，常被用来描述数据的变化程度。MAE 越小，代表真实值和预测值之间拟合性越好。MAE 计算公式如下：

$$\mathrm{MAE}=\frac{1}{n}\sum_{i=1}^{n}\left(\left|a_i-v_i\right|\right) \tag{10.12}$$

RMSE 是衡量回归模型误差率的常用计算公式。真实值和预测值的拟合效果随 RMSE 值的降低而增大。RMSE 的计算公式如下：

$$\mathrm{RMSE}=\frac{1}{n}\sum_{i=1}^{n}\sqrt{\left(\left|a_i-v_i\right|\right)^2} \tag{10.13}$$

PCC 表示两个变量之间的相关程度，其值通常为[0, 1]。真实值和预测值之间的相关性越强，PCC 的值就越接近 1，相反，真实值和预测值之间的相关性越弱，PCC 的值就越接近 0。因此，本章期望最终的预测算法获得更高的 PCC 得分，这意味着该算法获得了较高的预测精度和数据相关性。PCC 的计算公式如下：

$$\mathrm{PCC}=\frac{\sum_{i=1}^{n}(a_i-\overline{a}_i)(v_i-\overline{v}_i)}{\sqrt{\left[\sum_{i=1}^{n}(a_i-\overline{a}_i)^2\right]\left[\sum_{i=1}^{n}(v_i-\overline{v}_i)^2\right]}} \tag{10.14}$$

VarScore 的值位于[0, 1]。当 VarScore 取值接近于 1 时，表示自变量可以清楚地解释因变量的方差。如果 VarScore 取值较小，那么代表模型效果较差。VarScore 的计算公式如下：

$$\mathrm{VarScore}=\frac{1}{n}\sum_{i=1}^{n}\left[1-\frac{\mathrm{Var}(a_i-v_i)}{\mathrm{Var}(a_i)}\right] \tag{10.15}$$

以上公式中，a_i 与 v_i 分别表示实际的重组频率和预测的重组频率；$\overline{a}_i$ 和 $\overline{v}_i$ 为它们的平均值；n 为数据点的总数；Var 为各分布的方差。

10.7.4　实验结果

1．实验设置

基于特征度量机制和组合优化策略的 DNA 特异性位点预测算法 FMCO 是依赖于机器学习的建模算法。所有实验均通过 Sklearn 库和 Python 实现，Python 版本为 3.6.19。参数设置是使模型具有良好性能的必要条件之一，因此本章利用 Optuna 对参数进行优化，得到各模型的最优超参数。本章实验中不同回归模型对应的超参数如表 10.3 所示。

表 10.3　不同回归模型对应的超参数

模型		参数
Random forest		max_depth = 30; n_estimators = 1000
XGBoost		max_depth = 16; n_estimators = 1600
LightGBM		max_depth = 1; learning_rate = 0.2
FMCO	Random forest	max_depth = 30; n_estimators = 1000
	XGBoost	max_depth = 20; n_estimators = 1600

参数 n_estimators 表示森林中决策树的数量。n_estimators 越大，模型的学习能力就越强，同时也更容易发生过拟合。参数 max_depth 表示决策树的最大深度，其可以有效地限制过拟合。参数 learning_rate 是学习速率，即决策树迭代的步长。学习速率越大，迭代速度越快，但其可能不会收敛到实际最优。学习速率越小，就越有可能找到更精确的最优值，但迭代速度会越慢。各超参数的搜索域如表 10.4 所示。

表 10.4　各超参数的搜索域

超参数	搜索域
max_depth	(2, 50)
n_estimators	(0, 2000)
learning_rate	(0.005, 0.5)

2. 实验

在训练模型之前，评估每个特征对模型训练的贡献程度，选择那些能够促进模型训练的特征组建特征子集，能够实现模型泛化能力和预测精度的提升。为了验证这一思想的有效性，本节基于 $attC_{r0}$ 突变体库对特征筛选效能进行实验验证，分别将包含全部特征的数据集与筛选后的特征数据集输入 Random forest 和 XGBoost 算法。实验结果对比如图 10.13 所示。实验结果表明，Random forest 和 XGBoost 算法均在筛选后的特征数据集上获得了更好的预测性能。在应用了筛选后的特征数据集后，Random forest 算法的 PCC 提升了 2.47%，VarScore 提升了 1.54%，MAE 降低了 10.75%，RMSE 降低了 26.67%；XGBoost 的 PCC 提升了 1.19%；VarScore 提升了 1.42%，MAE 降低了 10.46%，RMSE 降低了 30.77%。这表明，筛选的特征有助于最终结果的实现，基于小数量特征序列的数据集仍然可以有效地实现对 attC 位点的预测。同时，根据研究结果可以得出，在 attC 位点的特征序列中，有些特征对重组有相反的影响。

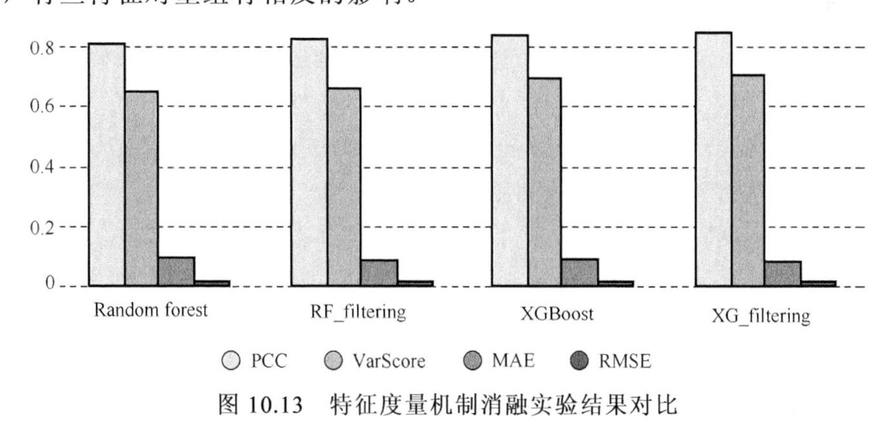

图 10.13　特征度量机制消融实验结果对比

3. 组合优化实验

将 Random forest、XGBoost 和 LightGBM 算法进行交叉重构，共构建 9 种算法组合。为了找到具有最佳预测性能的算法组合，本节将所有算法组合在相同的运行环境中进行实验验证，最终结果如表 10.5 所示。

表 10.5　九种组合算法的评价指标得分对比

算法组合	评价指标			
	PCC	VarScore	MAE	RMSE
XGBoost + XGBoost	0.82	0.68	0.048	0.007
Random forest + XGBoost	0.87	0.73	0.041	0.006
LightGBM + XGBoost	0.82	0.67	0.047	0.007
XGBoost + Random forest	0.83	0.68	0.048	0.006
Random forest + Random forest	0.85	0.72	0.041	0.006
LightGBM + Random forest	0.82	0.67	0.046	0.007
XGBoost + LightGBM	0.81	0.66	0.059	0.007
Random forest + LightGBM	0.82	0.67	0.058	0.007
LightGBM + LightGBM	0.79	0.63	0.061	0.008

实验结果表明，Random forest+XGBoost 的算法组合在四个评价指标上效果最佳。其中，PCC 为 0.87，与 LightGBM + LightGBM 的算法组合相比高 0.08；VarScore 为 0.73，与 XGBoost + LightGBM 的算法组合相比高 0.07；MAE 为 0.041，与 Random forest + LightGBM 的算法组合相比低 0.017；RMSE 为 0.006，与 LightGBM + Random forest 的算法组合相比低 0.001。综上所述，Random forest+XGBoost 的算法组合在 attC 位点的预测上具有最佳性能。

4. FMCO 算法基准测试

本节设计了一种基于 attC 位点结构特征的预测算法——FMCO。为了证明 FMCO 算法在预测 DNA 特异性位点任务上的有效性，本节使用了传统的决策树回归、岭回归、支持向量回归和 Random forest 算法在相同的数据集与运行环境中进行了实验。FMCO 与传统算法的结果对比如图 10.14 所示。

从实验结果的整体对比可以看出，在四个评价指标上，FMCO 算法都取得了不错的成绩。其中，PCC 和 VarScore 获得最高分，分别为 0.87 和 0.73，这说明 FMCO 算法的预测值与实际值的相关性高于其他模型。MAE 和 RMSE 得分最低，分别为 0.041 和 0.006，这表明 FMCO 算法的误差比其他模型低。综上所述，FMCO 算法具有最好的预测能力。在 DNA 特异性位点预测任务上，基于特征度量机制和组合优化策略的 FMCO 算法实现了更高的预测精度，具有更佳的预测性能。FMCO 算法解决了现有算法特征冗杂不具有代表性、耗费时间长、模型单一和预测精度不高等问题，具有高度的灵活性和可移植性。将待预测数据集 Z 输入 FMCO 算法，FMCO 输出的预测结果如表 10.6 所示。

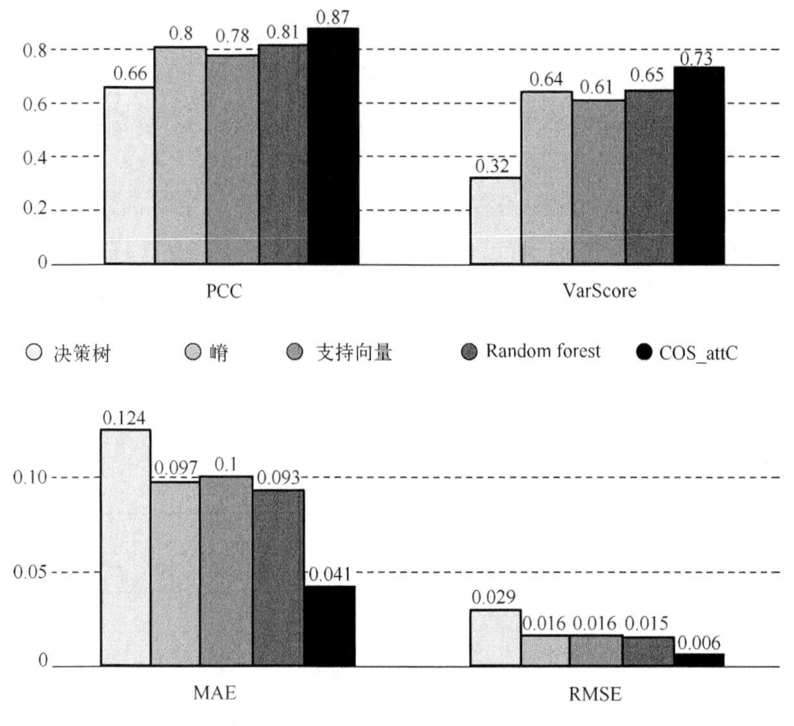

图 10.14　FMCO 与传统算法的结果对比

表 10.6　FMCO 输出的预测结果

位点序号	预测的位点重组率
Seq1	0.3194243
Seq2	0.3262864
Seq3	0.32013062
Seq4	0.32717258
Seq5	0.3286602
Seq6	0.3301046
Seq7	0.32717258
Seq8	0.32966286
Seq9	0.31319225
Seq10	0.3218595
Seq11	0.28384495
Seq12	0.28698277
Seq13	0.37401083

5. 可视化的特征评分机制

回归算法是机器学习中常用的一种带监督的学习技术。数据预测可以学习自变量和因变量之间的关系，并基于有限的数据点估计未知的连续函数。从上述实验中可以看出，回归算法 FMCO 在 $attC_{r0}$ 突变体数据集上取得了较好的得分，这表明 FMCO 学习了 attC 位点的结构特征与重组率之间的关系。本章通过计算单个特征与目标值之间的相关性得分来判断该特征的重要性，进而实现特征权值的整体输出。特征序列中每个特征的权值分布在[0, 1]，重要的特征具有更高的权值，所有特征的权值相加等于 1。通过 FMCO 获得的前 20 个重要特征是基于 Random forest 输出的特征权值序列得到的，具体结果如表 10.7 所示。由表 10.7 可以看出，基于 attC 位点的重组率预测是一个多因子的函数，最终的结果依赖于特征矩阵中的一系列重要的特征。因此，基于筛选出的重要特征，可以帮助改进 attC 位点的合成算法，开发更高效的位点特异性重组系统。

表 10.7 排名前二十的特征权值结果

特征名称	权值	特征名称	权值
Boltz_dG_u	0.04210	Boltz_diversity_u	0.01099
MFE_dG_u	0.03091	pos_entr_39_u	0.01086
Hbond_n_u	0.01516	pos_entr_21_u	0.01071
pos_entr_40_u	0.01314	pos_entr_37_u	0.01061
pos_entr_41_u	0.01241	pos_entr_18_u	0.01030
pos_entr_22_u	0.01222	MFE_freq_u	0.01025
pos_entr_59_u	0.01212	pfold	0.01025
pos_entr_23_u	0.01170	pos_entr_45_u	0.0102
pos_entr_7_u	0.01143	pos_entr_57_u	0.01016
pos_entr_30_u	0.01127	pos_entr_56_u	0.00988

由于 DNA 重组位点在基因治疗和药物开发中的重要性，本章研究了 DNA 重组位点的预测问题，并设计了 FMCO 算法。FMCO 算法解决了传统位点预测任务在特征序列上的限制问题，采用特征度量机制筛选出有助于重组的特征子集。同时，基于组合优化思想，FMCO 算法将三种传统的机器学习算法进行结合优化，以充分地发挥各算法的优势，提高模型的预测精度。本章在 $attC_{r0}$ 突变体库上进行了充分的实验验证，结果表明，与其他传统的 DNA 特异性位点预测算法相比，FMCO 算法具有最优的预测性能。

参 考 文 献

[1] Fu Y, Ling Z, Arabnia H, et al. Current trend and development in bioinformatics research[J]. BMC Bioinformatics, 2020, 21(S9): 538.

[2] Thaventhiran J E D, Allen H L, Burren O S, et al. Whole-genome sequencing of a sporadic primary immunodeficiency cohort[J]. Nature, 2020, 583 (7814): 90-95.

[3] Turro E, Astle W J, Megy K, et al. Whole-genome sequencing of patients with rare diseases in a national health system[J]. Nature, 2020, 583 (7814): 96-102.

[4] Xu Y, Ritchie S C, Liang Y, et al. An atlas of genetic scores to predict multi-omic traits[J]. Nature, 2023, 616 (13): 121-131.

[5] Lanigan T M, Kopera H C, Saunders T L. Principles of genetic engineering[J]. Genes, 2020, 11 (3): 291.

[6] Oh E, Mark K G, Mocciaro A, et al. Gene expression and cell identity controlled by anaphase-promoting complex[J]. Nature, 2020, 579 (7797): 136-140.

[7] Zhao Y. The research status and development tendency of bioinformatics[J]. Journal of Medical Informatics, 2012, 33 (5): 2-6.

[8] Waterman M S. Introduction to computational biology: Maps, sequences and genomes[J]. Statistics in Medicine, 1996, 15 (1): 275-278.

[9] Liu X M, Xie H Z, Quan A B, et al. The development situation of protein binding specific or non-specific sites on DNA sequence[J]. Acta Scientiarum Naturalium Universitatis Sunyatseni, 2005, 44 (5): 154-157.

[10] Song P, Wu L R, Yan Y H, et al. Limitations and opportunities of technologies for the analysis of cell-free DNA in cancer diagnostics[J]. Nature Biomedical Engineering, 2022, 6 (3): 232-245.

[11] Larouche A, Roy P H. Effect of attC structure on cassette excision by integron integrases[J]. Mobile DNA, 2011, 2 (1): 3.

[12] Liu Z, Yang Y, Li D, et al. Prediction of the RNA tertiary structure based on a random sampling strategy and parallel mechanism[J]. Frontiers in Genetics, 2021, 12 (7): 813604.

[13] Wang C, Wang Y, Cheung Y. A branch and bound irredundant graph algorithm for large-scale MLCS problems[J]. Pattern Recognition, 2021, 119 (12): 108059.

[14] Wei S, Wang Y, Cheung Y. A branch elimination-based efficient algorithm for large-scale multiple longest common subsequence problem[J]. IEEE Transactions on Knowledge and Data Engineering, 2023, 35 (3): 2179-2192.

[15] Pereira M B, Wallroth M, Kristiansson E, et al. HattCI: Fast and accurate attC site identification using hidden Markov models[J]. Journal of Computational Biology, 2016, 23 (11): 891-902.

[16] Rowe-Magnus D A, Guerout A M, Biskri L, et al. Comparative analysis of superintegrons: Engineering extensive genetic diversity in the vibrionaceae[J]. Genome Research, 2003,

13(3): 428-442.

[17] Joss M J, Koenig J E, Labbate M, et al. ACID: Annotation of cassette and integron data[J]. BMC Bioinformatics, 2009, 10(5): 1-9.

[18] Tsafnat G, Coiera E, Partridge S R, et al. Context-driven discovery of gene cassettes in mobile integrons using a computational grammar[J]. BMC Bioinformatics, 2009, 10(1): 1-9.

[19] Cury J, Jové T, Touchon M, et al. Identification and analysis of integrons and cassette arrays in bacterial genomes[J]. Nucleic Acids Research, 2016, 44(10): 4539-4550.

[20] Velazquez-Salinas L, Pauszek S J, Barrera J, et al. Validation of a site-specific recombination cloning technique for the rapid development of a full-length cDNA clone of a virulent field strain of vesicular stomatitis new jersey virus[J]. Journal of Virological Methods, 2019, 265(10): 113-116.

[21] David B, Stéphane J G, Guillaume C, et al. The synthetic integron: An in vivo genetic shuffling device[J]. Nucleic Acids Research, 2010(15): e153.

[22] Nivina A, Grieb M S, Loot C, et al. Structure-specific DNA recombination sites: Design, validation, and machine learning-based refinement[J]. Science Advances, 2020, 6(30): 63-71.

[23] Rathi P, Maurer S, Summerer D. Selective recognition of N4-methylcytosine in DNA by engineered transcription-activator-like effectors[J]. Philosophical Transactions of the Royal Society of London, 2018, 373(1748): 101-113.

[24] Blow M J, Clark T A, Daum C G, et al. The epigenomic landscape of prokaryotes[J]. PLoS Genetics, 2016, 12(2): e1005854.

[25] Xiao C L, Zhu S, He M, et al. N6-methyladenine DNA modification in the human genome[J]. Molecular Cell, 2018, 71(2): 306-318.

[26] Chen W, Yang H, Feng P, et al. iDNA4mC: Identifying DNA N4-methylcytosine sites based on nucleotide chemical properties[J]. Bioinformatics, 2017, 33(22): 3518-3523.

[27] He W, Jia C, Zou Q. 4mCPred: Machine learning methods for DNA N4-methylcytosine sites prediction[J]. Bioinformatics, 2019, 35(4): 593-601.

[28] Wei L, Luan S, Nagai L A E, et al. Exploring sequence-based features for the improved prediction of DNA N4-methylcytosine sites in multiple species[J]. Bioinformatics, 2019, 35(8): 1326-1333.

[29] Manavalan B, Basith S, Shin T H, et al. 4mCpred-EL: An ensemble learning framework for identification of DNA N4-methylcytosine sites in the mouse genome[J]. Cells, 2019, 8(11): 1332.

[30] Wang X, Lin X, Wang R, et al. XGB4mcPred: Identification of DNA N4-methylcytosine sites in multiple species based on an extreme gradient boosting algorithm and DNA sequence

information[J]. Algorithms, 2021, 14(10): 283.

[31] 韩冲, 王俊丽, 吴雨茜, 等. 基于神经进化的深度学习模型研究综述[J]. 电子学报, 2021, 49(2): 372-379.

[32] Min S, Lee B, Yoon S. Deep learning in bioinformatics[J]. Briefings in Bioinformatics, 2017, 18(5): 851-869.

[33] 刘建伟, 高峰, 罗雄麟. 基于值函数和策略梯度的深度强化学习综述[J]. 计算机学报, 2019, 42(6): 1406-1438.

[34] Khanal J, Nazari I, Tayara H, et al. 4mCCNN: Identification of N4-methylcytosine sites in prokaryotes using convolutional neural network[J]. IEEE Access, 2019, 7(2): 145455-145461.

[35] Abbas Z, Tayara H, Chong K T. 4mCPred-CNN-prediction of DNA N4-methylcytosine in the mouse genome using a convolutional neural network[J]. Genes, 2021, 12(2): 296.

[36] Hasan M M, Manavalan B, Shoombuatong W, et al. i4mC-Mouse: Improved identification of DNA N4-methylcytosine sites in the mouse genome using multiple encoding schemes[J]. Computational and Structural Biotechnology Journal, 2020, 18(6): 906-912.

[37] Zeng R, Liao M H. Developing a multi-layer deep learning based predictive model to identify DNA N4-methylcytosine modifications[J]. Frontiers in Bioengineering and Biotechnology, 2020, 8(2): 274.

[38] Liu Q Z, Chen J X, Wang Y Z, et al. DeepTorrent: A deep learning-based approach for predicting DNA N4-methylcytosine sites[J]. Briefings in Bioinformatics, 2021, 22(3): bbaa124.

[39] Xu H D, Jia P L, Zhao Z M. Deep4mC: Systematic assessment and computational prediction for DNA N4-methylcytosine sites by deep learning[J]. Briefings in Bioinformatics, 2021, 22(3): bbaa099.

[40] Rehman M U, Tayara H, Chong K T. DCNN-4mC: Densely connected neural network based N4-methylcytosine site prediction in multiple species[J]. Computational and Structural Biotechnology Journal, 2021, 19: 6009-6019.

[41] Yu H T, Dai Z M. SNNRice6mA: A deep learning method for predicting DNA N6-methyladeninesites in rice genome[J]. Frontiers Genet, 2019, 10(3): 1071-1079.

[42] Chen W, Lv H, Nie F L, et al. i6mA-Pred: Identifying DNA N6-methyladenine sites in the ricegenome[J]. Bioinformatics, 2019, 35(11): 2796-2800.

[43] Basith S, Manavalan B, Shin T H, et al. SDM6A: A web-based integrative machine-learning framework for predicting 6mA sites in the rice genome[J]. Molecular Therapy Nucleic Acids, 2019, 18: 131-141.

[44] Tahir M, Tayara H, Chong K T. iDNA6mA (5-step rule): Identification of DNA N6-methyladenine sites in the rice genome by intelligent computational model via Chous 5-step rule[J]. Chemometrics and Intelligent Laboratory Systems, 2019, 189(5): 96-101.

[45] Cong P, Zhang G L, Li F, et al. MM-6mAPred: Identifying DNA N6-methyladenine sites based on Markov model[J]. Bioinformatics, 2019, 36(2): 388-392.

[46] Hao L, Dao F Y, Guan Z X, et al. iDNA6mA-rice: A computational tool for detecting N6-methyladenine sites in rice[J]. Frontiers in Genetics, 2019, 10(4): 793.

[47] Huang Q F, Zhang J, Wei L Y, et al. 6mA-RicePred: A method for identifying DNA N6-methyladenine sites in the rice genome based on feature fusion[J]. Frontiers in Plant Science, 2020, 11(6): 4-13.

[48] He J, Pu X, Li M, et al. Deep convolutional neural networks for predicting leukemia-related transcription factor binding sites from DNA sequence data[J]. Chemometrics and Intelligent Laboratory Systems, 2020, 199(2): 103976.

[49] Deng L, Wu H, Liu X J, et al. DeepD2V: A novel deep learning-based framework for predicting transcription factor binding sites from combined DNA sequence[J]. International Journal of Molecular Sciences, 2021, 22(11): 5521.

[50] Wang D, Liu D. MusiteDeep: A deep-learning framework for protein post-translational modification site prediction[C]. Proceedings of the 2017 IEEE International Conference on Bioinformatics and Biomedicine (BIBM), Shenzhen, 2017.

[51] Haberal I, Oul H. DeepMBS: Prediction of protein metal binding-site using deep learning networks[C]. Proceedings of the 2017 4th International Conference on Mathematics and Computers in Sciences and in Industry (MCSI), Corfu, 2017: 21-25.

[52] Jiang M J, Wei Z Q, Zhang S G, et al. FRSite: Protein drug binding site prediction based on faster R-CNN[J]. Journal of Molecular Graphics and Modelling, 2019, 93: 107454.

[53] 田雨顺，罗鹏，刘秋婷，等. 细菌重组系统及其应用研究进展[J]. 微生物学通报，2017, 44(2): 473-482.

[54] Bessen J L, Afeyan L K, Dančík V, et al. High-resolution specificity profiling and off-target prediction for site-specific DNA recombinases[J]. Nature Communications, 2019, 10(1): 1-13.

[55] Häcker I, Harrell I R A, Eichner G, et al. Cre/lox-recombinase-mediated cassette exchange for reversible site-specific genomic targeting of the disease vector, aedes aegypti[J]. Scientific Reports, 2017, 7(1): 43883.

[56] Esteve-Puig R, Bueno-Costa A, Esteller M. Writers, readers and erasers of RNA modifications in cancer[J]. Cancer Letters, 2020, 474(12): 127-137.

[57] Schübeler D. Function and information content of DNA methylation[J]. Nature, 2015, 517(7534): 321-326.

[58] Rathi P, Maurer S, Summerer D. Selective recognition of N4-methylcytosine in DNA by engineered transcription-activator-like effectors[J]. Philosophical Transactions of the Royal Society B: Biological Sciences, 2018, 373(1748): 20170078.

[59] Pataillot-Meakin T, Pillay N, Beck S. 3-methylcytosine in cancer: An underappreciated methyl lesion?[J]. Epigenomics, 2016, 8(4): 451-454.

[60] Davis B M, Chao M C, Waldor M K. Entering the era of bacterial epigenomics with single molecule real time DNA sequencing[J]. Current Opinion in Microbiology, 2013, 16(2): 192-198.

[61] Gu J, Stevens M, Xing X, et al. Mapping of variable DNA methylation across multiple cell types defines a dynamic regulatory landscape of the human genome[J]. G3: Genes, Genomes, Genetics, 2016, 6(4): 973-986.

[62] Jones P A. Functions of DNA methylation: Islands, start sites, gene bodies and beyond[J]. Nature Reviews Genetics, 2012, 13(7): 484-492.

[63] Yao B, Jin P. Cytosine modifications in neurodevelopment and diseases[J]. Cellular and Molecular Life Sciences, 2014, 71: 405-418.

[64] Cheng X D. DNA modification by methyltransferases[J]. Current Opinion in Structural Biology, 1995, 5(1): 4-10.

[65] Chen K, Zhao B S, He C. Nucleic acid modifications in regulation of gene expression[J]. Cell Chemical Biology, 2016, 23(1): 74-85.

[66] Liu T H, Yin J P, Gao L, et al. Consensus RNA secondary structure prediction using information of neighbouring columns and principal component analysis[J]. International Journal of Computational Science and Engineering, 2019, 19(3): 430-439.

[67] Liu Z D, Zhu D M, Dai Q H. Improved predicting algorithm of RNA pseudoknotted structure[J]. International Journal of Computational Science and Engineering, 2019, 19(1): 64-70.

[68] Zhu H J, Jiang T H, Wang Y, et al. A data cleaning method for heterogeneous attribute fusion and record linkage[J]. International Journal of Computational Science and Engineering, 2019, 19(3): 311-324.

[69] Mecham B H, Nelson P S, Storey J D J B. Supervised normalization of microarrays[J]. Bioinformatics, 2010, 26(10): 1308-1315.

[70] Newman A M, Gentles A J, Liu C L, et al. Data normalization considerations for digital tumor dissection [J]. Genome Biology, 2017, 18(1): 128.

[71] Guyon I, Elisseeff A. An introduction to variable and feature selection[J]. Journal of Machine Learning Research, 2003, 3(6): 1157-1182.

[72] 许召召, 申德荣, 聂铁铮, 等. 融合信息增益比和遗传算法的混合式特征选择算法[J]. 软件学报, 2022, 33(3): 1128-1140.

[73] Xu F, Zhao H, Zhou W, et al. Cost-sensitive regression learning on small dataset through intra-cluster product favoured feature selection[J]. Connection Science, 2022, 34(1): 104-123.

[74] Cao Z, Zhou Y, Yang A, et al. Deep transfer learning mechanism for fine-grained cross-domain sentiment classification[J]. Connection Science, 2021(4): 33.

[75] Nagra A A, Han F, Ling Q H, et al. Hybrid self-inertia weight adaptive particle swarm optimisation with local search using C4.5 decision tree classifier for feature selection problems[J]. Connection Science, 2020, 32(1): 16-36.

[76] Zhang F, Gao D, Xin J. A decision tree algorithm for forest fire prediction based on wireless sensor networks[J]. International Journal of Embedded Systems, 2020, 13(4): 422.

[77] Chen T Q, Guestrin C. Xgboost: A scalable tree boosting system[C]. Proceedings of the 22nd ACM SIGKDD International Conference on Knowledge Discovery and Data Mining, San Francisco, 2016: 785-794.

[78] Deng S, Zhang J, Su J, et al. RNA m6A regulates transcription via DNA demethylation and chromatin accessibility[J]. Nature Genetics, 2022, 54(9): 1427-1437.

[79] Nazari I, Tayara H, Chong K T. Branch point selection in RNA splicing using deep learning[J]. IEEE Access, 2018, 7: 1800-1807.

[80] Zhang Z M. Microsoft malware prediction using light GBM model[C]. Proceedings of the 2022 3rd International Conference on Big Data, Artificial Intelligence and Internet of Things Engineering, Singapore, 2022: 41-44.

[81] Louadi Z, Oubounyt M, Tayara H, et al. Deep splicing code: Classifying alternative splicing events using deep learning[J]. Genes, 2019, 10(8): 587.

[82] Tayara H, Tahir M, Chong K T. Identification of prokaryotic promoters and their strength by integrating heterogeneous features[J]. Genomics, 2020, 112(2): 1396-1403.

[83] Aiken E, Bellue S, Karlan D, et al. Machine learning and phone data can improve targeting of humanitarian aid[J]. Nature, 2022, 603(7903): 864-870.

[84] Wen Q U, Wang D L, Feng S, et al. A novel cross-modal hashing algorithm based on multimodal deep learning[J]. Science China Information Sciences, 2017, 60(9): 1-14.

[85] Vaishnav E D, de Boer C G, Molinet J, et al. The evolution, evolvability and engineering of gene regulatory DNA[J]. Nature, 2022, 603(7901): 455-463.

[86] Cao Y, Geddes T A, Yang J Y H, et al. Ensemble deep learning in bioinformatics[J]. Nature Machine Intelligence, 2020, 2(9): 500-508.

[87] Ambrogio S, Narayanan P, Tsai H, et al. Equivalent-accuracy accelerated neural-network training using analogue memory[J]. Nature, 2018, 558(7708): 60-67.

第 11 章　基于特征融合策略的 4mC 位点预测算法

11.1　引　　言

随着基因组测序技术的迅猛发展，各类生物数据逐渐增多，这使得检测 DNA 化学修饰的功能性影响成为可能。N4-甲基胞嘧啶(4mC)是一种新型的表观遗传修饰，涉及多个细胞过程，如 DNA 复制、细胞周期和基因调节，并参与基因组的重组和进化。在 DNA 修复和复制中，4mC 可以通过修饰机制保护自身 DNA，防止被限制性内切酶降解并调控 DNA 的表达，在将非编码遗传信息传递到 DNA 序列中发挥了重要作用。

目前，对 4mC 位点的识别及其作用的理解仍然受到限制。针对 4mC 位点的基础实验鉴定技术，往往费时费力，且产生的数据非常有限。因此，迫切需要开发一种能有效地识别或预测基因组中 4mC 位点的方法。本章提出一种基于特征融合策略和卷积神经网络的 4mC 位点预测算法——FFCNN。FFCNN 采用五种 DNA 序列编码方式，每种方式将多种 DNA 序列编码方法进行组合，共同描述一个 DNA 序列。同时，FFCNN 使用深度学习策略来解决小样本问题，采用卷积神经网络实现 DNA 样本序列中 4mC 修饰位点的预测。本章基于六个测试物种的数据集进行实验，结果表明 FFCNN 有着十分可观的预测效果。

11.2　FFCNN 算法的设计与实现

11.2.1　算法设计

1. 数据集

本章选取由 Chen 等设计的基准数据集进行实验，该数据集在公开的数据库 MethSMRT 中可以找到，目前被广泛地应用于 4mC 位点预测领域。该数据集内包含 6 个不同种类的原核生物和真核生物的序列数据，它们分别是秀丽隐杆线虫(caenorhabditis elegans)、黑腹果蝇(drosophila melanogaster)、拟南芥(arabidopsis thaliana)、大肠杆菌(escherichia coli)、地碱杆菌(geoalkalibacter subterraneus)和皮克宁氏菌(pickeringii)。

如表 11.1 所示，六个基准数据集分别包含 1554 个、1769 个、1978 个、388 个、906 个和 569 个阳性样本及阴性样本，并经过预处理剔除了冗余序列，以确保数据集中任何两个序列的序列相似性小于 80%。6 个数据集中的数据集中所有样本的序列长度均为 41 个碱基对，每个阳性序列都有一个位于中心位置的胞嘧啶(C)，在胞嘧啶的上游和下游分别具有 20bp 的侧翼区域。表 11.2 为数据集中部分的原始序列数据示例。

表 11.1　数据集列表

数据集	序列		总数
C.elegans	Positive	1554	3118
	Negative	1554	
D.melanogaster	Positive	1769	3538
	Negative	1769	
A.thaliana	Positive	1978	3956
	Negative	1978	
E.coli	Positive	388	776
	Negative	388	
G.subterraneus	Positive	906	1812
	Negative	906	
G.pickeringii	Positive	569	1138
	Negative	569	

表 11.2　数据集中部分的原始序列数据示例

4mC	DNA 序列
1	GAAGAAGTAGGCCATTATCTCGAATGAGCCAAACTAGTATT
46	CTGGTCGACAAATCCTCGGACCCTGTCGACGATTCCTCGTC
156	TACCAATTCTTATTCTCATTCGCGCGCGCGAGCGGGCAA
845	ACGCCTGTAAGATCCAGTTGCGGATGAAGTTCTTATACTCA
1378	TGAACGGGATGTTTTTATGTCAACATCAGAGTCCAAGTTCA
3118	GTTGGTTAGTGTCGTGGAGTCGAATATGACTAGATGTCATG

2. 组合特征编码

目前，较多的 4mC 位点预测算法在特征提取时，仅考虑了对序列特征编码的方法。该算法只能通过单一的碱基序列对位点进行描述，无法学习到其他影响预测的潜在特征。为了保证特征学习的全面性，本章在传统位点序列特征的基础上，充分地考虑了位点的理化特性，采用 7 种不同的编码方法对 DNA 序列进行编码。同时，基于不同的编码算法，本章设计五种组合特征编码方案，通过将不同特征进行结合以寻求最优的特征编码方案。7 种不同的编码方法的详细介绍如下所示。

NCP。DNA 序列中包含四种不同类型的核苷酸，且每种核苷酸具有不同的化学结构和结合特性。其中，每个核苷酸都有三种化学性质：氢键、官能团和环状结构。具体来说，在二级结构形成过程中，A 和 T 形成弱氢键，C 和 G 形成强氢键；G 和 T 含有酮基，A 和 C 含有氨基；C 和 T 只有一个环结构，而 A 和 G 有两个环结构。因此，这四个核苷酸的化学性质可以用三个坐标(x、y 和 z)表示，每个坐标可以赋值为 0 或 1。NCP 的具体编码方式如式(11.1)所示。

$$
\begin{aligned}
&\text{Ring Structure}=\begin{cases}\text{Purine, A, G}\\ \text{Pyrimidine, C, T}\end{cases}\\
&\text{Functional Group}=\begin{cases}\text{A min o, A, C}\\ \text{Keto, G, T}\end{cases}\\
&\text{Hydrogen Bond}=\begin{cases}\text{Weak, A, T}\\ \text{Strong, C, G}\end{cases}
\end{aligned}
\tag{11.1}
$$

结合这些化学特征，用式(11.2)表示 DNA 序列中的第 i 个核苷酸：

$$
\begin{aligned}
&R_i=\begin{cases}1, & Ni\in\{\mathrm{A,G}\}\\ 0, & Ni\in\{\mathrm{C,T}\}\end{cases}\\
&F_i=\begin{cases}1, & Ni\in\{\mathrm{A,C}\}\\ 0,i & Ni\in\{\mathrm{G,T}\}\end{cases}\\
&H_i=\begin{cases}1, & Ni\in\{\mathrm{A,T}\}\\ 0,i & Ni\in\{C,G\}\end{cases}
\end{aligned}
\tag{11.2}
$$

根据 NCP，A 可以编码为(1，1，1)，C 可以编码为(0，1，0)，G 可以编码为(1，0，0)，T 可以编码为(0，0，1)。

二进制(binary)。二进制提供 DNA 片段中核苷酸的位置特异性，每个核苷酸由一个四位数的二进制向量编码。一个具有 n 个核苷酸的 DNA 序列被编码成一个 $4\times n$ 维的二进制向量。二进制计算方式如式(11.3)所示。

$$
B=(b_{n1},b_{n2},\cdots,b_{n41}),\quad b=\begin{cases}\mathrm{A}:1,0,0,0\\ \mathrm{C}:0,1,0,0\\ \mathrm{G}:0,0,1,0\\ \mathrm{T}:0,0,0,1\end{cases},\quad n\in\{\mathrm{A,C,G,T}\}
\tag{11.3}
$$

累积核苷酸频率(accumulated nucleotide frequency，ANF)。ANF 特征编码表

示核苷酸密度和 DNA 片段中每个核苷酸的分布。对于长度为 41 碱基的 DNA 序列，每个位置的密度计算方式如下：

$$d_l=\frac{1}{l}\sum_{j=1}^{l}f(n_j),\quad f(n_j)=\begin{cases}1, & n_j=q\\ 0， & \text{其他}\end{cases},\quad l=1,2,\cdots,41 \tag{11.4}$$

式中，n_j 代表第 j 个位置的核苷酸，$q\in\{A, C, G, T\}$。以 CACAGTCG 序列为例，当 l=3 时，第 l 个位置的核苷酸为 C，则该位置的密度计算为

$$d_3=\frac{1}{3}\times\sum_{j=1}^{3}f(n_j)=\frac{1}{3}\times[f(C)+f(A)+f(C)]=\frac{1}{3}\times[1+0+1]=0.667$$

通过上述方式，可以类似地计算其他 DNA 序列的核苷酸密度。

三核苷酸的 EIIP。Nair 等计算出核苷酸中离域电子的能量为 EIIP，并将四个碱基的 EIIP 值设置为 A：0.1260；C：0.1340；G：0.0806；T：0.1335。EIIP 编码可直接代表 DNA 序列中核苷酸的 EIIP 值，编码公式如下：

$$D=(E_{n1},E_{n2},\cdots,E_{n41}),\quad E\in\begin{cases}\mathrm{A}:0.1260\\ \mathrm{C}:0.1340\\ \mathrm{G}:0.0806\\ \mathrm{T}:0.1335\end{cases},\quad n\in\{\mathrm{A,C,G,T}\} \tag{11.5}$$

核酸组成(n-acetyl cysteine，NAC)。NAC 反映了 4mC 位点序列片段的核苷酸频率，四种核苷酸(A, C, G, T)频率的计算公式为

$$f(i)=\frac{N_i}{N},\quad i\in\{\mathrm{A,C,G,T}\} \tag{11.6}$$

式中，N_i 表示单个核苷酸类型的数目；N 表示 DNA 序列的长度。

二核苷酸组成(dinucleotide cysteine，DNC)。DNC 特征编码表示 DNA 序列中连续二个核苷酸的组成。DNC 功能编码中有 16 个描述符，如(AA，AC，AG，AT，…，CC)，其计算方法如下：

$$D(i,j)=\frac{N_{ij}}{N-1},\quad i,j\in\{\mathrm{A,C,G,T}\} \tag{11.7}$$

式中，N_{ij} 表示二核苷酸的数量；i 和 j 分别表示二核苷酸中的核苷酸类型。

三核苷酸组成(trinucleotide cysteine，TNC)。TNC 特征编码表示 DNA 序列中连续三个核苷酸的组成。TNC 功能编码中有 64 个描述符，如(AAA，AAC，AAG，AAT，…，TTT)，其计算方法如下：

$$D(i,j,k)=\frac{N_{ijk}}{N-2},\quad i,j,k\in\{\mathrm{A,C,G,T}\} \tag{11.8}$$

式中，N_{ijk} 为三核苷酸的数量；i、j 和 k 分别为三核苷酸中的核苷酸类型。

上述编码方式从不同层面将特征进行了细化表示，考虑到不同编码方式间可能存在某种特征联系，因此本章将上述七种编码方案分组为五种特征编码组合，以期望寻找到最优的特征编码方案，实现对特征的充分表示。特征编码流程如图 11.1 所示，五种组合特征编码方案如表 11.3 所示。

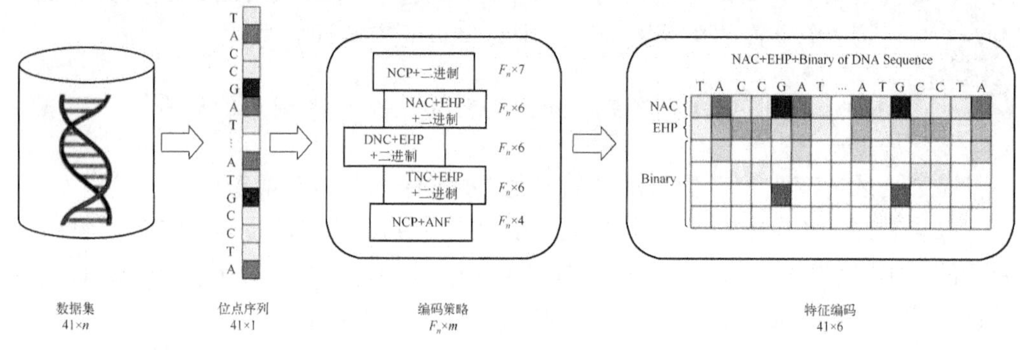

图 11.1　特征编码流程

表 11.3　五种组合特征编码方案

方案序号	编码方案	向量维度
1	NCP+二进制	41×7
2	NAC+EIIP+二进制	41×6
3	DNC+EIIP+二进制	41×6
4	TNC+EIIP+二进制	41×6
5	NCP+ANF	41×4

如表 11.3 所示，NAC+EIIP+二进制结合了 NAC、EIIP 和二进制编码方法，组成 2 号编码方案。该方案将一个长度为 41 碱基的 DNA 序列编码为 41×6 维向量。对表 11.2 中的第一个序列按编码方案 2 进行编码，则序列中 A、C、G、T 的编码数据如下所示。

$$A=\begin{bmatrix}0.37\\0.1260\\1\\0\\0\\0\end{bmatrix},\quad C=\begin{bmatrix}0.17\\0.1340\\0\\1\\0\\0\end{bmatrix},\quad G=\begin{bmatrix}0.22\\0.0806\\0\\0\\1\\0\end{bmatrix},\quad T=\begin{bmatrix}0.24\\0.1355\\0\\0\\0\\1\end{bmatrix}$$

3. 深度学习模型

该模块主要是深度学习模型的构建，该模型包含了卷积层、池化层、BGRU 层、注意力机制和全连接层。在模型中，首先通过一个卷积层对输入数据进行特征提取，其中使用了 64 个卷积核，卷积核大小为 3，并使用 ReLU 激活函数。其次，对卷积层的输出进行池化操作，采用了一个大小为 2 的最大池化层。为了防止过拟合，加入了 Dropout 层，丢失率为 0.2。然后，再次使用卷积层，同样采用 64 个卷积核，卷积核大小为 5，并使用 ReLU 激活函数。随后，再次进行池化操作，仍然采用最大池化的方式，并且使用了 padding 的方式保持输出的形状不变。之后再次加入 Dropout 层，丢失率为 0.2。

接下来，使用 BGRU 层对前面的特征进行序列建模，其中使用了 32 个 GRU 单元，采用了双向的方式进行建模，并返回了所有的序列输出。此外，引入了注意力机制，通过计算权重对序列输出进行加权，以获得更具有区分性的特征表示。再次使用 BGRU 层对加权后的序列进行建模，同样使用 32 个 GRU 单元，并加入了 Dropout 层，丢失率为 0.5。最后，使用全连接层将序列输出映射到一个标量，并采用 Sigmoid 激活函数，输出 4mC 位点的预测结果。

每个卷积层之后都是一个非线性函数校正线性单元(ReLU)，如式(11.9)所示。在全连接层之后是一个 S 形激活函数，其将给定的 DNA 序列分类为 4mC 或非 4mC 位点，如式(11.10)所示。S 形激活函数将输出缩放到[0, 1]。

$$\mathrm{ReLU}(x)=\begin{cases}x, & x>0\\ 0, & x\leqslant 0\end{cases} \tag{11.9}$$

$$\mathrm{Sigmoid}(x)=\frac{1}{1+\mathrm{e}^{-x}} \tag{11.10}$$

11.2.2 算法描述

本章设计的 FFCNN 算法共测试了五种编码方案，通过结果比较确定出最优编码方案，并利用该方案在六种生物数据集上进行了模型训练，最后输出 4mC 位点的预测结果。算法的输入包括六种生物 4mC 位点的序列数据集 D_i、待预测的 4mC 位点的序列数据集 $Z_i(i=1, 2,\cdots, 6)$。输出是数据集 Z_i 中是否为 4mC 位点的预测结果。FFCNN 算法流程图如图 11.2 所示。

FFCNN 算法的详细描述如下所示。

首先，随机选择六种生物 4mC 位点的序列数据集 D_i 中的一种数据集 $D_m(1\leqslant m\leqslant 6)$进行预处理操作，按照五种编码方案对数据集 D_m 进行编码得到数据集 $D_{mj}(j=1, 2,\cdots, 5)$；其次，对数据集 D_{mj} 进行划分，划分成训练集和验证集并输

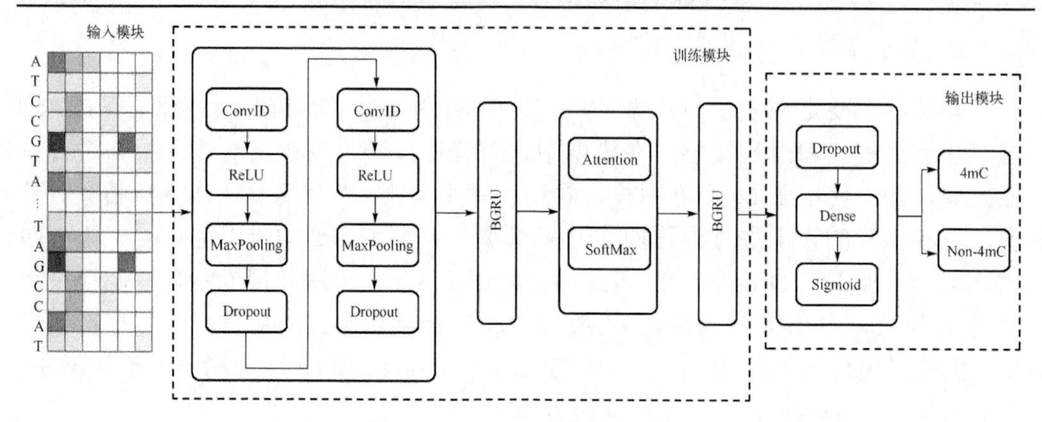

图 11.2　FFCNN 算法流程图

入到所提的深度学习模型进行训练；对五种编码方案进行比较得到最优编码方案，并利用最优编码方案对数据集 D_i 进行编码得到数据集 D_{ibest}；用最优编码方案的六种数据集进行模型训练得到预测模型——FFCNN；最后，将待预测的 4mC 位点的序列数据集 Z_i 输入到 FFCNN 模型中进行预测，得到 4mC 位点的预测结果。

基于特征融合策略和卷积神经网络的 FFCNN 算法的算法描述如算法 11.1 所示。

算法 11.1　FFCNN(D_i, Z_i, Epoch, Batch)

输入：六种生物 4mC 位点的序列数据集 D_i，$i = 1, 2, \cdots, 6$；待预测的 4mC 位点的序列数据集 Z_i，$i=1, 2,\cdots, 6$；迭代次数 Epoch；训练批次 Batch。
输出：表明该 DNA 序列是否为 4mC 位点的布尔变量 R。

```
Begin
 1.  D_m←Random(D_i);      //随机选择一个初始数据集；
 2.  for j = 1 to 5 do      //多种方案进行编码；
 3.      D_mj←Encoded(D_m);
 4.      Z_mj←Encoded(Z_m);
 5.  end for
 6.  for k to Epoch do
 7.      for s to Batch do
 8.          D_mj_train , D_mj_test ← D_mj;  //划分数据集；
 9.          Input(D_mj_train , D_mj_test);  //数据集输入；
10.          Model_mj←(Cov1D(), ReLU(), MaxPooling1D(), Dropout());  //模型训练；
11.          Model_mj←(Bidirectional(GRU), Attention(), Dropout(), Dense(Sigmoid));
```

```
12.        end for
13.    end for
14.    Score_mj←将测试集 Z_mj 输入模型 Model_mj;
15.    best←Compare(Score_mj); //比较 5 种编码方案确定最优编码方案;
16.    for i = 1 to 6 do      //多种数据集按最优方案编码;
17.        D_ibest←Encoded(D_i);
18.        Z_ibest←Encoded(Z_i);
19.    end for
20.    for k to Epoch do
21.        for s to Batch do
22.            D_ibest_train, D_ibest_test ← D_ibesj;
23.            Input(D_ibest_train, D_ibest_test);
24.            Model_ibest←(Cov1D(), ReLU(), MaxPooling1D(), Dropout());//模型训练;
25.            Model_ibest←(Bidirectional(GRU), Attention(), Dropout(), Dense(Sigmoid));
26.        end for
27.    end for
28.    R←将测试集 Z_ibest 输入模型 Model_ibest;
29.    Return R;
End
```

11.2.3　评价指标

评价指标可以直观地反映模型的性能。本节采用四种广泛地用于二分类任务的标准指标来评估所提算法的性能，即准确率(ACC)、查全率(SN)、特异性(SP)和马修斯相关系数(Matthews correlation coefficient，MCC)，并有以下定义。

TP：表示 DNA 序列为 4mC 位点且被正确预测为 4mC 位点的样本数量。

TN：表示 DNA 序列为非 4mC 位点且被正确识别为非 4mC 位点的样本数量。

FN：表示 DNA 序列为 4mC 位点但被错误识别为非 4mC 位点的样本数量。

FP：表示 DNA 序列为非 4mC 位点但被错误识别为 4mC 位点的样本数量。

ACC 用于度量预测结果中被正确分类的样本占总样本数的比例，其取值为[−1, 1]，ACC 越接近于 1，表示该算法的预测性能越好。ACC 的计算公式如下：

$$\mathrm{ACC}=\frac{\mathrm{TP}+\mathrm{TN}}{\mathrm{TP}+\mathrm{FN}+\mathrm{TN}+\mathrm{FP}} \tag{11.11}$$

SN 表示在原始样本的正样本中，样本最后被正确预测为正样本的概率；SP 被称作特异性，它研究的是在原始样本的负样本中，样本最后被正确预测为负样本的概率。SN 和 SP 的计算公式分别如式(11.12)和式(11.13)所示。

$$SN = \frac{TP}{TP + FN} \tag{11.12}$$

$$SP = \frac{TN}{TN + FP} \tag{11.13}$$

MCC 是用来表示预测分类和实际分类之间相关性的系数，其取值为[−1, 1]。当 MCC = 1 时，表示当前预测为完美预测，当 MCC = 0 时，表示当前预测结果并不优于随机预测，当 MCC = −1 时，表示当前预测分类与实际分类完全不一致。MCC 的计算公式如下：

$$MCC = \frac{TP \times TN - FP \times FN}{\sqrt{(TP + FP)(TP + FN)(TN + FP)(TN + FN)}} \tag{11.14}$$

11.3　实 验 结 果

11.3.1　实验设置

本章中的所有实验均使用 Tensorflow、Keras 和 Python 语言来实现，其中，Tensorflow 版本为 2.1.0，Keras 版本为 2.3.1，Python 版本为 3.6.1。在训练过程中，本节采用网格化搜索进行参数寻优，包括卷积核的数目、卷积核大小、步长和丢失概率，并根据损失验证选择出最佳的超参数。网格化搜索的超参数范围如表 11.4 所示。

表 11.4　网格化搜索的超参数范围

超参数	范围
Filters of Conv1D	[16,32,64]
Conv1D kernel size	[1,3,5]
Conv1D Strides	[2,3]
Dropout	[0.2,0.3,0.4,0.5]

对于第一层卷积，卷积的数量为 64，卷积核大小为 3，卷积的步长为 2，填充方式为 same，从而保证输出具有与输入相同的长度，丢失概率为 0.2。对于第二层卷积，卷积的数量同样为 64，卷积核大小为 5，卷积的步长为 2，丢失概率为 0.2。此外，该模型使用学习率为 0.001 的 Adam 优化器进行优化，Batch Size 最佳为 128，设置的迭代次数为 50。

11.3.2　消融实验

本章在传统位点序列特征的基础上，充分地考虑位点序列的理化特性，并在不同层面将特征进行了细化表示。同时，考虑到不同编码方式间可能存在某种特征联系，因此本章进一步将 7 种编码方案分组为 5 种特征编码组合，以挖掘潜在特征，提高预测精度。为了验证这一思想的有效性，本节基于 D.melanogaster 数据集对特征融合策略效能进行实验验证。将基于特征融合策略的数据集和单个特征进行编码的数据集分别输入 FFCNN 中进行训练，并通过 ACC、SN、SP 和 MCC 四个指标来检测模型性能。消融实验结果对比如图 11.3 所示。

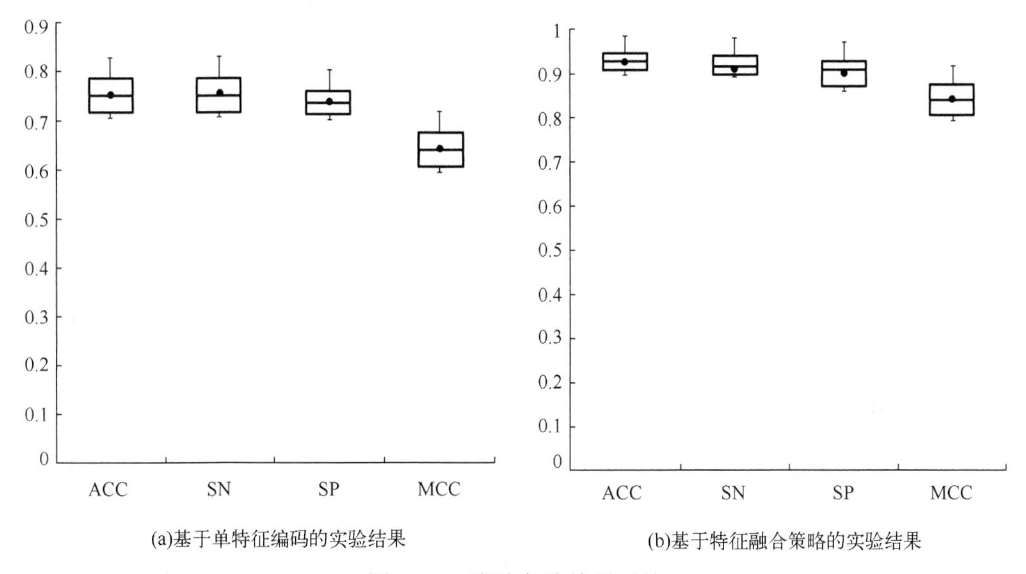

(a)基于单特征编码的实验结果　(b)基于特征融合策略的实验结果

图 11.3　消融实验结果对比

图 11.3(a)是基于单特征编码的实验结果，图 11.3(b)是基于特征融合策略的实验结果。由对比结果可以看出，基于特征融合策略训练的模型在各个指标优势明显。其中，ACC 的平均值提高了 0.1735，SN 的平均值提高了 0.1531，SP 的平均值提高了 0.1612，MCC 的平均值提高了 0.2001。这表明基于特征融合策略的编码方案是有效可行的，将位点序列的理化特性与传统序列特征综合考虑，可以有效地提高预测精度。

11.3.3　组合特征编码实验

为了找到性能最优的组合特征编码算法，本节基于 D.melanogaster 数据集进行实验验证。使用表 11.3 中列出的 5 种编码方案依次将 DNA 序列进行编码，并分别输入 FFCNN 进行测试。通过 ACC、SN、SP 和 MCC 四项指标对五种编码方案进行比较。5 种编码算法结果对比如图 11.4 所示。

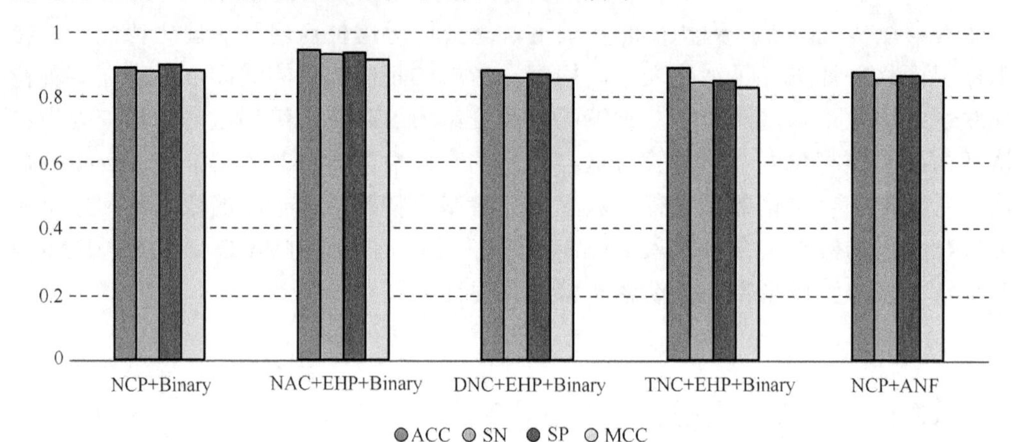

图 11.4　5 种编码算法结果对比

由图 11.4 可以看出，在基于 NAC+EIIP+Binary 的 2 号编码算法上，FFCNN 获得了最佳的性能。与其他编码算法相比，2 号编码算法输出的 ACC 分别提高了 0.0511、0.0602、0.0523 和 0.0676。因此，在后续实验中，本章采用 NAC+EIIP+Binary 的编码算法对 6 种序列数据集进行特征编码。

11.3.4　FFCNN 算法基准测试

本章设计一种基于 4mC 位点序列特征的预测算法——FFCNN。为了证明 FFCNN 算法在预测 DNA 特异性位点任务上的有效性，本节将 FFCNN 与其他算法在六种物种的基准数据上进行了比较，包括 iDNA4mC、4mCPred、4mCPred-SVM 和 SOMM4mC。本节所有实验均采用相同的实验环境以保证对比结果的公平性。表 11.5 展示了 FFCNN 和现有算法的平均性能。图 11.5 与图 11.6 展示了 FFCNN 算法和现有的算法在四个基本评价指标上的性能比较。实验结果表明，FFCNN 算法在所有基准数据集上的计算结果均优于现有的预测算法。

表 11.5　基于 6 种数据集各个算法在 4 个评价指标上的平均性能比较

算法	ACC	SN	SP	MCC
iDNA4mC	0.8033	0.8092	0.7981	0.6023
4mCPred	0.8221	0.8248	0.8315	0.6463
4mCPred-SVM	0.8323	0.8388	0.8263	0.6552
SOMM4mC	0.8875	0.8728	0.9042	0.7598
FFCNN	0.9378	0.9315	0.9346	0.8926

如表 11.5 所示，基于 6 种数据集，FFCNN 在 4 个评价指标上的平均性能均高于其他 4 种算法。与最优预测算法相比，ACC 平均提高 0.0503，SN 平均提高 0.0587，SP 平均提高 0.0304，MCC 平均提高 0.1328。

从图 11.5 可以看出，FFCNN 算法在六个基准数据集上均获得最高的 ACC 取值，分别为 0.9541、0.9432、0.9101、0.9334、0.9312 和 0.9561。在 SN 方面，FFCNN 算法相较于 iDNA4mC 提升最大，在六种数据集中分别提高了 0.1722、0.0931、0.1461、0.0952、0.1001 和 0.1282。

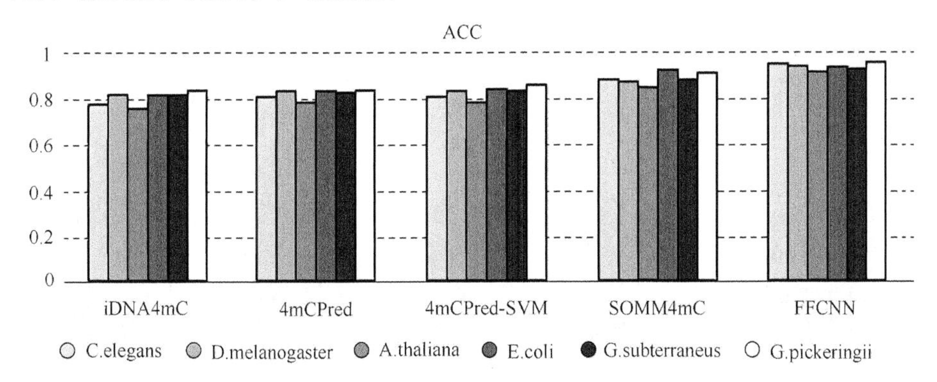

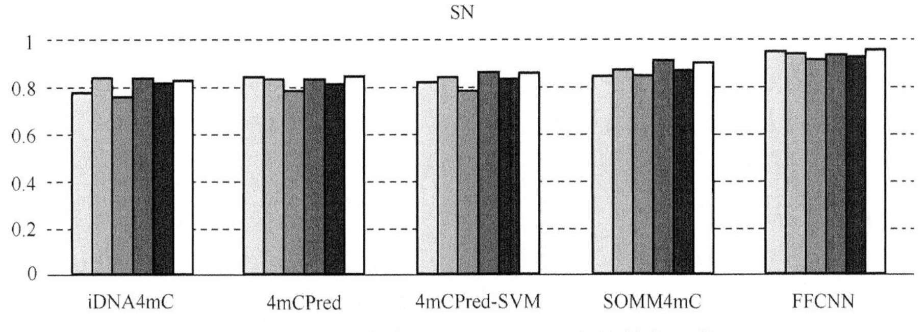

图 11.5 不同算法在 ACC 和 SN 上的性能比较

图 11.6 比较了 FFCNN 算法与其他 4 种算法在 6 个数据集上的 SP 和 MCC。可以看出，基于这两种指标，FFCNN 算法均具有较大优势。尤其是在 MCC 方面，FFCNN 算法相较于 SOMM4mC 算法，分别提高 0.1201、0.1821、0.1842、0.0112、0.1321 和 0.1652。在 SP 方面，FFCNN 算法同样拥有不错的效果，在六个数据集上分别达到 0.9311、0.9342、0.9152、0.9316、0.9388 和 0.9601。

总的来说，FFCNN 算法在 DNA 特异性位点预测领域具有明显的优势，实现了更高准确度的预测。FFCNN 算法高性能的原因在于 FFCNN 明确考虑了 DNA 序列的理化性质，采用组合特征编码的方式捕捉了更多与 4mC 位点预测有关的特征。同时 FFCNN 算法使用了 BGRU 实现了对特征序列的综合学习，并添加注意

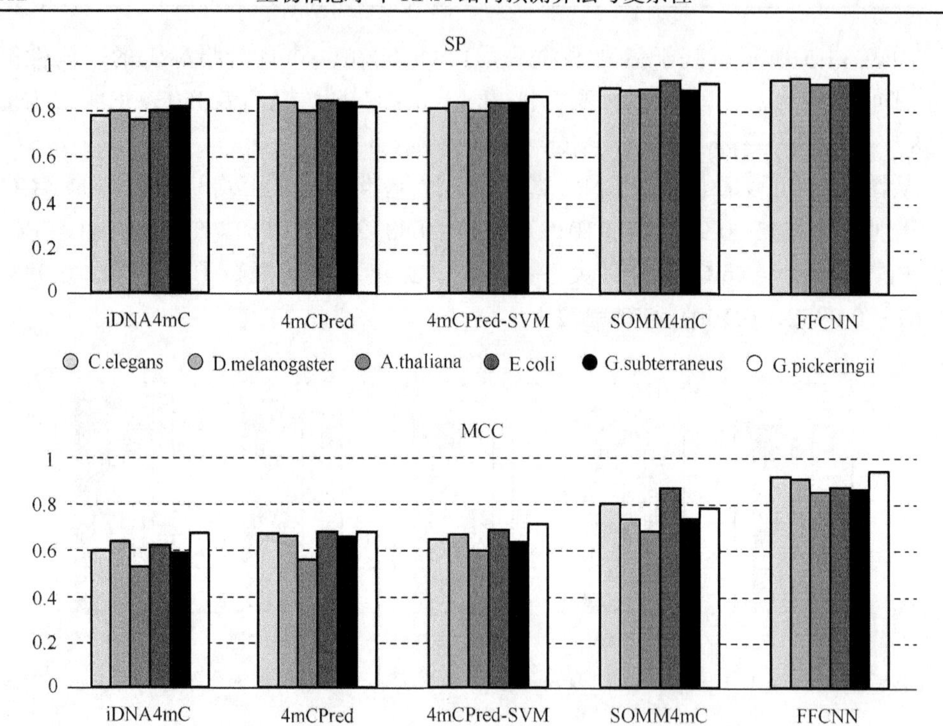

图 11.6 不同算法在 SP 和 MCC 上的性能比较

力机制为不同特征分配不同权重，进一步突出了重要特征。本章设计基于特征融合策略和卷积神经网络的预测算法——FFCNN 来识别 DNA 序列中的 4mC 位点。FFCNN 算法通过使用多种编码方式将 DNA 序列编码为离散值，实现基于多特征融合的预测算法。同时，FFCNN 算法采用 CNN 来解决小样本问题，并使用了 BGRU 捕捉 DNA 序列中的双向上下文信息，实现对特征的综合学习。此外，FFCNN 算法使用注意力机制来获取重要的特征信息，强调对重要特征的关注。最后，在六个测试物种的数据集上对 FFCNN 算法进行实验，并与现有的四种算法进行了对比，实验结果表明，FFCNN 算法具有明显优势，能进一步提高 4mC 位点的预测精度。

第 12 章　基于进阶模型的 RNA 结构预测算法

12.1　引　　言

国际知名总部位于美国马萨诸塞州剑桥的克雷数学研究所(Clay Mathematics Institute，CMI)，在 2000 年 5 月 24 日提出了新的千禧年世界 7 大数学难题，而 NP 完全问题(NPC 问题)就是世界 7 大数学难题之一，近似算法是处理 NP 完全问题(即 NP 难问题)的一种本质方法。当今全球流行的新冠病毒是 RNA 病毒，冠状病毒的 RNA 结构通常包含 H 型假结，包含假结的 RNA 结构预测问题是 NP 完全问题[1]。有关 RNA 的研究已经多年被 *Science* 列入世界主要科技进展，1986 年，*Science* 刊发了诺贝尔奖获得者 Dulbecco 关于人类基因组测序的有关论文[2]，20 世纪人类基因组计划(Human Genome Project，HGP)的实施，也催生了生物信息学/计算生物学学科的发展。

从 2019 年底开始在全球肆虐的新冠病毒(COVID-19)给人类带来了巨大灾难，截止到 2023 年 3 月底，全球已超过 8 亿人感染新冠病毒，死亡人数超过 600 万。新冠病毒属于 RNA 病毒，RNA 多为单链结构，该结构不稳定、易变异，导致 RNA 病毒变异周期短，这为疫苗的研制增加了难度。冠状病毒(coronavirus，CoV)是有包膜的正股单链 RNA 病毒，直径为 80～120nm，约由 3 万个碱基组成，其遗传物质是已知 RNA 病毒中最大的。目前已经发现多种致病性冠状病毒，其中 SARS-CoV、MERS-CoV 曾在人群中大范围传播流行，证明了冠状病毒在动物间、人与人之间传播的可能性。

12.2　研 究 内 容

RNA 分子是线状单链结构，进行碱基互补配对而形成折叠结构。RNA 单链结构中，含有 A、C、G、U 4 个碱基(核苷酸)，一般是 A 与 U 配对、G 与 C 配对，但也存在 G 与 U 错配对的情况，仍有少量非标准配对碱基对 RNA 折叠结构产生影响。RNA 是存在于生物细胞及部分病毒、类病毒中的遗传信息载体。冠状病毒是自然界广泛存在的一大类病毒，因病毒包膜上有向四周伸出的突起，形如花冠而得名。RNA 核酸链在 RNA 病毒中约有 30kb 个碱基。RNA 也能与蛋白质形成蛋白复合物，RNA的四级结构是RNA与蛋白质的相互作用，RNA结构复杂，形态多样，RNA结构数随着RNA碱基数的增加而呈指数级的增长，RNA结构预测是计算生物学与生物信息学的典型和难点问题。

算法及复杂性的研究极大地促进了生物信息学和计算生物学的发展，也为生物医学发展提供了理论指导和技术支持，如RNA结构重组问题、RNA冠状病毒结构变异问题、三级结构甚至四级结构预测问题等。算法往往来源于实际问题的抽象，算法及计算复杂性研究始终是计算机科学与技术的一个研究热点，生物信息学就是从实际生物问题中抽象出的计算模型，并且通过设计有效的算法而去研究生物现象的一门学科。2000年，清华大学理论计算机科学研究中心主任姚期智(Yao Chi-Chich)在密码学与通信复杂度等计算理论方面做出了世界级的杰出贡献而获得了图灵奖，一批世界级理论计算机科学家，如图灵奖获得者Cook、Hopcroft、Stearns、Blum、Hartmanis等以创造性的工作推动着算法与复杂性研究不断深入发展。美国Hochbaum撰写了世界名著《NP困难问题的近似算法》，该著作中针对典型NP难问题的近似算法加以深入阐述，假设RNA片段由15个碱基(核苷酸)组成，则其理论上其结构数为13万亿个，这是一个天文数字。近似算法致力于在多项式时间内找到问题的具有性能保证的近似最优解，是处理NP难问题的一种本质的、有效的方法，近似算法往往包括最小优化问题和最大优化问题两大类。近似算法为研究含假结的RNA结构预测这一NP难问题和含H型假结的冠状病毒RNA结构预测问题提供了本质方法，而深度学习的理论与技术对RNA结构预测带来了新思路。一般而言，NP难问题都有其本身的组合结构和特性，从RNA结构问题求解和预测算法入手，探索RNA结构问题的组合性质。有时NP难问题的最优解是不可奢求的，探索该问题在多项式时间内的近似算法，求该问题的次优解，用近似性能比来衡量近似算法的性能。利用基于深度学习的去随机化技术、蒙特卡罗技术，将随机化近似算法转化为确定型近似算法，求解RNA结构的NP难问题。本书致力于RNA折叠结构(图12.1)，特别是对含假结的RNA二级结构、三级结构预测NP难问题算法研究(图12.1、图12.2)，探索包含假结的RNA结构预测中计算最大结构数、最大茎等问题，把问题转化为近似算法的可近似性上界(或下界)，并对这些问题通过构建计算模型，实现对其计算复杂性的深入分析，在求解近似性能比方面取得突破。与国内外同类预测算法相比，在预测的敏感性、特异性和准确度方面有所提高。

1)包含假结的RNA三级结构建模

针对冠状病毒RNA结构，和普通的RNA分子结构，深入剖析其假结及冠状结构单元的内在特性(图12.2、图12.3)，对各类RNA三级结构进行单元分类、组合优化及建立结构数模型。用伞状结构、交叉块、缺口矩阵来表示假结结构、茎

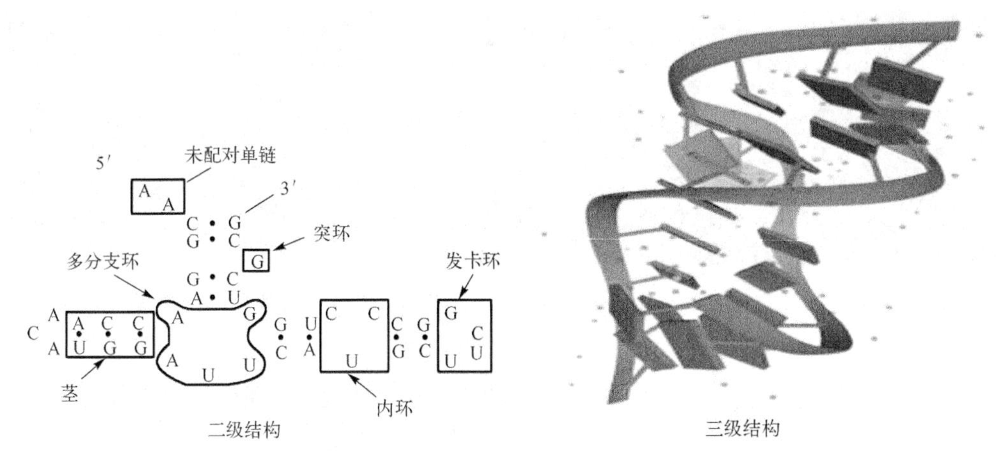

图 12.1　RNA 折叠结构示意图

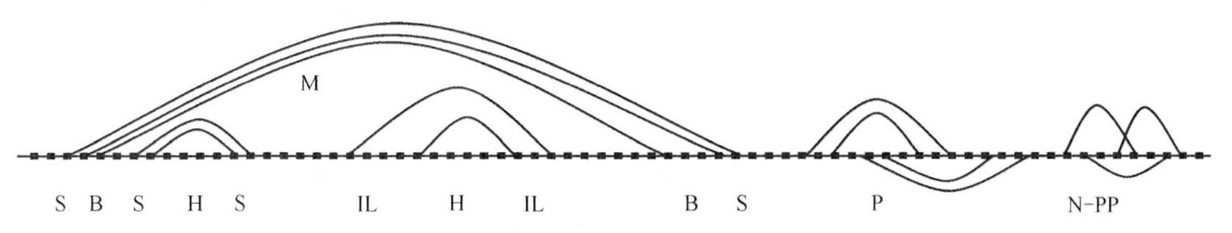

图 12.2　包含假结的 RNA 折叠结构示意图

S-堆叠；B-凸起环；H-发夹环；IL-内环；M-多分枝环(由三个及三个以上碱基对构成的嵌套结构)；P-假结(包含交叉碱基对的结构)；N-PP-非平面假结(在 Feynman 图式中必须使用交叉线表示的假结)；圆点表示碱基(核苷酸)

区结构、内环、多分枝环、发卡环等单元结构。寻找各类 RNA 结构单元模型的结构特性，考察该类模型之间的联系，研究其带有约束性结构模型和典型结构模型，探求结构模型的规律。

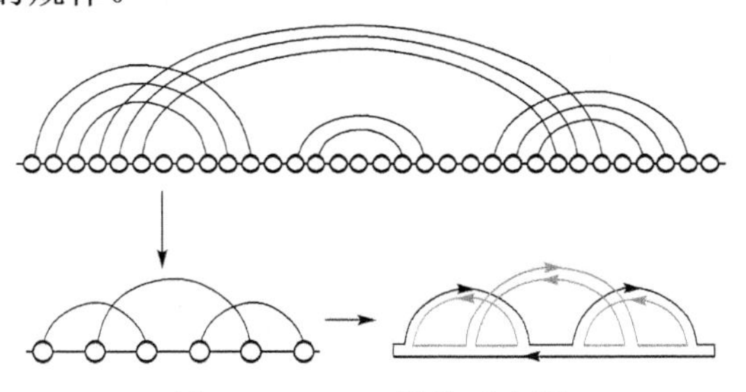

图 12.3　RNA 假结示意图

○表示 RNA 碱基

2) 建立冠状病毒 RNA 结构模型

SARS-CoV-2 就属于蝙蝠 SARS 冠状病毒和中东呼吸综合征冠状病毒的病毒群。图 12.4 为冠状病毒及其结构示意图。

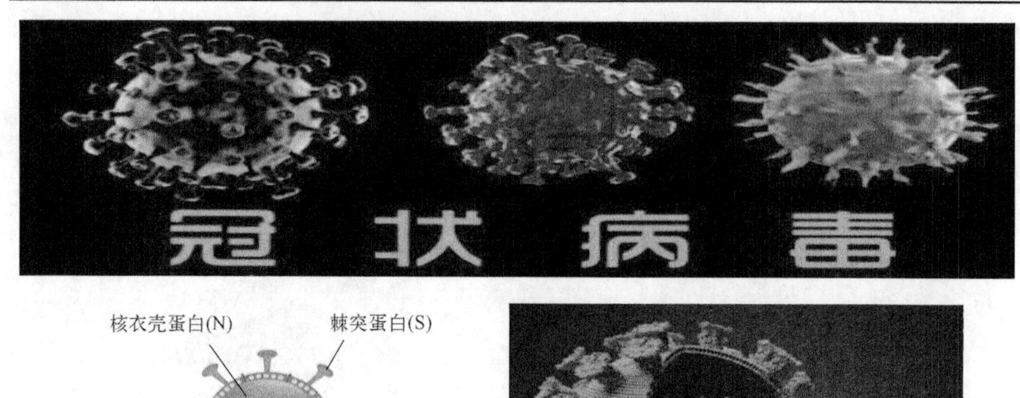

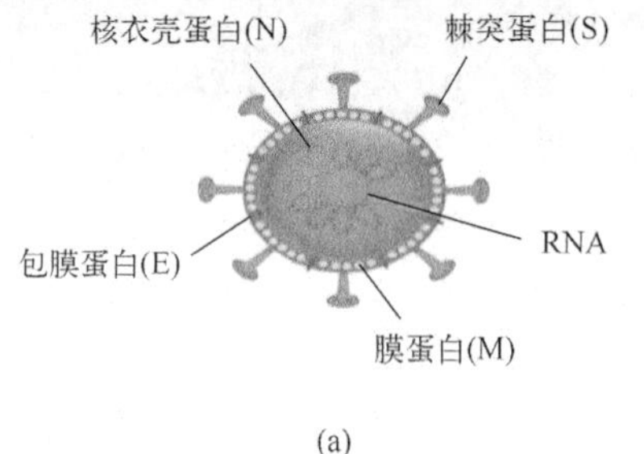

(a)

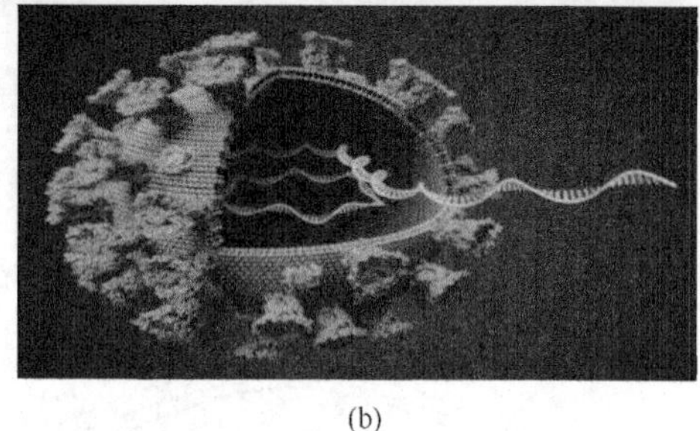

(b)

图 12.4　冠状病毒及其结构示意图

针对不同类型冠状病毒的 RNA 结构，以及新冠病毒各种变种的 RNA 结构，如奥密克戎病毒结构，本节探索把冠状病毒模型及 RNA 折叠结构模型转化为 RNA 结构网络中最小结构熵模问题、最大 *k*-补割问题、稠密 *k*-子图问题的网络模型。

3）建立 RNA 三级结构能量模型

RNA 分子的能量模型可以分为结构近邻相互作用模型和独立结构单元间的模型，RNA 分子的自由能量主要来源于堆叠结构和各类环结构。如最邻近邻居模型是一种独立结构单元模型，该结构单元中堆叠与环结构是由最邻近碱基对决定的，RNA 能量模型可用 V、W 来表示(图 12.5)，根据最小能量模型，通过计算 RNA 分子最小能量值来预测 RNA 三级结构。

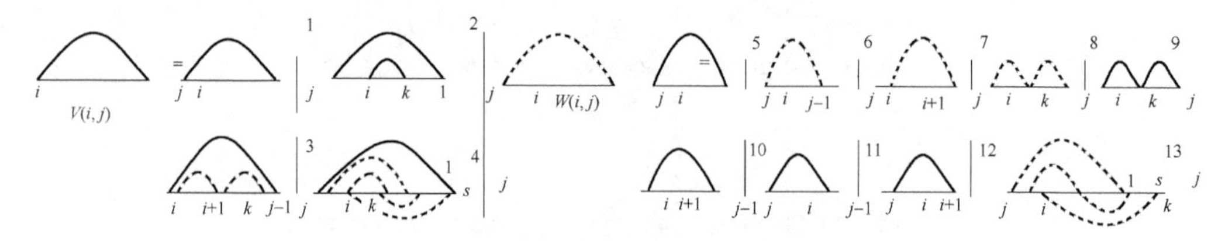

图 12.5　RNA 结构能量模型中 V、W 的表示

4）设计基于深度学习和冠状病毒的包含假结 RNA 结构预测问题的近似算法

含假结 RNA 结构预测问题是 NP 难问题，近似算法是处理 NP 难问题的一种本质方法。最小结构熵问题、稠密 *k*-子图问题是非线性组合优化问题，最大 *k*-补割问题是 NP 难问题，层次聚类问题也是 NP 难的。通过深度学习中的层次聚类、

蒙特卡罗方法，利用神经网络来构建 RNA 结构网络及冠状 RNA 病毒结构网络，探索 RNA 结构网络与最小结构熵、最大 k-补割、稠密 k-子图问题的关联关系。本节尝试设计基于深度学习的包含假结 RNA 结构预测问题的多项式精确性算法和近似算法，并对其时间复杂度、空间复杂度、近似性能比、近似困难性、不可近似性进行深入分析，利用该线性规划松弛和半正定规划松弛的整体间隙，力求证明该问题近似比的界。提高含假结 RNA 结构预测的特异性、敏感性和预测准确度。

深度学习、蒙特卡罗方法与最小结构熵、最大 k-补割、稠密 k-子图问题的融合为 RNA 结构建模及预测算法带来了新思路与新方法。通过 RNA 结构网络性质分析。抽象出最小结构熵问题、最大 k-补割问题、稠密 k-子图问题，以及它们之间的内在关联，这些问题激发我们继续去探索。

5) 改进并优化参数

利用深度学习中的模型评估与选择技术、线性规划技术来改进优化冠状病毒结构及普通 RNA 结构模型的能量参数、神经网络参数，利用 Rosetta 能量函数值，把参数的实验结果和理论估计值相结合(图 12.6)，对得到的候选构象集进行进一步势能评判，根据低势能值的构象结构更稳定的原则，综合所有情况选出势能值最低的构象作为当前最佳候选构象，据此来优化参数。利用概率图模型、监督学习、特征选择、参数化理论和算法来改进能量参数，用算法软件在国际知名 RNA 实验数据库的实际运行时间来衡量算法的时间效率，修正和优化能量参数，力求在冠状病毒结构及普通 RNA 结构模型预测算法中实现参数的最优化。

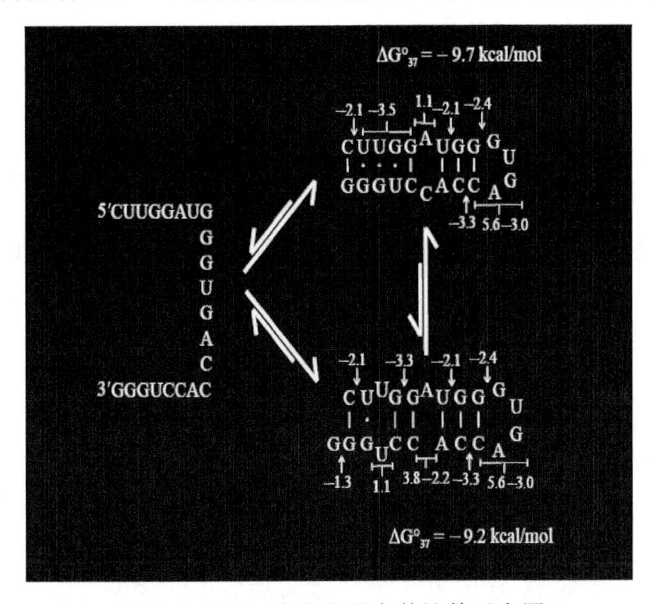

图 12.6　RNA 片段能量参数计算示意图

12.3 研究目标

对基于进阶模型与冠状病毒的 RNA 结构预测算法与复杂性问题进行全面的研究。具体的研究目标包括以下几方面。

(1)利用通过层次聚类、分类器、神经网络方法构建的RNA结构模型，特别是冠状病毒RNA结构模型，分析基于包含冠状病毒的RNA结构的计算最大结构数问题，设计多项式时间近似算法。层次聚类问题是最小优化问题，层次聚类问题是NP难的，把该问题转化为最小结构熵问题，改进该问题近似算法的近似性能比。RNA 结构预测中的最大模块度问题与层次聚类问题和最小结构熵问题相近，通过分析最小结构熵问题、最大 Nae Sat 问题，设计其近似算法，力争在改进近似性能比上取得突破。

(2)分析冠状病毒RNA结构、普通RNA结构连通性中的最大环结构，把RNA结构问题规约为最大k-补割问题，设计精确求解的多项式近似算法，通过构造实例算法，利用该问题的线性规划松弛和半正定规划松弛的整体间隙性质，力求证明该问题近似比的界。研究该类问题精确求解问题的时间复杂性和空间复杂性的上界，通过实验来验证 RNA 结构预测算法的有效性，验证计算最大环结构的有效性，提高预测算法的特异性、敏感性和准确度。

(3)利用蒙特卡罗策略、SWM技术及近似算法与复杂性理论，求解基于冠状病毒与深度学习的 RNA 结构网络中稠密 k-子图问题，针对冠状病毒可能的指数级的RNA三级结构数，用近似算法来计算含较长碱基的RNA结构，随着碱基数的增加，其RNA结构数理论是天文数字。获得基于冠状病毒包含H型假结RNA结构的稠密k-子图问题计算结果和近似难度结果，分析其计算复杂性，利用PCP不可近似性理论，争取在证明NP困难性和近似困难性，以及近似难度证明理论及算法上取得进展，为RNA三级结构预测精度模型提供理论依据。

12.4 关键科学问题

(1)基于包含冠状病毒结构的RNA结构的最小结构熵问题。通过基于深度学习的包含冠状病毒 RNA 结构的数学建模，利用层次聚类、深度学习、XGboost的理论与技术，针对RNA分子及冠状病毒RNA分子不同的结构单元的不同性质加以研究。通过层次聚类和最大模块度算法产生 RNA 结构网络的带嵌套与非嵌套的RNA结构，对RNA结构中结构单元的最大化进行深入研究，深入剖析不同结构单元的内在特性，把最大结构数问题抽象为该问题的最小结构熵问题。最小结构熵问题是理论计算机科学中非常困难的问题，探求其 NP 困难性，提高建模精度是第一个关键科学问题。

(2) 基于复杂网络连通性的 RNA 三级结构预测的最大 k-补割算法设计问题。采用深度学习的神经网络算法和并行机制对包含冠状病毒结构的 RNA 三级结构进行构象空间采样，根据最新的 Rosetta 框架能量函数进行打分，通过多轮势能采集对 RNA 三级结构的构象加以评判，通过结构完整性和建模精度的建模，转化为最大 k-补割问题。最大 k-补割问题是理论计算机科学、算法和图论中的基础经典问题，也是 NP 难问题，该问题的研究具有挑战性，但最大 k-补割问题在特殊情况下是多项式时间可解的。通过对 RNA 三级结构预测结果的深入分析，规约为最大 k-补割问题，直到获得稳定的、高精度、高完整性的 RNA 三级结构。如何设计针对 RNA 三级结构预测最大 k-补割算法这一挑战性问题，改进近似性能比，提高预测算法精度和准确度是第二个关键科学问题。

(3) 基于冠状病毒的 RNA 结构网络预测的稠密 k-子图的近似算法及计算复杂性问题。基于冠状病毒包含假结的 RNA 结构预测问题是 NP 难问题，近似算法是处理 NP 难问题的一种本质方法。新冠病毒约由 3 万个碱基组成，其可能的 RNA 三级结构数更是天文数字，用实验来逐一测定不可能也不现实，只能设计近似算法来计算其可能的结构。把该问题转化为稠密 k-子图问题，利用 stepwise ansatz 的蒙特卡罗方法对该问题进行合理性判断，稠密 k-子图问题也是经典的 NP 难问题，是 6 个基本 NP 完全问题-最大团问题的衍生问题。设计该问题的稠密 k-子图问题新的近似算法，分析其计算复杂性，降低近似性能比，给出新的近似难度证明结果是第三个关键科学问题。

12.5　研究方法与技术路线

在 RNA 结构复杂网络中，给出 RNA 结构网络图 $G=(V, E)$，V 代表碱基(核苷酸)的集合，E 表示碱基对形成边的集合，找出顶点集 V 的一个划分 T，使得其结构熵 $H(G,T)$ 在所有的划分中最小，也就是结构熵最小，即最小结构熵。下面把 RNA 结构网络连通性问题抽象为最大 k-补割问题，其定义为给出 RNA 网络图 $G=(V, E)$，V 是碱基的集合，E 表示碱基对形成边的集合，k 为正整数，将碱基集合 V 划分为 k 部分，使得没有割开的边的数目最多，可以使用半正定规划的随机超平面舍入算法来设计近似算法，半正定规划技术一直是近似算法的研究热点。也可以把 RNA 网络识别问题抽象为稠密 k-子图问题，给出 RNA 结构网络图 $G=(V, E)$，找出尺寸 $\leqslant k$ 的一个顶点子集 U，使导出的子图 $G(U)$ 包含的碱基配对构成边的数目最多，称为稠密 k-子图问题。最大 k-补割问题和稠密 k-子图问题都是 NP

难的，最小结构熵与最大 k-补割问题是经典基础问题。针对 RNA 结构网络抽象出最小结构熵问题、最大 k-补割问题、稠密 k-子图问题，我们设计 3 类问题的多项式近似算法与局部约束性多项式精确算法，该类算法具有显著的研究意义。

1) RNA 结构建模与最小结构熵模型

深入剖析含假结的 RNA 结构问题的内在特性，利用层次聚类、分类器、神经网络等机器学习、深度学习的理论技术，把原有 RNA 结构单元组合优化、分类细化。给出 RNA 结构网络图 $G=(V, E)$，V 代表碱基(核苷酸)的集合，E 表示碱基对形成边的集合，找出顶点集 V 的一个划分 T，使得其结构熵 $H(G,T)$ 在所有的划分中最小，表示结构熵最小，即最小结构熵问题。我们设计包含冠状病毒的 RNA 结构的最大结构数问题，设计基于最小结构熵的多项式时间近似算法。层次聚类问题是最小优化问题，层次聚类问题是 NP 难的，可以把 RNA 结构网络中的最大结构数问题转化为层次聚类问题，再将该问题转化为最小结构熵问题，降低该问题近似算法的性能比。RNA 结构预测中的最大模块度问题和层次聚类问题、最小结构熵问题相近，也可以把最大结构数问题规约为最大模块度问题，从 3 划分问题或最大 Nae Sat 问题进行规约，通过改进 Rival 缺口矩阵，利用伞状结构、交叉块来表示单元结构，使单元结构数最大化，力求在改进近似性能比和提高 RNA 结构预测准确度上取得突破。

2) 基于网络连通性与 RNA 最大环结构的最大 k-补割近似算法设计

把典型冠状病毒 RNA 结构及普通 RNA 结构模型中最大环结构问题规约为最大 k-补割问题。最大 k-补割问题为给出 RNA 网络图 $G=(V, E)$，V 是碱基的集合，E 表示碱基对形成边的集合，k 为正整数，将 V 划分为 k 部分，使得没有割开的边的数目最多。根据最新的 Rosetta 框架能量函数进行打分，通过多轮势能采集对 RNA 三级结构的构象加以评判，最后经过结构完整性和建模精度的分析，把 RNA 结构转化为最大 k-补割问题。最大 k-补割的目标函数是次模的，可以使用半正定规划的随机超平面舍入算法来设计近似算法，半正定规划技术一直是近似算法的研究热点。设计精确求解的多项式近似算法，通过构造实例的算法，利用该问题的线性规划松弛和半正定规划松弛的整体间隙来证明最大 k-补割问题近似比的界。研究该问题精确地求解问题的时间复杂性和空间复杂性上界，通过实验验证最大环结构预测算法的有效性，提高 RNA 结构预测算法的特异性、敏感性和准确度。

3) 基于冠状病毒的 RNA 结构网络预测的稠密 k-子图问题近似算法设计

把 RNA 结构网络识别问题抽象为稠密 k-子图问题，即给出 RNA 结构网络图 $G=(V, E)$，找出尺寸 $\leqslant k$ 的一个顶点子集 U，使导出的子图 $G(U)$ 包含的碱基配对构成边的数目最多，再利用 stepwise ansatz 的蒙特卡罗方法进行合理性判断，把 RNA 结构网络图转化为稠密 k-子图问题。稠密 k-子图问题也是经典的 NP 难问题，是最大团问题的孪生问题，通过规约可以得到该问题的稠密 k-子图问题的近似算法，利用复杂性理论与概率可检验证明(probabilistic checkable proofs，PCP)技术，改进近似性能比，提高预测算法精度和准确度。

4)基于能量模型的 RNA 三级结构预测的约束性精确求解算法

对于典型小规模带约束的 NP 难 RNA 结构预测问题，如计算最大茎、最大假结、最大环等子问题，可以利用能量函数来计算 RNA 三级结构的势能值，通过能量最小原则来预测 RNA 三级结构。RNA 生物分子势能值近似于 Rosetta 能量函数值，Rosetta 能量值可以根据公式 $\Delta E_{\text{total}}=\sum_i \omega_i E_i(\Theta_i,aa_i)$ 计算所有能量项，然后再按权重缩放求其线性和。其中，E_i 是能量项，ω_i 是每个能量项的权重，Θ_i 是几何自由度，aa_i 是化学恒等式；对得到的 RNA 片段候选构象集进行进一步势能评判，根据具有低势能值的构象结构更稳定的原则，综合所有情况选出势能值最低的构象作为当前最佳候选构象；再对得到的当前最佳候选构象进行精度计算，用 RMSD 指标来描述分子两种构象结构的相似性，根据公式 $\text{RMSD}=\sqrt{\frac{1}{m}\sum_{j=1}^{m}\phi_j^2}$ 来计算 RMSD，以此来计算模型精度，其中，ϕ_j 是原子 j 与参考构象或 m 个等价原子的平均位置之间的距离。再执行刚性叠加使 RMSD 最小化，然后返回最小值并将其作为最终的精度值。根据公式 $\text{RMSD}(v,\omega)=\sqrt{\frac{\sum_{j=1}^{n}[(x_{1,j}-x_{2,j})^2+(y_{1,j}-y_{2,j})^2+(z_{1,j}-z_{2,j})^2]}{n}}$ 进行计算，其中，n、v 表示给定的两个点；对得到的当前最佳候选构象结构进行精度判断。若预测构象与实验测定的构象误差在 2Å（1Å=10^{-10}m=10^{-1}nm）以内，则预测构象为原生构象(要求建模精度 RMSD≤2Å)。通过迭代得到的构象是高精度高完整度的构象，从而得到最终约束性的精确的 RNA 三级结构。

5)RNA 折叠结构能量参数

从理论上说，对于能量模型的选择，可以考虑用更复杂准确的能量函数来对各种 RNA 结构单元加以研究。在计算最大茎区、最大环、最大假结等问题中，衡量 RNA 结构稳定的指标是自由能或势能，预测算法可以采用自由能或势能作为评估和衡量候选 RNA 结构单元的标准，合适的能量模型是决定预测准确度的一个关键因素。通过能量最小原则来预测 RNA 结构。把 Rosetta 能量函数值作为 RNA 生物分子势能值，计算 $\omega_{i,j}^{\text{conn}}=\begin{cases}0, & n_{i,j}^{\text{bonds}}\leqslant 3\\ 0.2, & n_{i,j}^{\text{bonds}}=4\\ 1, & n_{i,j}^{\text{bonds}}\geqslant 5\end{cases}$ 过程中需要根据连接权重公式来计算各能量项的势能 E_x，其中，E_x 是能量项 x 的势能值。

根据势能值判断：

$$\begin{cases} \text{RMSD} \leqslant 2, & \text{建模精度符合要求,继续建模} \\ \text{RMSD}>2, & \text{表明当前最佳构象无法满足精度要求，进一步进行蒙特卡罗计算} \end{cases}$$

对当前最佳候选构象进行完整度判断：

$$\text{missing} = \begin{cases} 0, & \text{实现了高精度高完整度建模,输出结果构象} \\ \text{其他}, & \text{将当前构象返回进行进一步蒙特卡罗并行化建模} \end{cases}$$

通过势能值参数的迭代得到的构象是高精度高完整度的 RNA 三级结构构象。

12.6 关键技术

针对基于深度学习与冠状病毒的 RNA 结构分析预测算法与复杂性问题，利用层次聚类、最大模块度、正定规划、概率图模型的理论与技术，可以实现对 RNA 结构的建模。设计包含冠状病毒的 RNA 结构预测中的最小结构熵、最大 k-补割、稠密 k-子图问题的多项式时间近似算法。层次聚类问题是最小优化问题，层次聚类问题是 NP 难的，把该问题转化为最小结构熵问题，降低该问题近似算法的近似性能比。RNA 结构预测中的最大模块度问题、层次聚类问题和最小结构熵问题相近，对 3 划分问题和最大 NaeSat 问题进行规约，设计该问题的近似算法。

对于冠状病毒结构及普通 RNA 结构模型中最大环结构问题，规约为最大 k-补割问题，根据最新的 Rosetta 框架能量函数进行赋分，对 RNA 结构的构象加以评判，转化为最大 k-补割问题，使用半正定规划的随机超平面舍入方法来设计近似算法。本节设计精确求解的多项式近似算法，利用该问题的线性规划松弛和半正定规划松弛的整体间隙来证明该问题近似比的界。从 RNA 结构网络中的抽象出稠密 k-子图问题，稠密 k-子图问题也是经典的 NP 难问题，通过规约可以得到该问题的近似算法。对 NP 完全问题进行规约或利用近似规约技术进行归约来完成对基于冠状病毒含假结的 RNA 结构最大 k-补割、稠密 k-子图问题，以及最小结构熵问题的关键算法的分析和设计。

基于深度学习与新型冠状病毒的 RNA 结构预测算法与复杂性课题研究是一个具有现实性和挑战性的领域。从冠状病毒结构分析入手，用层次聚类、深度学习技术，以及算法与复杂性理论、蒙特卡罗方法对冠状病毒结构及普通 RNA 结构进行深入剖析，本章从 RNA 结构复杂网络的最小结构熵问题、最大 k-补割问题、稠密 k-子图问题三个方面进行深入研究。

(1) 基于深度学习及冠状病毒的 RNA 结构建模与最小结构熵问题。

利用层次聚类、深度学习、XGboost 的理论与技术，针对 RNA 分子及含假结冠状病毒 RNA 分子不同的结构单元的不同性质进行研究。层次聚类问题是最小优化问题，层次聚类问题是 NP 难的，通过层次聚类可以产生带嵌套和非嵌套的 RNA 结构网络。再通过神经网络、XGboost、最大模块度的理论与技术，对 RNA 结构中最大结构数问题进行深入研究，深入剖析不同结构单元的内在特性，探求最大结构数问题模型，并规约为最小结构熵问题。探求最小结构熵这一困扰理论计算机科学多年的开放问题，探求其求解困难性，提高 RNA 建模精度。

(2) 基于复杂网络连通性的 RNA 三级结构预测最大 k-补割算法设计问题。

最大 k-补割问题来源于网络连通性，采用并行机制和神经网络方法对 RNA 三级结构的网络连通性进行构象，根据最新的 Rosetta 框架能量函数进行打分，通过多轮势能采集分析，对 RNA 三级结构的构象加以评判，经过结构完整性和建模精度的分析，把 RNA 三级结构的构象采样问题转化为最大 k-补割问题。最大 k-补割问题是理论计算机科学、算法和图论中的基础经典问题，最大 k-补割的目标函数是次模的，利用该问题的线性规划松弛和半正定规划松弛的整体间隙来证明该问题近似比的界。该问题的研究虽然具有挑战性，但最大 k-补割问题在特殊情况下是多项式时间可解的。通过对 RNA 三级结构预测结果进行分析，直到获得稳定的、高精度、高完整性的 RNA 三级结构，本章设计有效且高精度的 RNA 三级结构预测的最大 k-补割算法。

(3) RNA 结构网络预测的稠密 k-子图问题的近似算法及计算复杂性问题。

包含假结基于冠状病毒的 RNA 结构预测问题是 NP 难问题，近似算法是处理 NP 难问题的一种本质方法。由 3 万个左右碱基组成的新型冠状病毒的 RNA 三级结构数是天文数字，只能设计近似算法来计算其可能的结构。把该问题转化为理论计算机科学中的稠密 k-子图问题，再利用 stepwise ansatz 的蒙特卡罗方法进行合理性判断。稠密 k-子图问题也是经典的 NP 难问题。通过计算 RNA 结构网络中稠密 k-子图问题，完成对 RNA 三级结构预测问题的近似。得到该问题的稠密 k-子图问题新的近似算法，分析其计算复杂性，改进近似性能比，证明近似算法的近似难度。

第 13 章　RNA 结构预测总结与展望

13.1　总　　结

首先阐述了 RNA 三级结构预测相关研究的背景和现状，并对 RNA 三级结构预测的相关先验知识进行了叙述，随后对当前 RNA 三级结构预测算法进行了优劣势分析，找到了改进和优化的方向。针对 RNA 三级结构预测中的构象采样方法与打分函数进行了优化和改进，主要工作总结如下：

(1)提出基于随机采样策略和并行机制的 RNA 三级结构预测算法。本书设计的 SMCP 算法基于随机抽样方案对构象空间进行搜索，有效地降低了构象采样成本；采用并行机制搜索构象空间，提升了采样的广度和采样效率；使用了两轮不同的势能评估标准，进一步提高了 RNA 结构建模精度。此外，本书对建模结果进行了进一步判断和处理以克服随机采样的弊端，经过实验验证，SMCP 算法实现了 RNA 三级结构的高精度高完整度结构预测。

(2)提出基于 ResNet 的 RNA 三级结构预测算法。随着 RNA 核苷酸数量的增加，基于最小自由能理论的打分函数已经不再适用于 RNA 三级结构的评估，因此需要对打分函数进行改进与创新。本书设计的 Res3DScore 算法可以视作一个基于三维卷积神经网络的 RNA 三级结构打分函数，利用 ResNet 对 RNA 原生构象和非原生构象的网格化 3D 结构信息进行学习，并最终输出当前结构与周围核苷酸环境的不适合度。进一步提升基于 ResNet 的 RNA 三级结构预测算法对候选构象的挑选能力，进一步提高 RNA 三级结构预测精度。此外，RNA 结构网格化处理增加了数据集的结构数量，一定程度上弥补了 RNA 结构数量少的不足之处。

(3)对提出的两种算法进行了算法复杂性分析。本书设计的 SMCP 算法和 Res3DScore 算法，在提升算法建模精度的同时，其时间复杂度并未升高。SMCP 算法的时间复杂度为 $O(n^4)$，Res3DScore 算法的时间复杂度为 $O(n^2)$，算法时间复杂度均在可接受范围内，这进一步表明了本书设计的算法性能最佳。

(4)综合叙述了当前典型的 RNA 三级结构预测算法。详细分析并总结了各 RNA 预测算法的优劣，旨在为 RNA 三级结构预测算法的改进与优化提供思路。

其次阐述了基于转录组测序数据的细胞反卷积预测算法相关研究的背景和现状，随后对当前细胞反卷积算法进行了优劣势分析，找到了改进和优化的方向，主要工作总结如下：

(1)针对传统方法数据噪声的干扰和规范化的细胞类型特异性基因表达矩阵的构建难的问题，本书提出并设计了Autoptcr算法。同时用Autoptcr算法训练出模型，增强噪声的鲁棒性；Autoptcr算法可以直接地从转录组测序数据中推断出组织的细胞比例，无须将细胞参考基因表达矩阵的获得作为前置条件，且细胞参考基因表达矩阵针对不同的转录组测序数据并不具有普适性，进而提高了细胞反卷积的精度。

(2)针对传统方法中数据特征信息提取不足且模型解释力弱的问题，本书提出并设计了CselfcoderDec算法。卷积自编码器可以对数据进行高效降维及特征提取，也可以对细胞组分进行量化，提升了细胞反卷积能力。同时CselfcoderDec使用组织细胞比例及卷积自编码器最终得到的重建数据进行模型训练，将组织的基因表达数据与细胞组分联系起来，加强了模型的可解释性与模型提取特征的能力。CselfcoderDec还具备区分相似的细胞亚型和填充缺失细胞类型的能力。CselfcoderDec算法利用卷积自编码器，进一步提升了模型提取特征的能力，提高了预测组织细胞组分的精度。

再次阐述了转录因子结合位点预测相关研究的背景和现状，并对转录因子结合位点预测的相关先验知识进行了叙述，随后对当前转录因子结合位点预测算法进行了优劣势分析，找到了改进和优化的方向。重点针对转录因子结合位点预测中的特征选取及表示和算法设计两方面进行了优化及改进，主要工作总结如下：

(1)分析和归纳了转录因子结合位点预测算法的研究现状和问题，介绍了传统生物试验方法、基于序列的预测方法和基于特征的机器学习预测方法等相关DNA位点预测算法，明确了本书研究的内容和算法的创新点。

(2)本书提出基于组合特征编码和带权多粒度扫描策略的转录因子结合位点预测算法——WMS_TF。为了更好地提取DNA序列特征，WMS_TF摒弃了只使用单一碱基特征的思想，结合了多碱基特征编码来提取碱基间的信号特征，提高了分类预测结果的准确率。同时，该算法打破传统深度森林在多粒度扫描阶段的局限，本书提出了带权多粒度扫描策略，在扫描特征向量的同时也对权重向量进行扫描，并将扫描得到的向量相乘，保障模型训练时的严谨性以降低分类预测的误差。最后，本文针对较高权重的特征进行了分析，进一步证明多碱基特征编码的必要性，并为其他的转录因子结合位点预测提供研究基础。

(3)本书提出了基于注意力机制的转录因子结合位点预测算法——SLA_TF。为了更好地表征转录因子结合位点，除了DNA序列数据，本书融合了DNA形状数据并将其作为预测转录因子结合位点的初始数据，并且使用了LSTM捕获DNA序列之间的长期依赖性。同时，本书引入了注意力机制，使预测模型能自动学习

DNA 序列中不同结合位点表示的重要性，解决现有方法难以有效地捕捉高价值碱基对基因的调控作用的难题。最后利用预测输出模块输出对应样本的结合亲和力得分。实验结果证明，SLA_TF 算法提高了转录因子结合位点的预测能力。

关于 DNA 特异性位点预测算法，主要工作如下：

(1)分析 DNA 特异性位点的研究现状，对常见的与机器学习相结合的位点预测技术进行概括，综合表达了不同模型的特点。明确当前 DNA 特异性位点预测的关键组成部分和技术难点，面向开发生物信息学工具，为 DNA 特异性位点预测算法与机器学习等技术的结合提供改进与优化的思路，进而实现更准确、高效的预测。

(2)提出基于特征度量机制和组合优化策略的 DNA 特异性位点预测算法。为了使特征筛选和模型预测达到良好的平衡状态，本书设计的 XRLattCPred 算法采用三种算法分别对特征序列进行评分，从而强调对重要特征的关注，减少无关特征的干扰。同时，选用十轮特征打分机制保证结果的稳定性和可靠性。此外，XRLattCPred 算法采用组合优化策略进行建模预测，交叉结合 Random forest、XGBoost 和 LightGBM 算法，充分地考虑了不同的数据集对算法的喜爱偏向，避免了单一模型的缺陷。本书构建的组合算法是对训练策略的改进，相较于传统的机器学习算法，XRLattCPred 算法具有更佳的预测性能。

(3)提出基于特征融合策略和卷积神经网络的 DNA 特异性位点预测算法。随着位点预测任务的增加，大规模的数据处理对技术的要求逐渐增多，基于传统实验的小数据集预测无法满足高通量的预测需求。本书设计的 FCP4mC 算法可以实现基于多个融合特征的预测，算法输入为位点的序列特征和理化学性质，输出为位点预测的分类。FCP4mC 采用卷积神经网络来解决小样本问题，并在六个测试物种的数据集上进行了大量基准试验。基于对综合特征的学习，FCP4mC 能够准确地预测识别位点，最终输出的结果可以为实验验证提供理论依据，为寻找抗病基因提供更多可能性。本书设计的 FCP4mC 实现了对算法的决策优化，进一步提高了预测模型的精度。

对 DNA 特异性位点预测过程中的特征筛选和预测算法进行了深入的研究。本书对传统的特征矩阵进行了改进，在提高特征的重要性的基础上降低了数据量，提升了算法的性能。此外，本书还对传统的训练策略进行了创新，综合考量不同算法，结果预测更加精准。本书通过实验验证了 XRLattCPred 算法和 FCP4mC 算法能够提升 DNA 特异性位点预测的精度与广度，为更深层次的 DNA 特异性位点预测研究提供了依据。

最后基于进阶模型的 RNA 结构预测算法与复杂性研究是一个具有现实性和挑战性的领域。从冠状病毒结构分析入手，用层次聚类、深度学习技术、算法与复杂性理论、蒙特卡罗方法对冠状病毒结构及普通 RNA 结构进行深入剖析，从 RNA 结构复杂网络的最小结构熵问题、最大 *k*-补割问题、稠密 *k*-子图问题三个方面进行深入研究。主要包括：

(1) 基于深度学习及冠状病毒的 RNA 结构建模与最小结构熵问题。

利用层次聚类、深度学习、XGboost 的理论与技术，针对 RNA 分子及含假结冠状病毒 RNA 分子不同的结构单元的不同性质加以研究。层次聚类问题是最小优化问题，层次聚类问题是 NP 难的，通过层次聚类可以产生带嵌套和非嵌套的 RNA 结构网络。再通过神经网络、XGboost、最大模块度的理论与技术，对 RNA 结构中最大结构数问题进行深入研究，深入剖析不同结构单元的内在特性，探求最大结构数问题模型，并规约为最小结构熵问题。对 3 划分问题、最大 Nae Sat 问题进行规约，探求最小结构熵这一困扰理论计算机科学多年的开放问题，探求其求解困难性。

(2) 基于复杂网络连通性的 RNA 三级结构预测最大 *k*-补割算法设计问题。

最大 *k*-补割问题来源于网络连通性，采用并行机制和神经网络方法对 RNA 三级结构的网络连通性进行构象，根据最新的 Rosetta 框架能量函数进行打分，通过多轮势能采集对 RNA 三级结构的构象加以评判，最后经过结构完整性和建模精度的分析，把 RNA 三级结构的构象问题转化为最大 *k*-补割问题。最大 *k*-补割问题是理论计算机科学、算法和图论中的基础经典问题，最大 *k*-补割的目标函数是次模的，利用该问题的线性规划松弛和半正定规划松弛的整体间隙来证明该问题近似比的界。该问题的研究虽然具有挑战性，但最大 *k*-补割问题在特殊情况下是多项式时间可解的。通过对 RNA 三级结构预测结果进行分析，直到获得稳定的、高精度、高完整性的 RNA 三级结构。设计有效且高精度的 RNA 三级结构预测的最大 *k*-补割算法。

(3) RNA 结构网络预测的稠密 *k*-子图问题的近似算法及计算复杂性问题。包含假结基于冠状病毒的 RNA 结构预测问题是 NP 难问题，近似算法是处理 NP 难问题的一种本质方法。由 3 万个左右碱基组成的新冠病毒，其可能的 RNA 三级结构数更是天文数字，只能设计近似算法来计算其可能的结构。把该问题转化为理论计算机科学中的稠密 *k*-子图问题，再利用 stepwise ansatz 的蒙特卡罗方法进行合理性判断，稠密 *k*-子图问题也是经典的 NP 难问题。通过计算 RNA 结构网络中的稠密 *k*-子图问题，完成对 RNA 三级结构预测问题的近似研究。得到该问题的稠密 *k*-子图问题新的近似算法，分析其计算复杂性，改善近似性能比，给出新的近似难度证明结果。

RNA 结构预测是计算生物学/生物信息学的一个重要研究领域，包含假结 RNA 二级结构的预测已证明为 NP 困难类。除 RNA 的一级结构用实验的方法来测定外，其二级和三级结构目前用实验的方法测定十分困难，为了获取 RNA 结构功能信息，获知生物分子的生物学功能，通过计算方法来预测 RNA 结构成为计算生物学领域研究热点，预测简单假结的最小能量算法也是包含假结结构预测方法。

13.2 展　望

在过去几十年的大分子结构预测研究中，蛋白质结构预测已经实现了原子精度下的结构预测，虽然 RNA 的结构预测也取得了巨大进展，但其预测准确度仍然没有蛋白质结构预测那么高。在 RNA 的结构预测领域还存在一些开放且有趣的挑战，希望在不久的将来得到解决。

(1)在任意温度/离子条件下进行 RNA 三级结构建模。RNA 三级结构具有高柔性和负电荷密度，因此对溶液环境如温度、离子、配体等非常敏感。体内的 RNA 在体外条件下可能会呈现不同的构象，因此了解这种差异很重要，当前的 RNA 三级结构预测模型很少考虑温度、盐度之外的条件。

(2)RNA 三级结构建模时考虑大分子拥挤作用。近年来的实验和理论研究表明，大分子拥挤会很大限度地影响 RNA 结构稳定性及其动力学性质。此外，RNA 力场的进一步改进将继续提高预测的准确度。这些研究有助于更好地理解不同 RNA 构象的作用及其稳定性，并对 RNA 结构动力学有新的认识。

(3)研究 RNA 复合物结构。细胞内含有高达 30%的蛋白质、RNA 和 DNA 等大分子物质，一些 RNA 仅在与蛋白质或其他分子形成复合物时才可以发挥其功能，例如，RNA 蛋白质复合物在蛋白质合成、病毒复制和细胞防御方面发挥了重要作用。RNA 通常采用特定的结构为蛋白质和其他分子提供结合位点，从而形成复合物。

(4)研究转录组学数据。甲基化或脱氨等碱基修饰通过改变 RNA 的结构和功能，在 RNA 生物学中发挥着重要作用，这一点越来越清晰。因此，在未来需要对这些转录组学数据进行处理和研究，以更好地理解 RNA 参与的所有生物过程。

RNA 三级结构建模的最新成果表明，在未来十年 RNA 结构预测方面将有许多激动人心的进展。

数据的预处理不够细化。为了更好地解决批次效应，先对输入数据用更深层次的去批次方法，如结合基因中能够稳定表达的管家基因，以管家基因为基准对数据进行预处理。所以未来可以在这个方向继续探索，解决不同平台不同批次的数据带来的误差问题，使预测性能更上一个台阶。

训练数据所含的细胞类型不足。为了充分地描述组织中所有免疫细胞的数量组成特征，理想的计算模型应当包含免疫细胞类型。在保证计算性的前提下，那些能够对大多数免疫细胞类型比例进行计算的模型将具有更多的应用场景。通过收集更多的数据，未来可以通过调整网络结构，在该方法的基础上对精细细胞类型加以深入研究。

共线性问题。由于部分免疫细胞在分化轨迹或功能上存在很多的相似性，因此这些免疫细胞往往会具有相似的转录组特征或共享一些相同的特征基因，使得这些细胞之间在计算过程中存在相互干扰。例如，在 CD4+T 细胞和 CD8+T 细胞之间，许多 T 细胞相关特征基因的表达水平相似性都很高。

缺少一个标准数据集以实现对不同计算工具的性能进行全面的评估。通常，计算工具的评估需要那些同时包含组织转录组数据及经过流式分选测量得到的关于不同免疫细胞类型的比例数据集。通过对 GEO 数据库进行检索，已有一些同时包含样本表达谱数据和流式细胞检测的细胞比例数据的数据集被报道。但是，在这些用于模型验证的数据集中，只对少数免疫细胞的比例进行了测量。这使得我们很难利用这些数据对所有免疫细胞类型进行系统的评估。构建一个同时包含组织转录组数据及组织中大多数免疫细胞比例的标准数据集，将有助于我们对各种计算工具进行系统的模型评估。总之，基于深度学习的免疫细胞丰度估计方法还存在继续改进的空间，未来还有许多方向可以扩展延伸，希望本书提出的免疫细胞比例预测方法能够应用在临床一线，为医疗科研人员提供辅助指导，推动肿瘤免疫治疗的发展，相信未来还会有更多将计算与医疗相结合的技术出现，能够不断地推动医学领域的发展，为人类的生命科学贡献出新的活力。

在过去几十年的 DNA 结合位点预测研究中，已经实现了较高精度下的位点预测，虽然转录因子结合位点的预测研究也取得了巨大进展，但其预测准确度仍然有待提高。在转录因子结合位点预测领域还存在一些开放且有趣的挑战，有望在不久的将来得到解决。

(1) 使用更多潜在相关数据预测转录因子结合位点。除 DNA 形状外，染色质可及性数据、可映射数据、DNase-seq 数据等都是与转录因子结合位点潜在的相关数据，并使用机器学习等技术对模型进行优化，实现转录因子结合位点的预测算法。

(2) 考虑在细胞系中的转录因子结合位点预测问题，并在单个细胞转录因子结合位点中进行预测。与此同时，因此可以尝试利用单细胞中转录因子结合位点的数据进行细胞身份的判定。

由于 DNA 重组位点在基因治疗和药物开发中的重要性，本书研究了 DNA 重组位点的预测问题，并提出了一种基于组合优化策略的 attC 位点预测算法——XRLattCPred。XRLattCPred 算法采用组合优化策略，通过将不同的算法进行结合，充分地发挥各算法的优势，提高了预测精度。本书是对现有实验方法的有益补充，具有很大的发展潜力。此外，XRLattCPred 算法不仅可以有效地预测位点，而且也适用于基于序列特征的其他特定位点和其他遗传元素，具有较高的灵活性和良好的可移植性。

使用的数据集是 attC 位点突变体的结构特征数据，而 attC 位点的重组也可能受到环境、整合子等因素的影响。因此，今后我们将考虑更多的特征，建立一个基于多个特征的 attC 位点预测算法，以进一步提高预测的精度和可信度。深度学习已经在很多领域得到了应用和扩展，DNA N4-甲基胞嘧啶(4mC 位点)是调节基因表达的重要生化修饰，因此，本书设计了一种准确高效的预测算法——FCP4mC，并用其来鉴定 DNA 序列中的 4mC 位点。

FCP4mC 具有分层架构，如卷积层、批量归一化层、Dropout 层和全连接层。通过使用多种编码组合技术将 DNA 序列编码为离散值。卷积层自动地从给定的输入 DNA 序列中提取有效的特征，实现组合的特征预测。与现有四种算法的生物序列数据集进行了比较，可以看出 FCP4mC 在四个评估指标的对比上具有明显的优势，说明所提算法是十分有效可行的。 在任意温度/离子条件下进行 RNA 三级结构建模。RNA 三级结构具有高柔性和负电荷密度，因此对溶液环境如温度、离子、配体等非常敏感。体内的 RNA 在体外条件下可能会呈现不同的构象，因此了解这种差异很重要，当前的 RNA 三级结构预测模型很少考虑温度、盐度之外的条件。RNA 三级结构建模时考虑大分子拥挤作用。近年来的实验和理论研究表明，大分子拥挤会很大限度地影响 RNA 结构稳定性及其动力学性质。此外，RNA 力场的进一步改进将继续提高预测的准确度。这些研究有助于更好地理解不同 RNA 构象的作用及其稳定性，并对 RNA 结构动力学有新的认识。

研究 RNA 复合物结构。细胞内含有高达 30%的蛋白质、RNA 和 DNA 等大分子物质，一些 RNA 仅在与蛋白质或其他分子形成复合物时才可以发挥其功能，例如，RNA 蛋白质复合物在蛋白质合成、病毒复制和细胞防御方面发挥了重要作用。RNA 通常采用特定的结构为蛋白质和其他分子提供结合位点，从而形成复合物。

研究转录组学数据。甲基化或脱氨等碱基修饰通过改变 RNA 的结构和功能，在 RNA 生物学中发挥着重要作用，这一点越来越清晰。